全国专业技术人员新职业培训教程

增材制造工程技术人员 初级

增材制造技术开发

人力资源社会保障部专业技术人员管理司 组织编写

中国人事出版社

图书在版编目（CIP）数据

增材制造工程技术人员：初级：增材制造技术开发 / 人力资源社会保障部专业技术人员管理司组织编写．北京：中国人事出版社，2024. --（全国专业技术人员新职业培训教程）. -- ISBN 978-7-5129-2087-3

Ⅰ. TB4

中国国家版本馆 CIP 数据核字第 20249FL208 号

中国人事出版社出版发行

（北京市惠新东街 1 号　邮政编码：100029）

*

北京瑞禾彩色印刷有限公司印刷装订　　新华书店经销

787 毫米 ×1092 毫米　16 开本　18.25 印张　276 千字

2024 年 12 月第 1 版　　2024 年 12 月第 1 次印刷

定价：52.00 元

营销中心电话：400-606-6496

出版社网址：https://www.class.com.cn

本书编委会

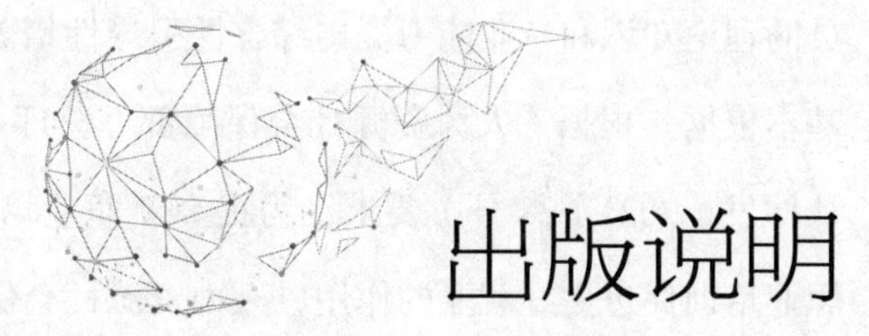

出版说明

当今世界正经历百年未有之大变局，我国正处于实现中华民族伟大复兴关键时期。在全球经济低迷，我国加快形成以国内大循环为主体、国内国际双循环相互促进的新发展格局背景下，数字经济发挥着提振经济的重要作用。党的十九届五中全会提出，要发展战略性新兴产业，推动互联网、大数据、人工智能等同各产业深度融合，推动先进制造业集群发展，构建一批各具特色、优势互补、结构合理的战略性新兴产业增长引擎。党的二十届三中全会强调，健全促进实体经济和数字经济深度融合制度，加快构建促进数字经济发展体制机制，完善促进数字产业化和产业数字化政策体系。数字技术、数字经济是世界科技革命和产业变革的先机。数字经济发展速度之快、辐射范围之广、影响程度之深前所未有，成为我国推动高质量发展的核心动力。

近年来，人工智能、物联网、大数据、云计算、数字化管理、智能制造、工业互联网、虚拟现实、区块链、集成电路、机器人、增材制造、数据安全、密码等数字技术领域新职业不断涌现，这些新职业从业人员通过不断学习与探索，将推动科技创新、释放巨大能量，推动人们生产生活方式智能化、智慧化、数字化，推动传统产业转型升级，为经济高质量发展注入强劲活力。我国在技术、消费与应用领域具备数字经济创新领先优势，但还存在数字技术人才供给缺口较大、关键核心技术领域自主创新能力不足、数字经济与实体经济融合的深度和广度不够等问题。发展数字经济，推进数字产业化和产业数字化，推动数字经济和实体经济深度融合，急需培育壮大数字技术工程师队伍。

人力资源社会保障部会同有关行业主管部门陆续制定颁布数字技术领域国家职业标准，坚持以职业活动为导向、以专业能力为核心，遵循人才成长规律，对从业人员的理论知识和专业能力提出综合性引导性培养标准，为加快培育数字技术人才提供基本依据。根据《人力资源社会保障部办公厅关于加强新职业培训工作的通知》（人社厅发〔2021〕28 号）要求，为提高新职业培训的针对性、有效性，进一步发挥新职业培训促进更好就业的作用，人力资源社会保障部专业技术人员管理司组织相关领域的专家学者编写了全国专业技术人员新职业培训教程，供相关领域开展新职业培训使用。

本系列教程依据相应国家职业标准编写，划分初级、中级、高级三个等级，有的职业划分若干职业方向。教程紧贴数字技术人员职业活动特点，定位于全国平均水平，且是相关数字技术人员经过继续教育或岗位实践能够达到的水平，突出该职业领域的核心理论知识、主流技术及未来发展要求，为教学活动和培训考核提供规范和引导，将帮助广大有意或正在从事数字技术职业的人员改善知识结构、掌握数字技术、提升创新能力。

希望本系列教程的出版，能够在加强数字技术人才队伍建设、推动数字经济快速发展中发挥支持作用。

目录

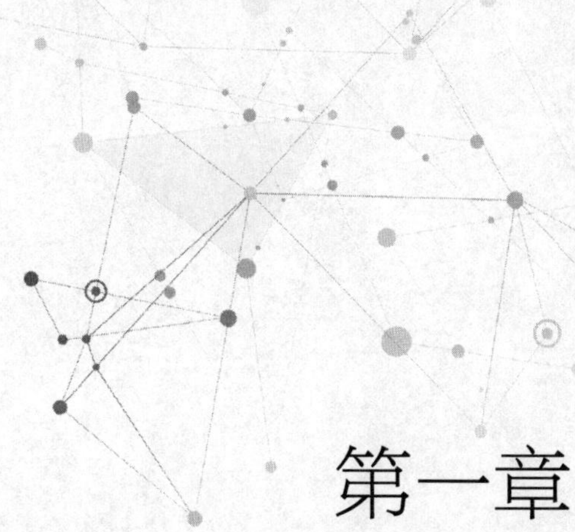

第一章 增材制造技术开发基础

增材制造作为原理变革性制造新方法，正不断涌现出各种新技术。掌握增材制造基本原理和基础知识是增材制造技术开发的根本。本章主要面向增材制造技术开发的基础，内容包括增材制造技术原理、增材制造装备、增材制造专用材料及发展现状等。学习者通过课程学习，可掌握增材制造的基础知识，熟悉主要增材制造技术的原理和应用现状。

- **职业功能：** 设计与制造装备、开发软件与控制系统、研发材料与工艺。
- **工作内容：** 设计和试制装备机械零部件、选型设备控制系统、制备增材制造专用材料。
- **专业能力要求：** 能根据增材制造装备设计标准或规范完成装备机械零部件的试制及试验验证；能根据增材制造工艺和设备运行工况、成本及可靠性等需求进行控制系统各模块的选型；能根据材料特征（如氧含量、粉末粒径、丝材直径等）进行材料分类等。
- **相关知识要求：** 工程制图知识，包括画法几何、三维建模、计算机辅助设计等；设备工作控制逻辑相关知识；增材制造材料类型、材料物性知识与适用工艺等。

第一节　增材制造概述

一、增材制造技术简介

增材制造（additive manufacturing，AM）技术，是根据计算机辅助设计（computer aided design，CAD）的三维模型数据，将高分子、金属、陶瓷、玻璃等材料从其液态、粉末、丝材等离散形式逐层累加制造出三维实体的技术。传统的机械加工方法主要包括减材制造和等材制造，减材制造采用车、铣、刨、磨等装备对材料进行切削加工以获得所设计零件的形状，其间去除了大量的材料。等材制造主要通过铸、锻、焊等方式对零件的形状进行更改，工艺过程中材料的质量基本保持不变。与等材、减材制造相比，增材制造是一种从无到有的材料累积的制造技术。增材制造技术也被称为快速原型技术、材料累加制造、分层制造、实体自由制造、三维打印等。这些名称从不同的侧面反映了增材制造工艺的技术特点。

20 世纪 70 年代末到 80 年代初期，美国和日本的学者先后提出了增材制造的概念，即利用连续层的选区固化产生三维实体的新思想。1984 年，美国 Charles W. Hull 提出的立体光固化（stereo lithography，SL）工艺获得了最早的增材制造专利。1987 年美国的 3D Systems 公司生产出了第一台基于液态光敏树脂的光固化增材制造装备 SLA250，这是世界上最先可以实际应用于商业生产的增材制造装备，开创了增材制造技术发展的新纪元。光固化成形原理如图 1-1 所示。

相较于传统的成形工艺，这种材料累加的成形工艺无须模具和刀具，就能够制造出结构复杂且精细的三维实体零件（如戒指模型、严丝合缝的手机上下壳体等）。此外，该工艺的材料利用率接近 100%，材料浪费少，对环境污染小。但当时的增材制造技术还存在装备和材料的价格昂贵，对于复杂的成形件还需要添加辅助支撑结构，待加工完后需要后处理将支撑去除等不足。

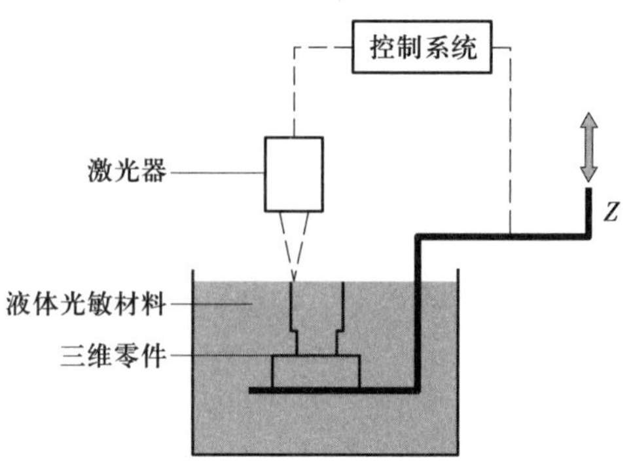

图 1–1　光固化成形原理

作为新兴的数字化成形制造技术，增材制造综合了计算机、材料、光学、控制工程等多个学科的知识和技术，主要包括两个过程：一是数据处理，即采用切片软件将 CAD 三维模型切分成一系列薄层；二是成形过程，即根据分层的数据，采用特定的堆积方法按顺序逐层制作出相应的薄片，叠加构成三维实体。将 CAD 数据从三维实体分解成二维薄层是一个数据“离散”的过程，而制作过程中将二维薄片层叠成三维实体则是一个材料“堆积”的过程。

这一“离散–堆积”方法对于传统的制造模式是一种原理上的变革。基于离散–堆积原理，发明了多种增材制造工艺方法，使得这一技术在近 40 年取得了显著的发展，所涉及的材料日益广泛，所涉及的产业也在不断扩大。相比于传统的制造方法，增材制造技术的优势主要体现在以下几个方面：

（1）制造成本与批量无关。相对于传统的减材制造和等材制造，增材制造无须开模，显著缩短了新产品研发的周期，单件与批量生产的制作成本基本一致，特别适于单件生产和小批量定制生产。

（2）结构适应性强。增材制造是一个材料叠加的过程，突破传统加工工艺的局限，拓展了复杂结构可制造性，给结构设计提供了发展空间，对于复杂的结构可以直接进行一体化制造，构建出其他传统制造工艺所不能实现的形状，从原理上实现“制造自由”。

（3）近净成形和绿色生产。增材制造是一种加工余量很少的近净成形技术，对原材料的利用率很高，而加工后的余料可以重复循环利用，降低了原材料的浪费，减少了生产过程的消耗，提高了资源的利用效率，有力支撑了绿色制造理念的实现。

二、增材制造历史简介

自从3D Systems公司将立体光固化在美国商业化以后，日本的CMET和SONY/D-MEC公司分别在1988年和1989年将立体光固化技术以其他形式实现了商业化。1990年，德国光电公司交付了第一套立体光固化系统。1991年，又有三项增材制造技术投入商业生产，它们分别是Stratasys公司的熔融材料挤出成形技术、Cubital公司的立体固化技术和Helisys公司的叠层实体制造技术。1993年，麻省理工学院发明的直接型壳生产铸造技术正式投入生产。1996年，美国Z Corp公司基于麻省理工学院的三维喷墨增材技术，研制出了用于概念模型构筑的增材制造装备Z402。Z402使用淀粉基和石膏基粉末材料和水基液体黏结剂来生产模型，2000年Z Corp公司推出了世界上第一个商用的多色增材制造装备。2000年，以色列的Objet Geometries公司推出了一款名为Quadra的三维喷墨增材制造装备，该装备利用1 536个喷嘴和紫外线光源来喷涂硬化光敏聚合物。同年，美国精密光学制造公司研制出了一种激光直接金属沉积技术，该技术可以使用金属粉末制作和修复金属零件。

2008年大批量的新产品纷纷问世，其中不仅包括新材料，也包括新型增材制造装备。增材制造装备的价格随着新产品的问世也在不断地下降。在牙科市场，研究人员开始大量应用这一技术。此外，直接金属烧结/熔融在生物医学和太空制造领域被视为非常有潜力的技术，大量的组织机构开始涉足这一技术。增材制造巨头Shapeways公司于2009年推出了增材服务商店，它倡导艺术家、设计师或其他任何人建立自己的“店面”并上传增材制造模型来向公众出售。这些产品可以采用增材制造技术一体化制造出来，并直接由Shapeways公司向消费者出售。产品包括雕刻品、珠宝、塑像和大量消费者定制化的产品，起订价格仅为数美元。2009年1月，在宾夕法尼亚州费城附近的美国材料与试验协会（american society for testing and materials，ASTM）国际总部，建立了ASTM的增材制造技术F42委员会。该委员会的主要目的是建立增材制造领域关于测试、工艺、材料、设计（包括文件格式）和术语的标准。

2012年的增材制造装备市场延续了多年以来的发展形势，销售量和销售额的增加让销售商从中获益匪浅，进一步推动了增材制造相关股票价格的增长。2012年，增材制造技术通过主流出版物、电视节目，甚至电影的方式涌入公众的视野。2012 年 4 月，在 Materialise 公司（比利时）举办的大会上，表演了一场时装秀，展出了通过增材制造制作的帽子和服饰，使得增材制造技术更加贴近百姓的生活。

据调查，价格低于 2 000 美元的增材制造装备多用于小团队、科学研究或个人，对行业产值的影响不大。增材制造行业的发展主要依赖于专业化装备性能的提高，而专业化装备主要销往美国。在诸多增材制造相关的企业中，发生了规模较大的公司合并，兼并的对象主要是装备供应商、服务供应商以及其他的相关公司。其中较为重要的是 Z Corp 公司被 3D Systems 公司以 1.52 亿美元收购，3D Systems 公司还购买了 CAD 软件公司和 Alibre 公司，以实现对计算机辅助设计和增材制造的捆绑。此外，3D Systems 公司还收购了 Huntsman 公司的光敏聚合物及数字增材制造装备相关的业务，这些兼并活动使得美国增材制造公司在增材制造的产业中领先于其他国家。

2011 年 7 月，美国试验材料学会的增材制造技术国际委员会 F42 发布了新的增材制造数据文件格式，新格式包含了材质、功能梯度材料、颜色、曲边三角形及其他过去增材制造数据文件格式不支持的信息。2011 年 10 月，美国试验材料学会与国际标准化组织宣布，美国材料与试验学会的 F42 委员会与国际标准化组织 261 委员会将在增材制造领域进行合作，制定共同认可的一套标准。

从增材制造的发展历程来看，美国在装备研制、生产销售和应用等方面仍然占全球的主导地位，其发展水平及趋势基本上引领了世界增材制造技术的发展。其次是德国，在装备研发和工程应用方面居于前列。我国增材制造技术自 20 世纪 90 年代初开始蓬勃发展，其中，清华大学、西安交通大学、华中科技大学等高校研究团队开展了大量增材制造相关的装备、工艺、材料及应用方面的研发，在典型的成形装备、控制软件和原材料的研究和产业化方面取得了重大进展，已经逐步向国际先进水平靠拢。20 世纪 90 年代中后期，北京航空航天大学、西北工业大学、南京航空航天大学、华南理工大学、北京理工大学等一批高校和研究机构也相继开展了相关的研究和应用探索工作。增材制造的高性能金属零件已应用于我国新型飞机的研制，并取得了显著的成效。据《全球增材制造技术与产业发展报告》数据统计，2023 年我国增材制造装备保有量占全球装备保有量的 10.2%，位居全球第二，仅次于美国的 33.1%。

目前，全球拥有增材制造技术专利最多数量的国家是中国，2016—2021 年公开的数量占全球增材制造技术专利申请总量的 56.5%；其次为日本，美国、德国、韩国紧随其后。这表明中国、美国、韩国、德国、日本不仅是增材制造技术主要的研发创新国家，更是增材制造技术应用领域备受重视的五大国际市场。但对全球增材制造专利申请按照发明人国别和优先国别进行排序后发现，美国发明人申请了全球增材制造专利的 30%，日本 15%，韩国 14%，德国 11%，而中国仅有 3%，这表明美国仍保持增材制造主要原创专利产出国的重要地位，掌握大部分增材制造核心技术，且具有较高的自主创新能力。

三、增材制造新职业简介

增材制造是先进制造领域产业发展最快、研究最活跃、关注度最高的领域之一。增材制造通过能量与材料作用，由点 / 面至体进行离散 – 堆积，颠覆传统产品设计制造流程，被誉为决定未来经济的十二大颠覆技术之一。2015 年 11 月，习近平总书记在二十国集团领导人第十次峰会上指出，新一轮科技和产业革命正在创造历史性机遇，催生“互联网 +”、分享经济、3D 打印、智能制造等新理念、新业态，其中蕴含着巨大商机，正在创造巨大需求，用新技术改造传统产业的潜力也是巨大的。

世界主要发达国家均将增材制造与激光制造列入相应的国家发展计划，持续加大国家投入。自美国 2012 年设立“国家增材制造创新研究院”以来，欧洲及日本等发达国家和地区相继将增材制造纳入未来制造技术的发展规划中，如欧盟“第一—七框架”计划、“地平线 2020”等系列研发创新计划均将增材制造作为关键技术之一进行持续支持。同时，2021 年 1 月，美国国防部下属的国防部长办公室中的制造技术项目办公室发布了首份综合的《增材制造战略》文件，美军各军种和其他国防机构合作参与了该项战略的制定。2022 年 5 月，美国总统拜登宣布启动“增材制造推进”计划。2022 年 10 月，美国科技政策办公室发布了最新版的《先进制造业国家战略（NSAM）》，指出增材制造将成为先进制造业整体未来的核心。

2023 年，全球增材制造市场规模约 1 600 亿元，中国增材制造市场规模约 400 亿元，过去 5 年全球增材制造产业增长速度超过 20%，预计到 2030 年，全球增材制造产业规模大于 6 000 亿元。然而，当前增材制造产业仍面临严峻的人才短缺问题，同时人才培养面临体系不完善，多学科交叉、新技术涌现导致人才培养困难，急需形成增材制造行业标准化的技能水平测试和能力证明体系。

当前，我国增材制造产业处于国际并跑位置，并有望成为先进制造领域国际竞争长板方向，增材制造人才培养尤为关键。2022 年 6 月，人力资源社会保障部向社会公示“增材制造工程技术人员”等 18 个新职业，并纳入《中华人民共和国职业分类大典（2022 年版）》。2023 年 3 月，人力资源社会保障部办公厅、工业和信息化部办公厅颁布机器人、增材制造工程技术人员国家职业标准。

增材制造工程技术人员，职业定义为从事增材制造技术、装备、产品研发、设计并指导应用的工程技术人员。共设三个等级：分别是初级、中级和高级；分为两个职业方向：增材制造技术开发、增材制造技术应用。增材制造技术开发分为三个职业功能：设计与制造装备、开发软件与控制系统、研发材料与工艺；增材制造技术应用分为三个职业功能：设计产品与处理数据、应用工艺与生产运维、后处理与检验产品制造质量。增材制造工程技术人员培养，将立足新发展阶段，贯彻新发展理念，遵循国家“十四五”规划提出的“加强创新型、应用型、技能型人才培养，实施知识更新工程、技能提升行动，壮大高水平工程师和高技能人才队伍”，支撑增材制造新兴产业创新升级，推动我国制造业高质量发展。

第二节　增材制造技术与装备概述

一、增材制造技术概述

增材制造技术综合了材料、机械、控制、光学及计算机软件等多学科知识，属于一种高度交叉的先进技术。根据《增材制造　术语》（GB/T 35351—2017）以及 ISO/

ASTM 52900 规定的增材制造相关术语，目前增材制造技术主要有以下几类。

1. 光固化

光固化成形（vat photopolymerization，VPP）是最早实用化的增材制造技术。原理是选择性地用特定波长与强度的激光聚焦到光固化材料（例如液态光敏树脂）表面，使之发生聚合反应，再由点到线、由线到面顺序凝固，完成一个层面的绘图作业，然后升降台在垂直方向移动一个层片的高度，再固化另一个层面。这样层层叠加构成一个三维实体。光固化是最早出现的增材制造工艺，技术较成熟，很好演示了由 CAD 三维数字模型直接驱动原型制造的工程，展现了增材制造技术对复杂结构成形的适应性，产品试制周期短，无须模具或工具，即可加工结构外形复杂或传统手段难以成形的三维实体模型的优势。但是光固化装备的造价昂贵，使用和维护成本较高。此外对工作环境要求较高，其成形件多为树脂类，强度、刚度、耐热性有限，不适于承受较大的工作载荷。

2. 材料挤出

材料挤压成形又称为熔融沉积成形（fused deposition modeling，FDM）。熔丝制造（fused filament fabrication，FFF）是典型的材料挤出成形技术，具体原理是将丝状的热熔性材料加热融化，同时挤出喷头在计算机的控制下，根据截面轮廓信息，将材料选择性地涂敷在工作台上，快速冷却后形成一层截面。一层成形完成后，工作台下降一个高度（即分层厚度）再成形下一层，直至形成整个三维实体模型。FFF 是一种成本较低的增材制造方式，所用材料比较廉价，不会产生毒气和化学污染。但是 FFF 后表面粗糙，需后续抛光处理，最高精度约为 0.1 mm。喷头做机械运动，速度受限，需要支撑结构。FFF 价格低廉，多为个人或消费型应用。随着技术的提高，近年来 FFF 技术开始能够制造金属和陶瓷零件。

3. 材料喷射

材料喷射是将材料以微滴的形式按需喷射沉积的增材制造技术，典型代表有三维打印（three dimensional printing，3DP）、聚合物喷射（polymer jetting，PJ）。3DP 和喷墨平面打印非常相似，打印头是直接采用喷墨打印机的喷头改造而来。3DP 工艺是将粉末状的材料，如陶瓷、金属、塑料，通过喷头选择性地喷射黏结剂，将工件的截面“打印”出来并一层层堆积成形。PJ 打印技术与传统的喷墨打印机类似，由喷头将光敏树脂喷微滴在打印基底上，再用紫外光层层固化。PJ 技术制造精度高，高达 16 μm 的层分辨率和 0.1 mm 的精度，可确保获得光滑、精准零件和模型，具有清洁、制造速度快和用途广等优点，其缺点是需要大量支撑结构，耗材成本相对较高。

4. 粉末床熔融

粉末床熔融（powder bed fusion，PBF）是指通过高能束热源选择性地熔化或烧结粉末床中零件截面区域内粉末的增材制造技术。高能束热源主要有激光、电子束。原材料主要是各种粉末（如热塑性聚合物、金属、陶瓷等）。用于金属增材制造的 PBF 技术包括激光粉末床熔融（laser powder bed fusion，L-PBF）、电子束粉末床熔融（electron beam powder bed fusion，EB-PBF）等。粉末床熔融是目前应用最广泛的金属增材制造技术，广泛用于制造航空航天、汽车、模具等领域的复杂精密零件。粉末床熔融成形件可以同时具有宏观的复杂结构与独特的微观组织。粉末床熔融技术作为新兴的先进金属增材制造技术，已广泛应用于快速原型制作、快速制造、工装和生物医学工程等领域。

5. 定向能量沉积

定向能量沉积（directed energy deposition，DED）是指利用定向能量源将材料同步熔化沉积的增材制造技术。能量源作用在原材料和基体表面上，使二者熔化后形成熔池，待冷却凝固后产生冶金结合。能量源主要有激光、电子束、电弧等，可成形不锈钢、钛合金、钴铬合金等材料。常见技术包括激光同步送粉技术、电子束熔丝沉积成形、电弧增材制造（WAAM）等。相较于 PBF 技术，DED 技术的成形效率高，但成形精度较低。

6. 薄材叠层

薄材叠层（sheet lamination，SHL）通过逐层叠放薄片材料来构建三维实体零件。该技术将薄片材料（如纸张、金属箔等）逐层黏合在一起，从而形成所需的三维实体零件。该技术通常包括两种主要类型：层层黏合和剥离黏合。薄片材料被剪裁或加工成所需的形状，这些薄片通常在构建过程中被逐层叠放。在每层构建的开

始，一层薄片被放置在前一层薄片上；然后，黏结剂或其他黏合方法被应用到薄片的表面，将其与前一层黏合在一起。逐层黏合后的薄片形成所需的物体。薄材叠层技术通常使用相对廉价的薄片材料，因此装备和材料成本相对较低。薄材叠层技术的构建过程不需要填充零件截面，因此可以制造较大尺寸的实心物体。由于各层之间存在黏合界面，导致零件强度性能受到影响，不适用于一些对强度要求较高的应用。

二、金属增材制造装备

金属增材制造是近 30 年来逐步发展起来的一类先进制造技术，该技术采用激光、电子束和电弧等高能束，以金属粉末或丝材为原材料，基于数字化模型，通过逐层堆积的方式实现三维金属零件成形。

（一）激光粉末床熔融装备

1. 技术原理

激光粉末床熔融技术是指激光选区熔化（selective laser melting，SLM）技术和激光选区烧结（selective laser sintering，SLS）技术，其装备由光学系统（激光器、准直器/扩束镜、振镜、聚焦场镜）、工作舱室、供料系统（粉料缸）、铺粉系统（铺粉辊、刮刀等）、成形缸、循环过滤系统和气氛保护系统等部分组成，如图 1–2 所示。该技术原理如下：首先将零件三维 CAD 模型文件沿高度方向按设定的层厚进行分层切片，获

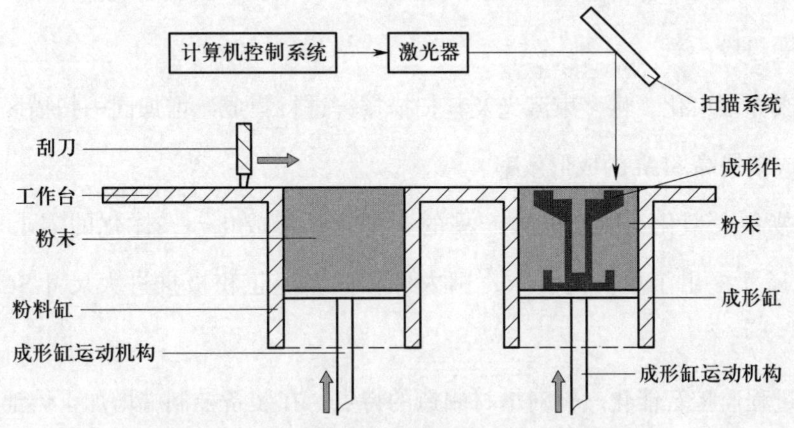

图 1–2　SLM 或 SLS 装备基本组成与原理示意图

得每层二维截面信息；然后在工作缸的成形面上铺一层粉末材料，在计算机控制下，根据各层截面数据，采用激光对特定区域的粉末层进行扫描，该区域的粉末颗粒发生熔化或烧结后形成实体层，而未被扫描的粉末仍呈松散状，可作为后续粉末层的支撑；当前层扫描完成后，载料台下降一个设定层厚的距离，再进行下一层铺粉和扫描，同时新加工层与前一层熔合或烧结为一体；重复上述过程直到整个三维实体加工完毕，将成形件取出，并进行适当后处理（如清粉、去除支撑、打磨抛光等），获得最终三维零件。

2. 发展现状与趋势

SLM 技术是金属增材制造的研究热点之一，德国、英国、美国等国家在该技术上的研究起步较早，技术较成熟。德国 Fraunhofer 研究所最早于 1995 年提出了 SLM 的概念，2003 年德国 MCP 公司（现为 MTT 公司）推出首台 SLM 系统。此后，德国 EOS、SLM Solutions 和英国 Renishaw 等公司相继开发出商业化装备。之后，受益于激光器、振镜、建模与扫描软件、粉末材料、工艺控制等技术的提升，SLM 技术得以迅速发展。

在国内，西北工业大学、华中科技大学、华南理工大学等高校较早从事激光粉末床熔融的装备与工艺研究，积累了大量 SLM 技术的理论基础和产业化应用基础。国内众多企业也不断推出各种型号的激光选区熔化装备，呈现出激光多束化、功能智能化、尺寸大型化的新特点，应对航空航天等典型领域对复杂构件提出的新需求。

近年来，国内外各大主流 SLM 厂商推出了多种大型、高效的机型，SLM 装备表现出以下发展趋势：

（1）激光多束化。将多束激光及其扫描振镜进行集成，增加同一扫描区域的激光束数量，成倍提高 SLM 的成形效率。

（2）装备大型化。航空航天产品的大型化、集成化、一体化的需求对 SLM 装备的成形尺寸提出了更高的要求，国内外相关企业正积极推进大尺寸 SLM 装备的研发。

（3）过程监控智能化。针对增材制造的特点，在装备控制端增加了熔池监控、铺粉过程监控等功能，提高实时干预与反馈修正的有效性。

（二）电子束粉末床熔融装备

1. 技术原理

电子束粉末床熔融技术是指利用高能电子束流熔化粉末床上的金属粉末颗粒，从而逐层融合材料完成零件实体的成形技术。国际标准化组织和美国材料与试验协会的标准文件 ISO/ASTM DIS 52911 将该技术归类为粉末床熔融增材制造技术之一。在技术发展初期，该技术也曾被称为电子束选区熔化（electron beam selective melting，EBSM 或 electron beam melting，EBM）。EBM 技术原理示意图如图 1-3 所示，电子束在偏转线圈驱动下按预先规划的路径进行扫描，熔化已经铺好的金属粉末；当一个层面的扫描结束后，成形平台下降一层的高度，铺粉器重新铺放一层金属粉末，如此反复进行铺粉和扫描的过程，层层堆积，直到制造出所需要的金属零件。具有成形速度快、粉末材料的利用率高、电子束无反射和能量转化率高等特点。电子束粉末床熔融技术的成形环境为高真空，不需要通入保护气体，因而特别适合钛合金等高活性金属零件的成形制造。

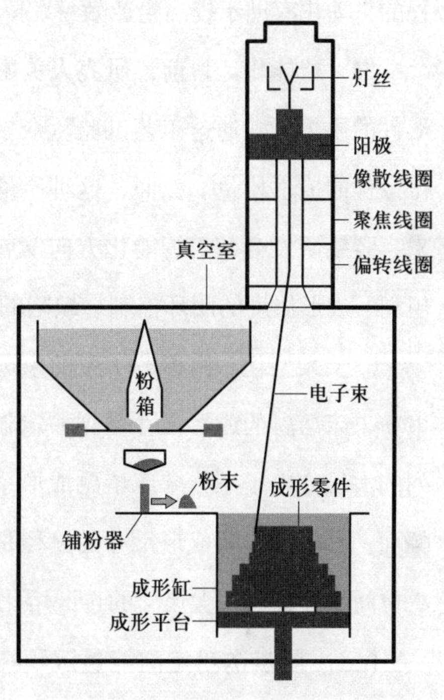

图 1-3　EBM 技术原理示意图

2. 发展现状与趋势

电子束粉末床熔融技术是 20 世纪 90 年代中期发展起来的。20 世纪 90 年代末瑞典 Chalmers 工业大学与 Arcam 公司合作开发了电子束粉末床熔融技术，并在此基础上申请了专利。从 2002 起，Arcam 公司研发了商品化的 EBM 装备 S-12，将其销售给欧美国家的研究机构并应用于航空航天和医疗等领域。Arcam 公司开发的 Q20Plus 型装备的加工尺寸达到 ϕ350 mm × 380 mm。清华大学于 2004 年开始自主研发电子束粉末床熔融装备及技术，使我国成为国际上第二个自主研发该技术的国家，并开展了双金属梯度结构电子束粉末床熔融制备、多电子束大尺寸粉末床熔融技术，以及电子束 - 激光复合粉末床熔融技术等研究。

近年来，国内企业相继推出了自主研发的电子束粉末床熔融装备，开发了间热式电子枪、精密铺粉技术、数据处理软件等装备核心技术。电子束粉末床熔融技术应用的不断拓展对成形装备提出了更高的要求，未来成形装备的研发主要呈现以下趋势：

（1）自动化。目前，电子束选区熔化增材制造中底板的调平、电子束的校准、粉末材料的添加和回收处理等均依赖专业技术人员操作，电子束粉末床熔融增材制造流程的自动化有助于提高生产效率、降低增材制造成本。

（2）智能化。目前，研究人员主要通过优化成形参数来提高电子束粉末床熔融成形件的质量，即通过工艺试验从众多可能的工艺参数包中筛选出最优的参数组合，获得最优的成形质量。然而，这种质量控制是开环的，尚不能实现有效的闭环控制。未来，装备研发会朝着智能化方向发展，如在线监测、数字孪生、扫描路径的实时智能规划、成形温度的闭环控制、缺陷的实时诊断和反馈等。

（3）大型化。由于电子束的束斑质量随着偏转角度的增加快速下降，因此，电子束粉末床熔融的成形尺寸受到一定限制。我国已在国际上率先开发了基于多电子枪阵列的大尺寸电子束粉末床熔融成形系统，通过多个电子枪扫描区域的拼接，扩大成形幅面；另一种扩大成形尺寸的途径是为一个电子枪设置多个工位，通过电子枪在多个工位间的移动实现大尺寸的选区熔化。

（三）同步送粉定向能量沉积技术

1. 技术原理

同步送粉定向能量沉积（DED）技术是一种兼顾精确成形和高性能成性需求的一体化制造技术，其技术原理如图 1–4 所示。金属粉末和激光的传输通道集成在一个喷嘴中，粉末通过气体输送，在喷嘴正下方汇聚后被激光熔化、沉积在基板上随后凝固，后续熔化粉末均在前一层凝固层上进行沉积。该技术可以实现力学性能与锻件相当的复杂高性能构件的高效率制造，成形尺寸基本不受限制（取决于装备运动幅面），所具有的材料同步送进特征，可以实现同一构件上多材料的任意

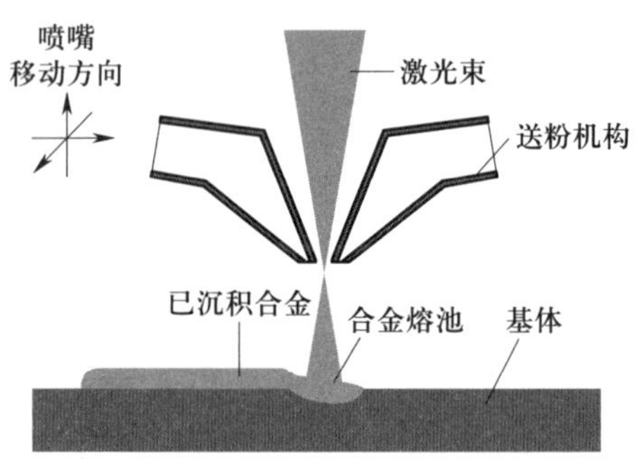

图 1–4　同步送粉 DED 技术原理示意图

复杂结构制造，并可用于损伤构件的高性能修复；此外，还可灵活地同传统的等材或减材加工技术（如锻造、铸造、机械加工或电化学加工等）相结合，充分发挥各自技术优势，形成金属结构件的整体高性能、高效率、低成本成形和修复新技术。

2. 发展现状与趋势

同步送粉 DED 技术的发展史可追溯到 20 世纪 70 年代末期关于激光熔覆技术的研究。1979 年，美国联合技术公司针对高温合金涡轮盘的制造难题，发展了同步送粉激光熔覆方法，制造了径向对称镍基高温合金零件并取得了相关专利。不过受限于当时的计算机技术水平，当时的技术只能制造一些板型件或回转件。直到 2000 年，美国波音公司首先宣布采用该技术制造的三个 Ti–6Al–4V 零件在 F–22 和 F/A–18E/F 飞机上获得应用，在全球掀起了金属零件的直接增材制造的第一次热潮。

目前，美国“America Makes”、欧盟“Horizon 2020”和德国“NDUSTRIE 4.0”等都把航空航天作为增材制造技术的首要应用领域，均有支持金属高性能激光增材制造的专项研发计划。美国波音公司自 2000 年以来开始将同步送粉技术制造的大型钛合金零件应用于 F–18 和 F–22 战斗机，并于 2015 年申请了飞机零件增材制造体系的美国专利。中国在同步送粉 DED 技术的研究方面与欧美发达国家同步，北京航空航天大学突破钛合金等高性能难加工金属大型整体主承力结构件成形工艺、装备及应用关键技术，并已经在多个型号飞机中获得应用；西北工业大学针对大型钛合金构件的制造，建立了包括材料、工艺、装备和应用技术在内、完整的激光 DED 增材制造技术体系。增材制造微观组织和综合力学性能的主动调控、制造过程应力 – 变形的控制、专用合金的发展等已成为目前国际大型轻质高强韧合金构件成形技术的发展趋势。

（四）同步送丝定向能量沉积装备

1. 技术原理

同步送丝 DED 技术采用金属丝进行逐层堆焊的方式制造致密金属实体构件，因以激光、电弧及电子束等为载能束，热输入高，成形效率高，适用于大尺寸复杂构件低成本、高效快速近净成形，如图 1–5 所示。面对特殊金属结构制造成本及可靠性要求，其结构件逐渐向大型化、整体化、智能化发展，因而该技术在大尺寸结构件成形上具有其他增材技术无法比拟的效率与成本优势。

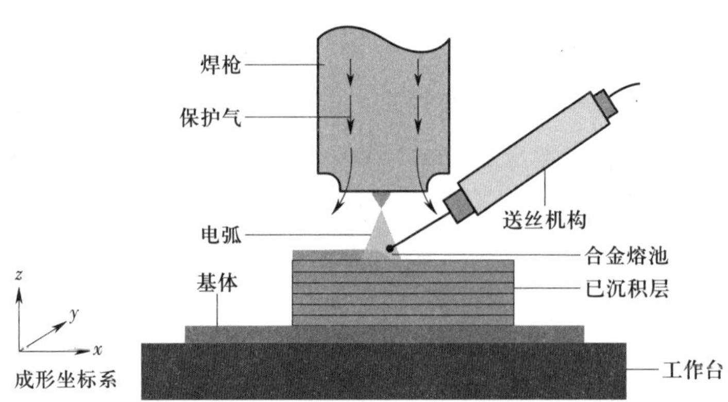

图 1–5　同步送丝 DED 技术原理示意图

2. 发展现状与趋势

电弧熔丝增材制造是同步送丝 DED 增材制造的重要技术之一，该技术采用电弧作为热源，通过不断熔化填充丝材并根据目标构件的数字模型沿成形轨迹逐层堆积出金属零件，具有成形尺寸大、装备成本低、材料利用率和成形效率高等优点，是一种可实现高性能金属零件经济增材制造的方法，已成为在钛、铝、镍基合金、钢等多种工程材料方面有广泛应用前景的制造工艺。与传统减材制造相比，电弧增材制造系统可根据构件尺寸将加工时间减少 40%～60%，后处理时间减少 15%～20%。

挪威金属 3D 打印公司 Norsk Titanium 采用快速等离子熔丝增材制造技术从 2017 年开始为波音 787 批量生产钛合金零件，其也成为世界上第一家获得美国联邦航空局认证的委托制造合格的增材制造结构钛元件供应商。波音 787 也是第一架使用经过认证的增材制造的钛零件飞行的商用飞机。2018 年 8 月英国劳埃德船级社通过了电弧熔丝增材制造技术与装备的认证，结合减材技术应用于大型船用螺旋桨的制造。

我国电弧增材制造技术研究起步较早，而近年来随着我国航空航天、国防、军事等领域的飞速发展，该技术得到了越来越多的重视，多家科研院所和大型企业开始投入进行相关技术装备和工艺的开发，制造了大量测试验证件，如我国增材制造铝合金、钛合金结构件等应用于运载火箭、装甲车辆等领域。同时电弧增材制造也在由传统快速成形结构向点等先进结构制造结构发展，应用于船舶、建筑等领域。

近年来，针对同步送丝 DED 装备、工艺、材料冶金行为等方面的问题，国内外学者已进行了大量研究，取得了许多有价值的成果。未来同步送丝 DED 技术的发展，主要集中在以下几个方面：

（1）装备与工艺的智能化、集成化。针对不同的材料及构件形状，在现阶段工业机器人与热源结合的增材制造装备基础上，复合激光装置、多种信号传感监测装置等硬件，以及工艺数据库、机器学习系统等软件，提高增材制造集成化与智能化程度。

（2）路径规划新策略及应用软件开发。同步送丝 DED 的优势是能够实现大型、复杂金属构件的成形，因此，应针对不同结构的构件和特定的材料，制定合适的切片方式与切片路径规划策略，形成数据库，并基于数据库设计自动化路径规划软件，提高电弧增材制造成形效率。

（3）专用金属丝材开发。现阶段同步送丝 DED 技术多采用焊丝作为原材料，焊丝应用领域主要为堆积量较少的连接工程，堆积时的物理场、材料冶金行为与多层多道堆积的定向能量沉积具有较大差异，导致利用焊丝进行增材制造时易出现堆积金属成分不达标、飞溅、夹渣等各种问题，因而亟须开发 DED 专用金属丝材。

（4）组织与性能精确调控。通过 DED 成形高性能大型金属构件是该制造方法的最终目标，然而同步送丝 DED 的冶金行为较为复杂，这就要求针对增材制造每一阶段的物理和化学冶金过程都进行深入的研究和分析，使成形构件任意部分的组织和性能都能得到精确调控，最终实现几何形状与力学性能一体化成形。

三、非金属增材制造装备

非金属增材制造主要是针对聚合物和陶瓷等材料的逐层堆积制造，从设计和制造方式上减少了制造周期和成本，对于部分个性化产品，增材制造也可实现规模化定制。按照所用材料的形态、理化性质及成形方式，非金属增材制造技术可分为材料挤出、光固化成形、黏结剂喷射、薄材叠层和粉末床烧结成形几类。

（一）材料挤出式增材制造装备

1. 技术原理

材料挤出成形的工作原理如图 1-6 所示，缠绕在送丝盘上的热塑性塑料丝在挤出喷头内部被加热至熔融态，在数字控制系统的控制下，挤出喷头按照确定的工件切片轮廓信息移动，将材料挤出并沉积在工作台上，材料在室温下快速冷却固化形成工件轮廓和支撑结构；在一层制造完成后，喷头竖直上升一个层高（通常为 0.1 ~ 0.2 mm），再按照下一层的工件切片轮廓信息移动。如此循环往复，最终完成工件成形。

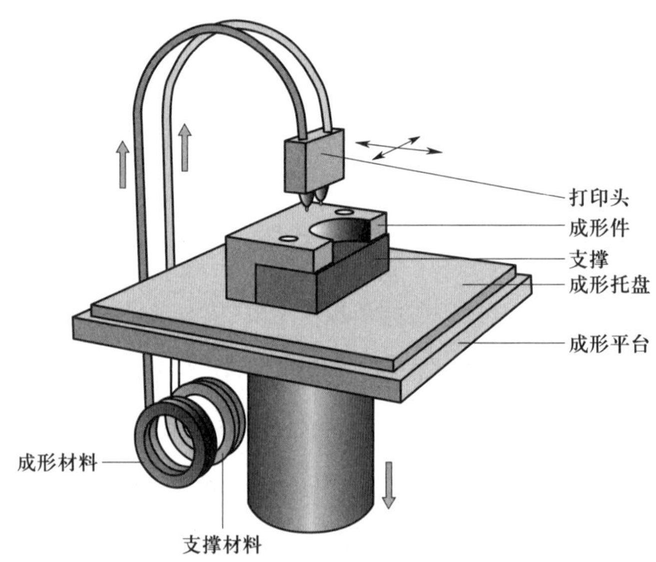

图 1–6　材料挤出成形的工作原理

材料挤出式增材制造装备由于其原理简单，操作环境干净、安全，且材料无毒，元器件价格便宜，可以在日常环境下使用，是使用较为广泛的增材制造装备。但是由于工艺和装备局限，这种工艺的成形精度较低，成形速度慢，且需要支撑结构。

2. 发展现状与趋势

熔丝制造（FFF）作为常见的材料挤压成形技术之一，其最新进展包括流程改进、装备改进和零件成形质量改进等方面。FFF 技术的主要发展趋势体现在以下几个方面。

（1）直接面向产品的制造。提升增材制造的效率和精度，制定连续、大件、多材料的工艺方法，提升产品的质量与性能。

（2）通用化。降低成本，操作简单化，使之更适应设计与制造一体化和家庭应用的需求。

（3）集成化与智能化发展。使 CAD/RP 等相关软件一体化，使工件设计与制造无

缝对接，设计人员通过网络控制远程制造。

（4）拓展应用领域。增材制造技术在未来的发展空间，很大程度上由其是否有完整的产业链决定，包括装备制造、材料研发与加工、软件设计以及售后服务等。

（二）光固化增材制造装备

1. 技术原理

光固化增材制造装备分为上光束扫描式和下光束扫描式两种。上光束扫描式光固化成形装备由料槽（容器）、工作台、激光器、扫描振镜和计算机数控系统等组成。其中，料槽中盛满液态光敏树脂，有许多小孔的工作台浸没在液盒中，并可沿高度方向做往复运动。激光器为紫外（UV）激光器，如固体半导体泵浦（Nd：YVO4）激光器、氦镉（He-Cd）激光器和氩离子激光器。扫描振镜能根据控制系统的指令，按照成形件截面轮廓的要求做高速往复摆动，从而使激光器发出的激光束反射至液盒中光敏树脂的表面，并沿此面做 X、Y 方向的扫描运动。在受到紫外激光束照射的部位，液态光敏树脂发生聚合反应而快速固化，形成相应的一层固态的成形件截面轮廓薄片层和支撑结构。

光固化成形过程如下：开始时，工作台的上表面处于液面下一个高度，称为分层厚度（通常为 0.1 mm 左右），该层液态光敏树脂被激光束扫描而固化，并形成所需第一层固态截面轮廓薄片层，然后工作台下降一个分层厚度，料槽中的液态光敏树脂流过已固化的截面轮廓层，刮刀按照设定的分层厚度做往复运动，刮去多余的液态树脂，再对新铺上的一层液态树脂进行激光照射。光固化成形原理如图 1-7 所示。

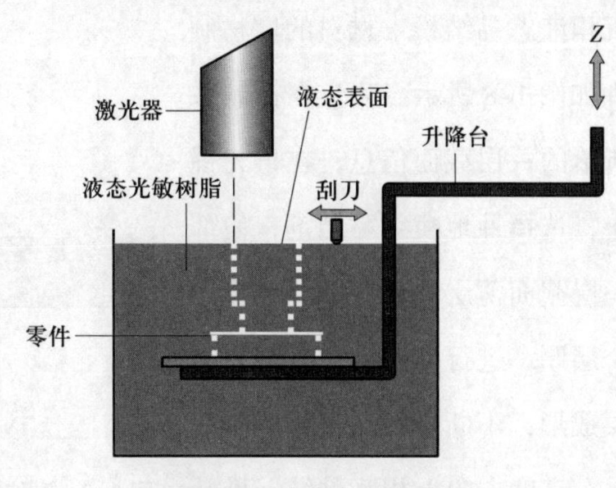

图 1-7　光固化成形原理

2. 发展现状与趋势

VPP 技术的发展趋势主要为以下几个方面：

（1）可高速制造和高精度成形的 VPP 装备研发。对于 VPP 技术而言，一件几十克的零件，成形时间往往将近 1 h。另外，由于增材制造技术本质上是“层叠加”，因此，在光固化成形时层与层之间的界面难以连续，这就产生了诸如成形精度和效率有限的问题。因此，实现高速、高精制造是 VPP 技术开发面临的重要课题。

（2）功能化光敏树脂研发。由于当前使用的 VPP 光敏树脂化学与物理性能的局限，使得 VPP 技术的应用主要集中在模具、文物保护及文化创意等领域。如果制造材料可以满足使用者在材料功能上的需求，如抗冲击性、导电性、耐高温性、阻燃性等，那么 VPP 技术将大大拓展其应用领域。

（3）无毒害无污染光敏树脂研发。绿色环保是当前社会发展的主旋律。虽然光固化技术的优势是无或低的碳排放，被誉为绿色化学，但是在光敏树脂配方中经常会用到有毒有害的化合物，如含锑化合物、碘𬭩盐、硫𬭩盐等，这些物质的添加影响了增材制造技术在生物医学及食品等领域的应用。同时，废料的排放也会对环境产生毒害作用。研发新型无毒光引发体系及绿色环保的光敏树脂越来越被人们重视，已成为一个必然的发展趋势。

（三）黏结剂喷射增材制造装备

1. 技术原理

黏结剂喷射是 1989 年由美国麻省理工学院提出的一类选择性喷射沉积液态黏结粉末材料的增材制造技术，其技术原理如图 1–8 所示。喷头在控制系统的控制下，按照所给的一层截面信息，在事先铺好的一层粉末材料上，选择性地喷射黏结剂，使部分粉末黏结，形成一层截面薄层；在每个薄层成形后，工作台下降一个层厚，进行铺粉操作，继而再喷射黏结剂进行薄层成形；不断循环，直至所有薄层成形完毕，层与层在高度方向上相互黏结并堆叠

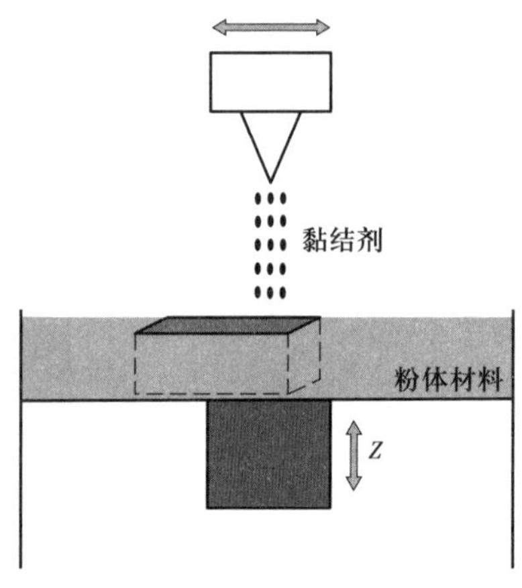

图 1–8　黏结剂喷射技术原理示意图

得到所需三维实体成形件。通常情况下，黏结剂喷射所得到的成形件还需要进行后处理。对于强度无特殊要求的模型成形件，后处理通常包括加温固化以及渗透定型胶水。而对于强度有特殊要求的结构功能零件以及各类模具，在对黏结剂进行加热固化后，通常还要进行烧结以及液相材料渗透以提高成形件的致密度，从而达到各类应用对强度的要求。

黏结剂喷射技术在航空航天、汽车、建筑和医疗等领域具有广泛的应用。然而，由于构建过程中使用了黏结剂，因此，构建完成后的物体可能需要经过后处理去除黏结剂并获得所需的强度和表面质量。随着技术的发展，黏结剂喷射技术可能会继续提高建造速度、材料选择范围和后处理效率，代表性企业是美国 Stratasys 公司、Desktop Metal 公司等。2018 年，该技术被《MIT Report》评为“全球十大突破性技术”之一，评价该技术“很可能会使制造业发生颠覆性改变”。从现有技术看，黏结剂喷射增材制造技术有望实现批量化工业生产。

2. 发展现状与趋势

黏结剂喷射技术是面向零件批量生产的经济型增材制造应用市场而诞生的，由于其高速度、低成本、高精度、无须支撑的显著优势，获得了业界的高度关注。基于该技术的创业公司如 Desktop Metal、Markforged 等公司，相继获得了谷歌、GE、宝马、福特、Stratasys、微软、西门子等世界级领先科技公司的投资。此外，传统国际巨头企业如 GE、HP 正在抓紧布局该技术领域，最近又有多家巨头企业如 Ricoh、foxconn 等进入该领域。在国内，很长一段时间内商业化的黏结剂喷射增材制造厂商较少，但近期国内诸多研发团队也宣布发布该技术。

（四）薄材叠层增材制造装备

1. 技术原理

薄材叠层增材制造是将薄层材料逐层黏结以形成实物的增材制造技术。1988 年，Feygin 提出了薄材叠层增材制造的思想，成形的材料主要为纸张。2000 年，White 发明了适用于金属薄材叠层增材制造的超声波固结成形技术，它以金属薄材为原料，采用大功率超声波能量，利用金属层与层振动摩擦产生的热量，使材料局部发生剧烈的塑性变形，从而达到原子间的物理冶金结合，实现同种或异种金属材料间固态连接。

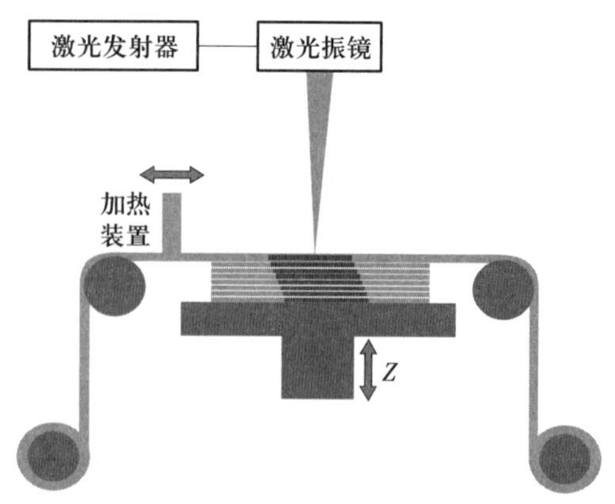

图 1-9　薄材叠层增材制造技术原理

薄片材料被剪裁或加工成所需的形状，这些薄片通常在每一层构建过程中被逐层叠放。薄材叠层增材制造技术原理如图 1-9 所示，在每层构建的开始，一层薄片被放置在前一层薄片上；然后，黏结剂或其他黏合方法被应用到薄片的表面，将其与前一层黏合在一起。逐层黏合后的薄片形成所需的物体。薄材叠层技术通常使用相对廉价的薄片材料，因此装备和材料成本相对较低。薄材叠层技术的构建过程不需要填充零件截面，因此可以制造较大尺寸的实心物体。由于各层之间存在黏合界面，导致零件强度性能受到影响，不适用于一些对强度要求较高的应用。

2. 发展现状与趋势

薄材叠层增材制造成形方法和装备在问世之后的 20 世纪 90 年代得到了迅速发展。研究该技术的公司除了 Helisys 公司外，还有日本的 Kira 公司、瑞典的 Sparx 公司、新加坡的 Kinergy 精技私人有限公司，以及中国的清华大学、华中科技大学等。目前世界上投入使用的装备，主要有 Helisys 公司的纸张叠层造型 LOM 系列、新加坡 Kinergy 公司的 ZIPPY 型薄形材料选择性切割成形机等。

薄材叠层技术在原型制造、艺术品制作、建筑领域等有广泛应用。然而，由于黏合的层之间存在界面，导致零件性能略有降低，以及较粗糙的表面质量，这可能不适用于一些要求高精度、高性能和光滑表面的应用。随着技术的进步，薄材叠层技术可能会继续改进，以满足更多应用的需求，代表性企业是美国 Fabrisonic 公司。

（五）粉末床烧结增材制造装备

粉末床烧结增材制造装备与粉末床熔融增材制造装备类似。不同之处在于其采用的粉末原材料是非金属，包括塑料粉、铸造用树脂覆膜砂、陶瓷粉或金属粉与黏结剂的混合物等，而且一般通过功率激光部分烧结而非熔化实现材料的熔融沉积。激光选区烧结（SLS）工艺不需要保护气体，但成形的零件需要后处理。

第三节　增材制造专用材料及发展现状

增材制造已从一个原型制造方法进化为一种全面的制造技术。伴随这一转变的是一系列的材料和工艺创新，这不仅扩展了增材制造技术的适用范围，还推进了其在各个产业中的渗透。

聚合物在增材制造技术发展的早期阶段被广泛使用。光敏树脂最早被应用于光固化增材制造，目前更以精细成形和快速制造能力成为模型制造、定制鞋和牙科领域等特定应用的主流选择。近年来聚合物种类不断得到丰富，包括新型高性能塑料，如聚醚醚酮（polyetheretherketone，PEEK）和聚醚酰亚胺（polyetherimide，PEI）等。此外，材料研究者也在努力改善传统材料，提高其耐用性、柔韧性或改变其表面性质。

虽然金属增材制造起步较晚，但其发展却十分迅速。钛合金、高温合金首先被用于增材制造，而后高强钢、铝合金等也在增材制造中得到应用，在航空航天和汽车工业，金属增材制造已开始改变组件的设计和制造方式，使之更轻、更强并且更为经济。可以说，正是由于金属材料的应用，将增材制造由原型制造推向了工程零件的直接制造。此外，金、银等贵金属材料的增材制造在首饰珠宝成形中也占据了一席之地。

陶瓷材料在牙科和半导体制造领域也展示出其无可比拟的优势。陶瓷以其独特的性质，如硬度、热稳定性和电绝缘性，成为某些特定应用的理想选择。此外，复合材料也在增材制造中占据了一席之地，碳纤维增强的塑料或树脂增材制造为设计师提供了坚固且轻质结构制备的解决方案，在汽车和航空领域具有广阔的应用前景。

生物增材制造已经从实验室走向现实，为组织工程和个性化医疗提供了全新平台。从植入物到生物活组织，有机材料的广泛选择和特性为这一领域带来了巨大的机会和潜力。

增材制造技术的丰富门类与其所使用材料的多样性是分不开的。从塑料到金属、陶瓷，再到生物材料，材料科学的创新和进步为增材制造技术的进一步发展和应用奠定了坚实基础。

一、增材制造金属材料

尽管增材制造技术早期主要是从光敏材料发展起来的，且高分子材料目前还占据增材制造材料绝大多数份额，但近年来金属增材制造技术及其应用获得了突飞猛进式的发展，并因其直接支撑高性能结构制备，受到了研究者及工程技术人员的高度重视。据《全球增材制造技术与产业发展报告》统计，2022 年已实现商业化的增材制造金属牌号有 1 125 个，占所有增材制造材料牌号（3 170 个）中的 35.5%。从 2015 年到 2022 年，增材制造金属材料产值由 0.88 亿美元增长到 5.93 亿美元，年复合增长率高达 31%，约为高分子材料增长率的 1.5 倍，金属在增材制造材料中的产值占比从 2015 年的 11.5% 提升到 2022 年的 18.2%。

目前，无论是在科学研究还是工程应用领域，合金材料都占增材制造金属材料的绝大比例，其中又以钢铁、铝合金、高温合金、钛合金材料为主，部分材料如 Iconel 718、Ti-6Al-4V、316 不锈钢的增材制造技术和产品等已经在航空航天、医疗器械、模具生产等领域实现了工程化应用，取得了较为理想的效果。金属间化合物具有在特殊应用条件下的出色性能，然而其较差的加工性能严重限制了应用范围，增材制造技术有望解决其成形问题，从而拓展金属间化合物材料的应用领域。金属基复合材料增材技术因其具备异构制造特性成为领域研究的前沿与热点。随着人们对增材制造技术与其中物理冶金过程理解的不断深入，面向增材制造技术的新材料设计与制备必将吸引更多的关注。

在金属增材制造发展初期，主要是采用现有的铸造合金、变形合金和粉末合金牌号材料，研究这些合金对增材制造技术的适应性。由于现有牌号合金大多数并不适用于增材制造技术，已经应用的合金也普遍难以达到高端工业应用的高冶金质量和性能要求，因此，近年来发展增材制造专用合金的研究成为增材制造金属材料发展的热点。利用增材制造所提供的特殊 / 极端相变条件，有望改变合金化元素的作用机制，为增材制造合金设计提供新的途径。在增材制造钛合金的研究中，将合金设计与增材制造工艺设计相结合，通过向 Ti 中引入通常被视为杂质的 Fe 和 O 元素，开发出了在定向能量沉积条件下展现出色力学性能的 Ti–Fe–O 合金，这一发现为高性能钛合金结构的制备提供了新的技术途径。

金属粉末化学成分是影响成形件微观组织及宏观性能的关键因素，这不仅体现在不同牌号合金所成形零件的组织和性能迥异，同时还表现在微量元素及杂质成分对增材制造工艺的影响上。研究表明，使用氮气雾化粉末（NGA）进行激光选区熔化（SLM）成形的 17–4PH 不锈钢部件几乎完全由奥氏体组织构成（>96%），而采用氩气雾化粉末（AGA）的部件主要由马氏体组织组成（约 76%）。原因在于 NGA 粉末中残余的 N 元素是一种奥氏体稳定元素，其存在阻碍了奥氏体 – 马氏体相变的发生。此外，粉末作为一种高比表面积材料，由于粉末存在表面氧化膜，因此，其含氧量往往高于块体材料，粉末中氧化物含量的增加会提高增材制造样品的孔隙率。

二、增材制造非金属材料

随着增材制造技术的日益成熟和广泛应用，非金属材料在其中扮演了关键角色。这些材料包括各种聚合物、光敏树脂、陶瓷、复合材料和生物材料，它们为从原型制造到功能零件的生产提供了多样性和灵活性。

聚合物无疑是增材制造中最常用的非金属材料。自增材制造技术出现之初，聚合物就因其易于处理和低成本而受到欢迎。聚乳酸（poly lactic acid，PLA）由于其可生物降解的特性，因此，在消费级市场中备受青睐。然而，PLA 的熔融温度较低，对于需要较高的温度稳定性的应用场合则不太适用。丙烯腈 – 丁二烯 – 苯乙烯（acrylonitrile–butadiene–styrene，ABS）塑料在工业中因其坚韧和可加工性而被广泛使用。此外，随着材料科学的进步，新型高性能聚合物，如聚醚醚酮和聚醚酰亚胺，已经为航空航天和医疗行业提供了更为坚固和耐高温的选择。

光敏树脂是另一种在增材制造中常用的材料，特别是在光固化增材制造技术如立体光固化和数字光处理中。这些树脂是液态的，但在特定波长的光线照射下会迅速固化。光敏树脂为生产高精度、细节丰富的零件提供了可能，尤其在牙科、珠宝和模型制造中很受欢迎。但其后处理过程相对复杂，需要在 UV 光下进一步固化以获得最佳性能。

在增材制造领域，陶瓷仍然是一个相对较新的材料类别。与聚合物不同，陶瓷在加工过程中需要特殊注意，以确保制造出的零件具有良好的结构完整性和性能。不过，陶瓷的一些固有属性，如高硬度、高热稳定性和电绝缘性，使其在特定的应用领域，如牙科和电子行业，显示出了明显的优势。

复合材料为增材制造领域带来了巨大的机会。这类材料通常由两种或多种不同材料组合构成，从而充分利用每种材料的独特性能。例如，碳纤维增强的塑料或树脂为设计师提供了一个坚固且轻质的解决方案。其能够在减少零件重量的同时，提供与传统金属材料相似或更好的机械性能。

近年来，生物材料在生物增材制造领域显示出巨大的潜力。这些材料为组织工程和再生医疗研究提供了前所未有的机会。有机基质、细胞和生物分子的精确组合为研究人员提供了一种创造具有生物功能结构的方式。

总的来说，非金属材料为增材制造领域带来了多样性和创新的机会。随着这些材料的性能和加工能力的进一步改进，可以期待它们在未来的增材制造应用中发挥更大的作用。

三、增材制造材料发展方向

按照当前的发展速度，预计到 2035 年中国增材制造材料总产值将超过 2 700 亿元，材料种类至少可以扩展 10 倍以上。

航空航天工业将因为增材制造金属材料的发展而实现革命性进步，将涌现一大批专用金属材料支撑航空航天结构的创新设计与增材制造。600 MPa 级别的增材制造铝

合金，将成为飞机铝合金结构的主体材料，使飞机结构实现大幅度减重；综合性能与锻件相当的增材制造钛合金和 2 000 MPa 以上级别的增材制造超高强度钢，将带来减重和功能提升上的显著进步；增材制造专用高温合金，将大规模应用到包括涡轮叶片在内的航空发动机热端部件上，解决空心单晶涡轮叶片制造难题。

增材制造高分子材料与技术上将取得长足进步，可制造高分子材料的种类将覆盖绝大多数高分子材料体系，增材制造可以占据很大一部分注塑件的市场，实现大规模定制化工业生产；高强度、耐高温、低成本高分子增材制造材料，将部分取代金属材料以支撑结构减重。

医疗也将因为增材制造材料与技术的发展而带来革命性变化，一大批满足环保要求的高性能树脂材料将得到大量应用，人体内长期安全的医疗植入级金属材料需求将大幅提升，可降解可吸收的新型金属材料与高分子材料将越来越受重视。与“活体”增材制造相匹配，改性水凝胶、类基质材料、自组装材料等新型材料体系可为后续复杂组织器官重建与功能化奠定基础。

增材制造高性能陶瓷零件将在医疗、电子等尖端领域得到广泛应用。具有优异的生物相容性的增材制造羟基磷灰石将成为应用广泛的人工骨替代材料，氧化锆、氧化铝和氮化硅等材料，将广泛应用于增材制造义齿。增材制造技术也将与传统陶瓷工艺相结合，实现陶瓷零件的快速定制生产，在传统陶瓷工业的升级转型中脱颖而出。

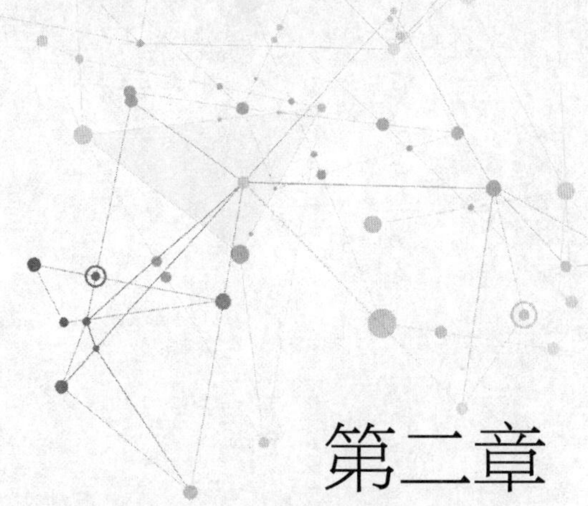

第二章 增材制造装备机械设计

增材制造装备是进行零件增材成形的基础设施，其功能、结构、性能稳定性是决定后续工业生产的关键点。随着增材技术在工业领域新结构、新材料和新零件中的应用，增材制造装备的多样性、个性化显得越来越重要，对机械设计从业人员也提出了新的要求。以典型增材制造装备的机械设计为切入点，开展多类型的增材制造装备的机械设计教育，全面熟悉增材制造装备的运行原理、设计准则、参数选择等关键内容，提高从业人员在设计、制造、开发等方面的能力。

- **职业功能：**设计与制造装备。
- **工作内容：**设计和试制装备机械零部件。
- **专业能力要求：**能完成增材制造装备常用机械零部件的三维建模、性能分析与工程图样绘制等；能根据增材制造装备设计标准或规范完成装备机械零部件的试制及试验验证；能根据客户需求，在增材制造装备设计标准或规范基础上，完成所需增材制造装备机械零部件结构的改进或定制。
- **相关知识要求：**工程制图知识，包括画法几何、三维建模、计算机辅助设计等；增材制造技术基础知识，包括增材制造原理、工艺与装备；增材制造装备基础知识，包括立体光固化、粉末床熔融、定向能量沉积、材料挤出成形等增材制造装备零部件结构与功能；增材制造机械零部件结构优化设计方法。

第一节　材料挤出装备机械设计

一、装备整体结构

材料挤出装备的机械结构部分主要由机身主体框架、送丝机构、挤出机构、传动机构等部分组成。其中机身整体框架负责支撑其他机构与零部件的安装。FFF 的技术原理如图 2-1 所示。

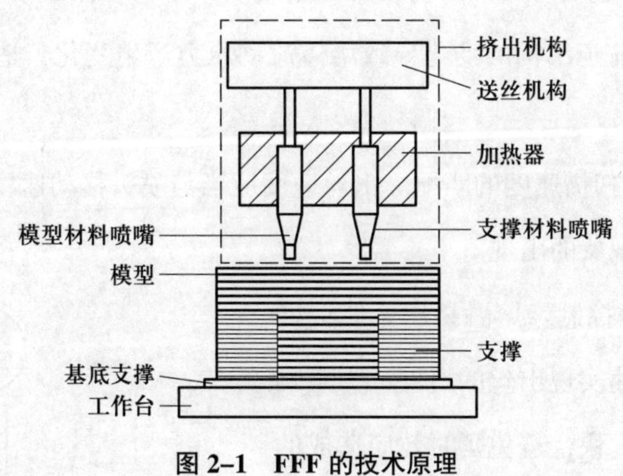

图 2-1　FFF 的技术原理

二、装备装配与集成

FFF 装备由机械运动系统、熔融挤出系统、制造平台、主体框架等部分组成。

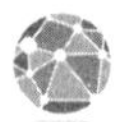

（一）机械运动系统

机械运动系统的功能是在控制器的作用下按照既定速度，打印喷头沿着 *X* 轴、*Y* 轴、*Z* 轴方向移动，完成制品成形。机械运动系统依据进给结构的不同，常用结构可分为同步带 – 带轮结构、滚珠丝杠结构、直线导轨结构。

（二）熔融挤出系统

熔融挤出系统是 FFF 系统的重要组成部分，是增材制造装备的核心装置，其基本功能是完成原材料（丝状材料或颗粒材料）的添加，并将原材料加热熔融塑化，继而从微小孔径（常为 0.1 ~ 0.5 mm）的喷嘴中挤出丝状熔融材料，用于制造实体件的堆积成形。

（1）依据 FFF 成形原理，为获得高质量精度，熔融挤出系统应满足以下功能的要求：

1）原料的连续性供应。熔融挤出系统应当满足原材料的连续性供应，避免因间歇性供料导致喷嘴出丝间断的现象。

2）充分的熔融性能。原料多为颗粒状或丝状，在一定范围内，熔融挤出系统应当充分满足对上游结构供应的原料的熔融能力，避免材料因不能及时熔融而产生的喷嘴堵塞现象。

3）熔融材料的稳定挤出。当物料充分熔融后，系统应保证熔融物料的稳定挤出，避免因流动形式和流道结构的变化导致熔体流动压力产生变化，造成丝材挤出直径的波动性变化。

4）出丝速度与扫描速度的匹配。出丝速度应当与喷头移动速度实时匹配，避免出现堆积成瘤和拉丝现象的出现。

5）出丝的启停控制。熔融挤出系统应能根据程序的设定快速实现出丝的启停，力求响应时间短、响应速度快，避免延时效应造成的精度损失。

（2）FFF 装备常用的熔融挤出系统有三种：

1）如图 2–2 所示，柱塞式挤出装置是 FFF 技术最早应用的挤出结构形式，其结构形式简单，成形原理发展也较为成熟。该装

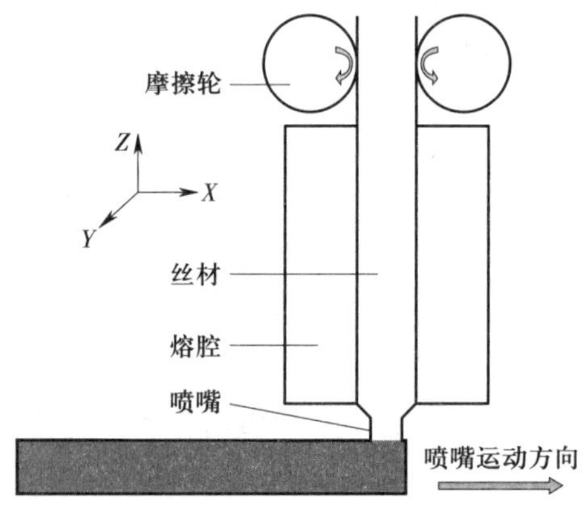

图 2–2　柱塞式挤出装置

置加工材料首先经过挤出工艺制取成丝状，然后丝状材料由送丝驱动装置夹持、驱动、传送至熔腔中加热熔融，并在后端未熔融丝状材料推杆驱动力作用下，经由喷嘴挤出。

2）如图 2–3 所示，螺杆式挤出装置因其高挤出速度、连续生产性，材料加工广泛性和操作控制的精确性得到诸多快速制造领域企业、科研院校和行业学者的关注。其工作原理是利用挤出装置内的挤压螺杆，对通过送丝机构进入机筒内的物料（丝材状或颗粒状），依靠螺杆与机筒内壁的螺旋剪切、塑化、挤压作用，在螺旋推进材料向喷嘴运动的过程中，对机筒内物料进行加热、剪切和拉伸，物料逐渐软化、熔融而后被压实，最终经喷嘴挤出，在运动系统控制下沿着既定路线挤压堆积，完成成形件的制造。

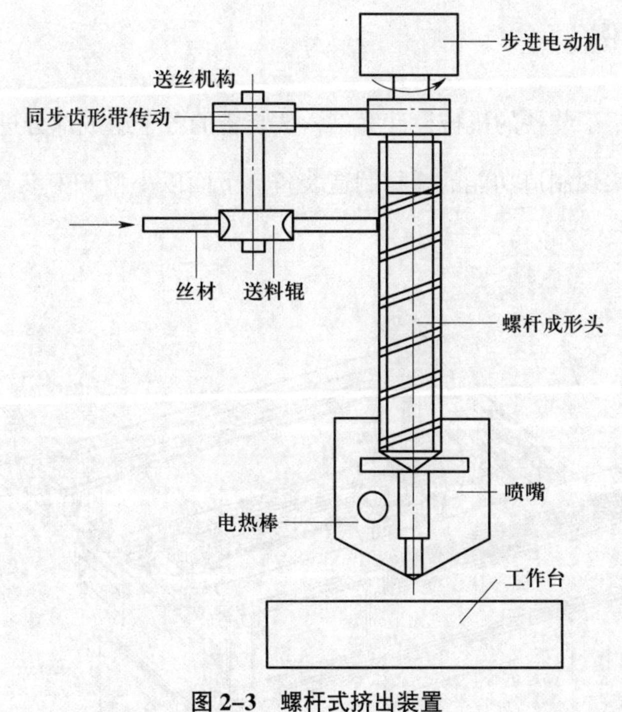

图 2–3 螺杆式挤出装置

3）如图 2–4 所示，气压式挤出装置在熔腔中直接升温加热熔化材料，不用预先制作成丝材，对材料也没有拉伸、压缩强度方面的限制，且压缩空气构成的压力系统具有微动力、高柔性、易控制等特点，可以提供近似于静压的压力，通过气压大小的调节快速控制材料挤出速度的快慢，可重复操作性强。

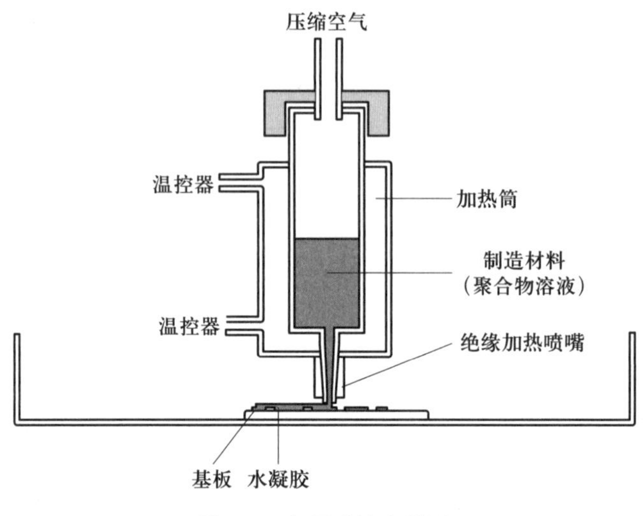

图 2–4 气压式挤出装置

三、典型案例

本节详细介绍了装备的机械设计案例，从装备的各个组成部分进行解剖分析，并最终整合成能够实现制造功能的增材制造装备。下面以小型 FFF 装备为例，如图 2–5 所示。

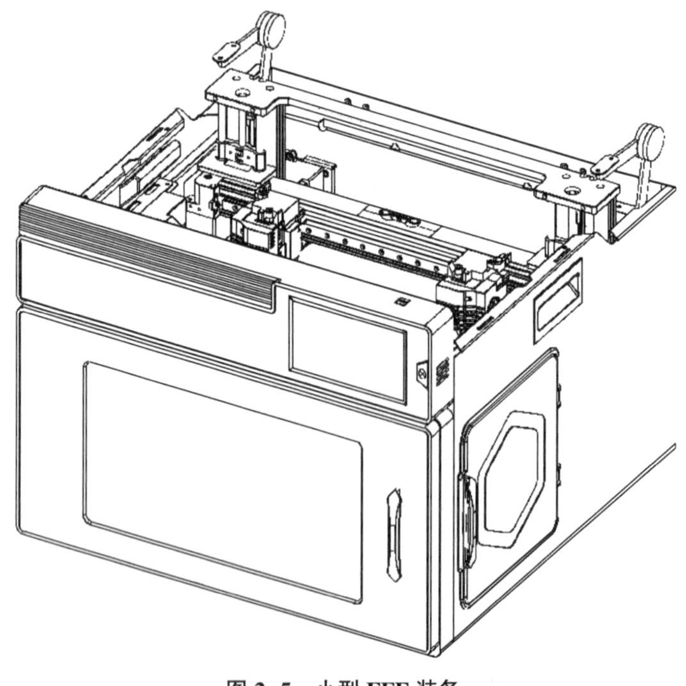

图 2–5 小型 FFF 装备

（一）机械运动系统

由于装备成形空间小、成形件质量轻，因此，可选用传动精度不高但安装简便、占用空间小、成本较低的带轮传动机构。由于对驱动力要求低，因此，选用常规步进电动机即可满足装备需求。装备的机械运动系统如图 2–6 所示，主要包括 3 组同步带和带轮，6 根导向光杆，4 组滑块，2 根丝杠，5 个步进电动机以及与电动机适配的联轴器。该运动系统组成牢固的龙门架结构，可以极大提高喷头运动的平稳性，且可以分担喷头部分的重力，*X* 轴和 *Y* 轴方向的同步带在步进电动机的驱动下完成喷头在 *XY* 平面内的制造，*Z* 方向通过步进电动机驱动丝杠完成工作平台的上升和下降。这种类型的运动方式具有稳定性较高、控制方便以及占用空间小等优点。

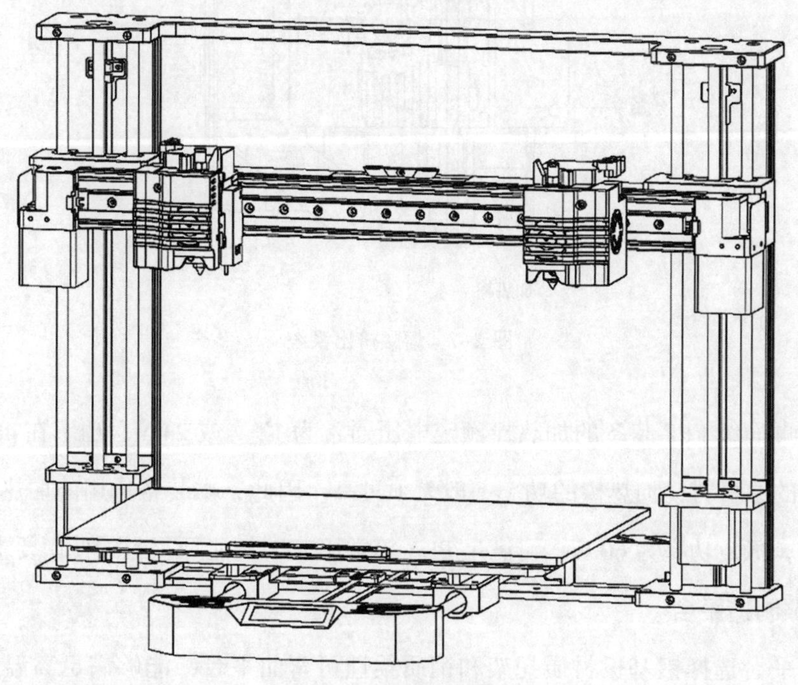

图 2–6　机械运动系统

（二）熔融挤出系统

熔融挤出系统主要由送丝机构与加热模块组成，在该小型 FFF 装备中，选用了双轮对挤的柱塞式送丝机构，如图 2–7 所示，该送丝结构机架上有一组驱动轮，驱动轮分为主动齿轮和从动凹轮，主动齿轮为齿轮结构，保证驱动力的施加；从动凹轮采用凹轮结构，便于丝材的包容和夹持，防止偏滑，有利于丝材的传送。丝材在两轮之间被一定的预紧力所夹紧，预紧力大小可由调节弹簧来改变。送丝时，首先由步进电动机带动主动齿轮转动，一定的预紧力使得齿轮和丝材紧密接触，产生类似于齿轮齿条的传动形式，从动凹轮结构随丝材的运动而产生转动，内凹且光滑的表面有助于丝材的平稳传送。该送丝结构拆装简单，耗材更换方便，适用于精度要求不高的 FFF 装备。

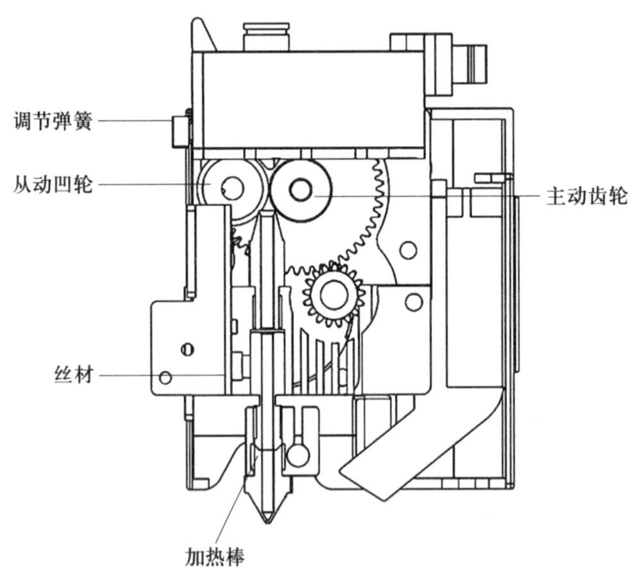

图 2–7　熔融挤出系统

小型桌面级 FFF 装备的加热棒额定电压通常为 12 V 或 24 V，功率在 40 ~ 80 W，对于普通的原材料，加热棒的功率一般无须过高。因此，本装备选用的加热棒额定电压为 12 V，额定功率为 60 W，可满足 PLA 等常用 FFF 树脂原材料的使用要求。

（三）制造平台

制造平台选择铝基板材质托架和钢质柔性可弯曲平台，能够满足高温热床的需求。铝基板材质托架升温较快且不易变形，能够在成形过程中保持光洁平整，提高样件的成形质量；钢质柔性可弯曲平台，可以在制造完成后进行弯曲，在取件时保证零件底部质量的完好。制造平台的尺寸决定了 FFF 的成形尺寸，由于所设计的装备为小型 FFF 装备，且使用小型 FFF 装备的使用者所成形的模型尺寸通常都不会超过 300 mm × 230 mm，因此，制造平台尺寸选择为 330 mm × 240 mm 的矩形。两者的尺寸差异，为制造底筏、裙边等辅助结构预留了空间，也为双头增材制造装备的喷头组件

排列提供了空间。

制造平台托架在四角、中央均安装弹簧调平装置，在装备调试阶段可通过多点调平的方法调整平台保持水平。平台托架安装磁铁，吸附钢质柔性可弯曲平台，取成形件时可以带着制造平台一起取下，取完成形件后，可以将制造平台放回。

（四）主体框架

对于大部分桌面级 FFF 装备，其各硬件系统主要装配于装备主体框架上。因此，FFF 的主体框架设计需要具备一定的承重能力，保证在装备工作过程中框架不发生变形、断裂等故障。此外，主体框架应具有一定的减震、抗冲击、防尘防水等保护作用，保证装备在大多数工况下能正常稳定运行。主体框架的设计还应结合装备成形尺寸的具体要求，框架设计尺寸既不宜过于局促，以避免内部空间过于局限影响工作人员日常使用；也不宜尺寸过大，造成材料的浪费与成本的提高。本装备的主体框架采用机加件与型材装配，在保证了装配精度的同时，为主体框架提供了强度保障，从商用装备的角度而言有利于提高产品使用寿命，降低维护成本。此外，机加件与型材的搭配通常采用模块化设计、组装，且具有很强的互换性，为装备的后期维护、维修提供了便利。模块化设计是工业装备设计的常用方案。

第二节　光固化装备机械设计

一、装备整体结构

目前，常见的立体光固化增材制造装备的整体结构如图 2–8 所示，主要包括激光扫描系统、托板升降系统、真空吸附刮平系统、液位自动调节系统和树脂自动补液系统等。

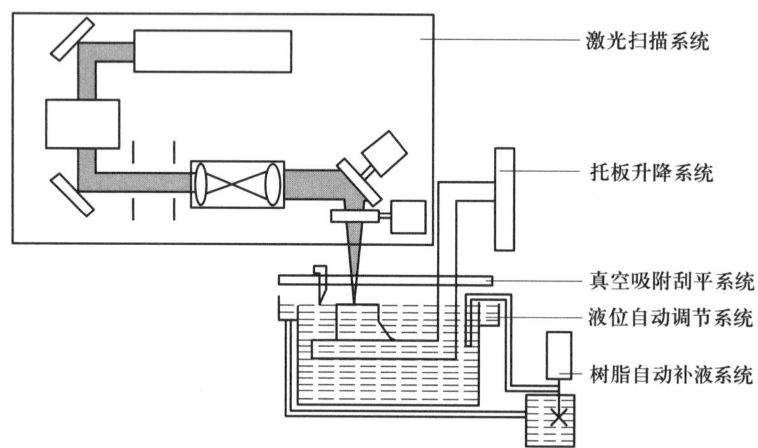

图 2-8　立体光固化增材制造装备的整体结构

该装备的主要阶段和功能如下：

（1）制造数据获取。先对 CAD 模型作近似化处理，转换成增材制造装备识别的 STL 文件格式，然后将 CAD 模型沿某一方向分层切片形成类似等高线的一组薄片信息，包括每一层薄片的轮廓信息和实体信息。

（2）分层准备。由于树脂本身的黏性、表面张力以及固化过程中的体积收缩，完成涂铺并维持液面稳定是成形过程的重要步骤。

（3）分层固化。用特定波长的紫外激光束按分层所获得的片层信息以一定的顺序照射树脂液面使其固化为一个薄层的过程。

（4）层层堆积。该过程是分层准备与分层固化的不断重复。在单层扫描固化过程中，除了使本层树脂固化外，还须通过扫描参数及分层厚度的精确控制，使当前层与已固化的前一层牢固地黏结到一起。

（5）后处理。该过程是指整个零件成形完成后对零件进行的辅助处理工艺，包括零件的取出、去除支撑、清洗、磨光、表面喷涂等再处理过程。有时候还需要对零件进行二次固化，常称为后固化。

二、装备装配与集成

立体光固化增材制造装备机械运动虽然相对简单，但是涉及机械运动设计、光学设计、液体循环以及液位检测等多种技术。装备要求高度集成化、自动化以及智能化，

以期形成一个高度柔性的独立制造岛，以及面向用户的易操作性及维护性。

立体光固化装备主要由激光扫描系统、机械运动系统（包括托板升降系统和树脂刮平系统）、液控系统（液位自动调节系统和树脂自动补液系统）、控制系统和机身组成，其具体组成及功能见表 2–1。

表 2–1　　立体光固化装备组成及功能

名称	组成	功能
激光扫描系统	激光器、振镜、反射镜、扩束镜、场镜等	由激光器产生激光，通过光路聚焦于光敏树脂液面，并通过控制系统实现激光的扫描运动
机械运动系统	*Z* 轴托板升降系统和树脂刮平系统	保证各机械组成部分协调运行，准确可靠地完成整机功能
液控系统	液位调节系统，还可包含自动补液机构	可采用网板升降、液位检测、料泵抽吸等方式实现液面稳定
控制系统	软件和电气系统	控制装备各系统及器件稳定运行，并对控制参数和装备状态进行监测、记录与保存
机身	机架和外罩钣金	提供装备的基本支撑和外部保护

（一）激光扫描系统

激光扫描系统是立体光固化增材制造装备中的关键子系统之一，光学系统要完成光束的动态聚焦、静态调整，满足光斑质量要求，同时减小光路的衰减，其设计与制造的质量直接决定激光扫描的精度以及光路调整维护的方便性。一般立体光固化装备的光学系统由紫外激光器、扩束镜、振镜和场镜（F–Theta 镜）组成，如图 2–9 所示。激光光束通过紫外激光器发出，经扩束镜放大后，再经过振镜和场镜将光束按照特定的位置投射到光敏树脂液面上，从而提供光敏树脂固化所需的能量。激光器以及部分关键器件的性能需要很高的可靠性，该部分的设计主要包括光程设计、元器件的选用以及辅助配件的设计。

（1）振镜距液面位置设计。因为振镜工作角度范围的原因，振镜轴线距液面的垂直距离 H 应满足 $H \geqslant$ 扫描范围 /tan20°，为了获得较好的振镜扫描线性，考虑装备的总高度尺寸，H 取满足上式的某一值，也就是振镜距液面的高度值。

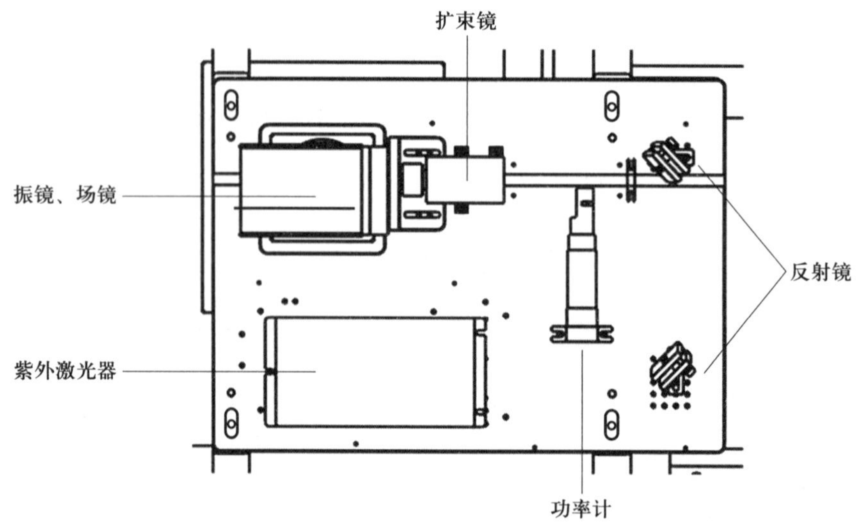

图 2-9　立体光固化装备的光学系统

（2）焦程设计。激光束出口直径为 2 mm，而制造时要求激光束的光斑直径在 0.1 mm 左右。根据扫描范围、聚焦光斑大小，选择适当的扫描振镜和 F-Theta 镜（f-θ 镜），扩束镜根据聚焦光斑选择合适的倍数，且具有发散角可调，以便根据扫描平面的位置来调整光斑的大小。

（3）光轴同心度的保证与调整。由于动态扩束镜、扫描振镜是两个单独的组件，且都具有安装基面和定位销，因此，设计时将两部分安装在同一光路板上，光路板上设计有统一的定位基准槽，以便调整两组件的光轴线方向的相对位置。

（二）托板升降系统

托板升降系统的作用是支撑固化零件、带动已固化部分完成每一分层厚度的步进和快速升降，以及用于零件成形后的快速提升，如图 2-10 所示。托板升降系统的运动是实现零件分层堆积的主要过程，因此必须保证其运动精度。步进的定位精度直接影响堆积的每一层厚度，不仅影响 Z 轴方向的尺寸精度，更严重的是影响相邻层之间的黏结性能。

托板升降系统采用伺服电动机驱动，精密滚珠丝杠传动及精密导轨导向。为减少托板升降时对液面的扰动，且便于成形后的零件从托板上取下，通常需将托板加工成特定网孔大小及孔距的筛网状，使其能与零件的支撑牢固黏结。此外，托板本身要达

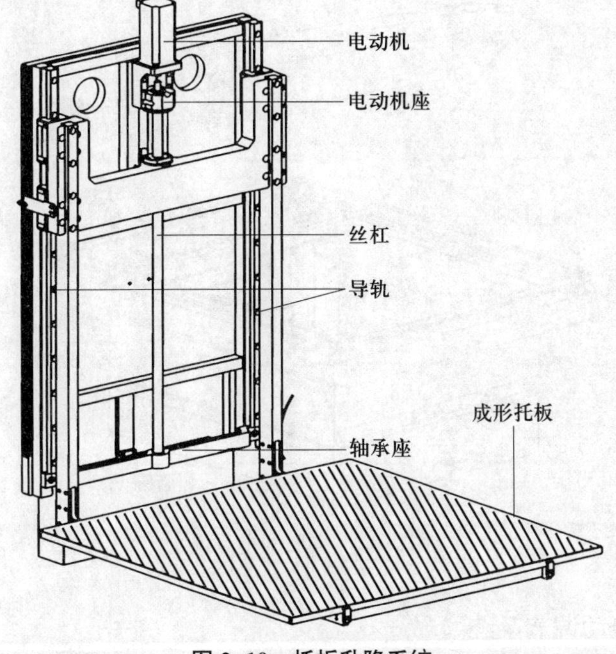

图 2–10　托板升降系统

到一定的平面度要求，应能水平调整，并能方便地拆下。托板升降系统运动时，运动部件与树脂槽之间留有安全距离，当运动到极限位置时应能自动停止。

（三）树脂刮平系统

树脂刮平系统主要起到对树脂液面的刮平作用，如图 2–11 所示。由于树脂的黏性以及已固化树脂表面张力的作用，如果完全依靠树脂的自流平来达到液面的平整，需要较长的时间，特别是当已固化层面积较大时。而借助刮板沿液面的刮平运动，辅助树脂液面快速流平，可提高重涂效率。另外，液态的树脂需考虑气泡的问题，所以在刮平系统中需要增加除泡功能。

刮刀的形状、材质以及距液面的高度对刮平动作后液面的状态影响很大，是设计时需要重点解决的问题。目前，刮刀采用不锈钢制作，距液面高度可微调，内部为空腔结构，可以形成负压以消除气泡。刮刀形状及刮平运动与水平面的平行度是刮平系统设计与加工时需要保证的关键项目。

刮平系统的有效工作距离应大于托板前后宽度，刮平机构的回零停靠位置应与托板留有安全距离，在托板远端外侧应设有刮平机构停靠区域，停靠位置的宽度应大于刮刀厚度。此外，刮平系统应有做不同范围往复运动的定位功能。

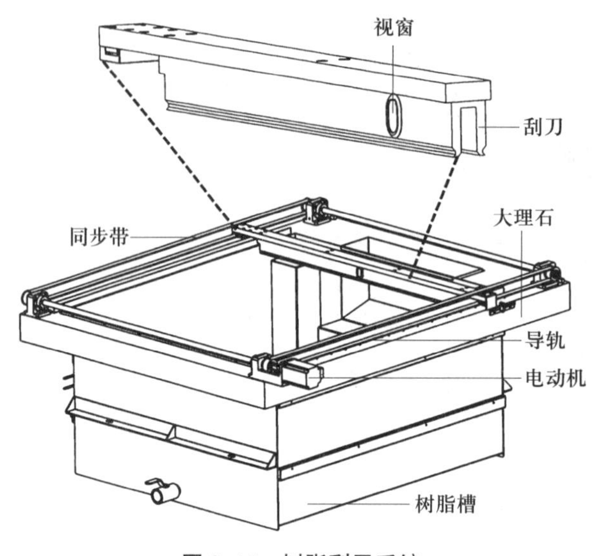

图 2-11　树脂刮平系统

（四）液位自动调节系统

在整个成形过程中，为了保证扫描振镜到树脂液面距离的固定，必须能够提供自动的补偿系统以保证液面距离的固定值。自动补偿系统也称为液位自动调节系统，该系统在制作过程中对当前液面高度进行实时检测，检测精度达到 0.02 mm，当超过预先设定的高度值时，控制程序会自动进行补偿，其结构如图 2-12 所示。

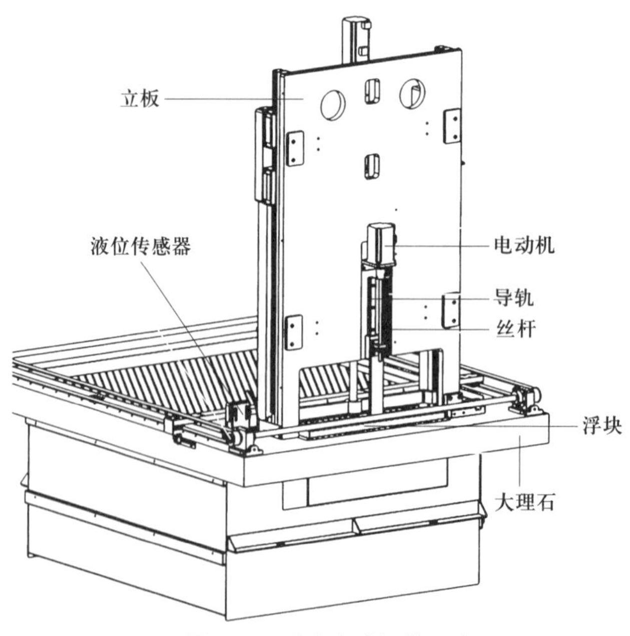

图 2-12　液位自动调节系统

（五）树脂自动补液系统

在立体光固化增材制造装备的使用过程中，每次将制造完成的模型自成形托板取出后，槽内的光敏树脂都会减少。当树脂减少到一定量之后液位系统就无法实现自动调整，这时系统就会自动提示用户添加树脂，用户可以通过控制程序里的添加树脂模块添加树脂。

（六）系统组装与调试

在完成各子系统的优化设计、加工、装配后，进行精度及性能测试，都达到要求后，将进行最后的总装与调试，其主要内容及步骤如下。

（1）托板升降系统的安装、整机调整、运动精度检验。

（2）刮平系统的安装与调整。

（3）光学系统的安装与粗调，包括光路基准板的安装与水平调整、光轴同心度的粗略调整。

（4）树脂槽的安装，树脂循环系统、温控系统的安装与参数设定。

（5）光学系统的细调，焦点平面位置的测定，激光扫描系统的标定。

（6）试制作，光斑调整与测定。

（7）其余零部件装备。

三、典型案例

本节的实训案例以中尺寸 iSLA880 立体光固化装备为例，如图 2–13 所示，详细介绍装备的机械设计案例，从装备的各个组成部分进行实物的解剖分析，并最终装配集成为能够实现光敏树脂成形功能的立体光固化增材制造装备。

（一）激光扫描系统

激光扫描系统包括激光器、反射镜、功率计、扩束镜、扫描振镜和场镜等，将以上几个部件组合连接在一起，便形成立体光固化增材制造装备中最主要的激光扫描系统，具体布置如图 2–14 所示。

立体光固化增材制造装备采用波长为 355 nm 的二极管泵浦固体紫外激光器，输出功率为 3 W。反射镜选用表面镀 45°、355 nm 波段反射膜的光学玻璃。功率计用于立体

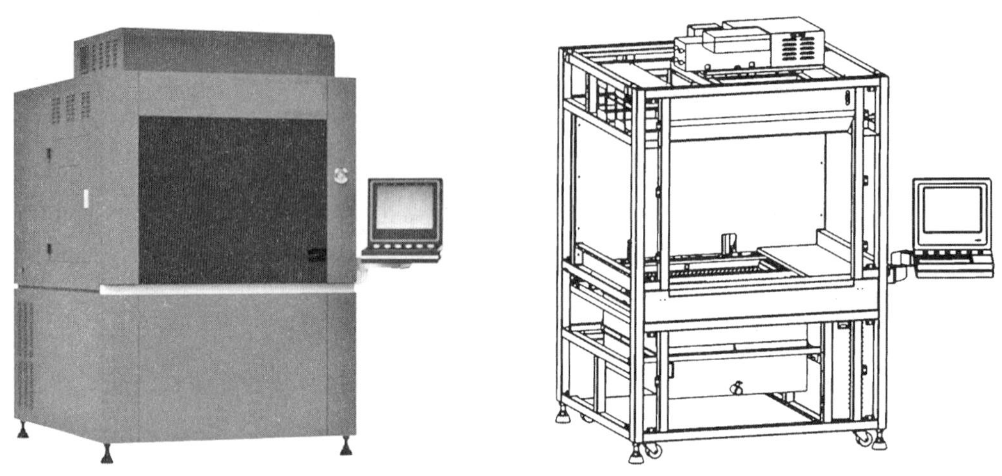

图 2–13　中尺寸 iSLA880 立体光固化装备

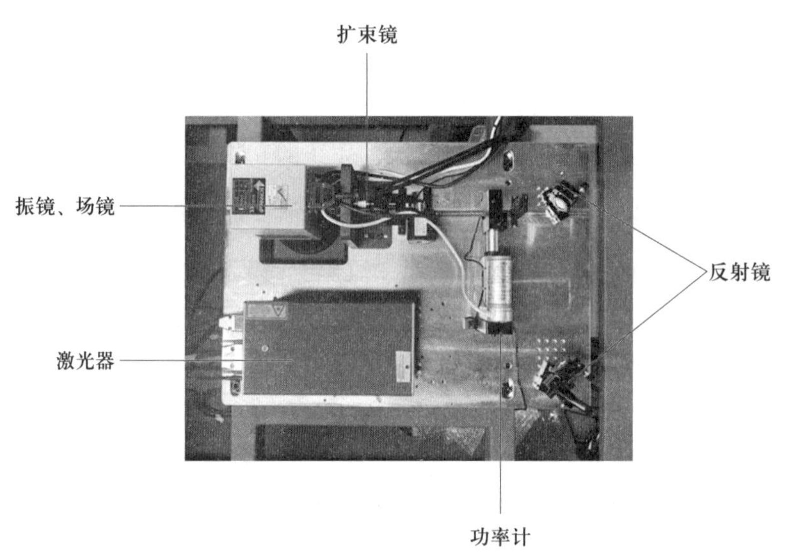

图 2–14　激光扫描系统

光固化增材制造装备激光功率的实时监测，选型时需考虑光探头类型与激光器波长和功率相匹配。场镜选型需考虑扫描范围、入射光斑直径及聚焦光斑大小。本装备选用焦距为 1 080 mm 的场镜。

整个激光扫描系统置于机架上方，相对独立，容易采取防尘、防震等措施，基准板具有水平调整功能。在满足有效光程的基础上，这种布置可减小光程，便于调整和维护光路，并且结构紧凑，装备运输时可单独包装，安全便捷。

（二）托板升降系统

托板升降系统包括电动机、电动机座、丝杆、导轨、轴承座、吊梁、成形托板和安装立板等，如图 2–15 所示，托板升降系统位于激光扫描系统正下方。

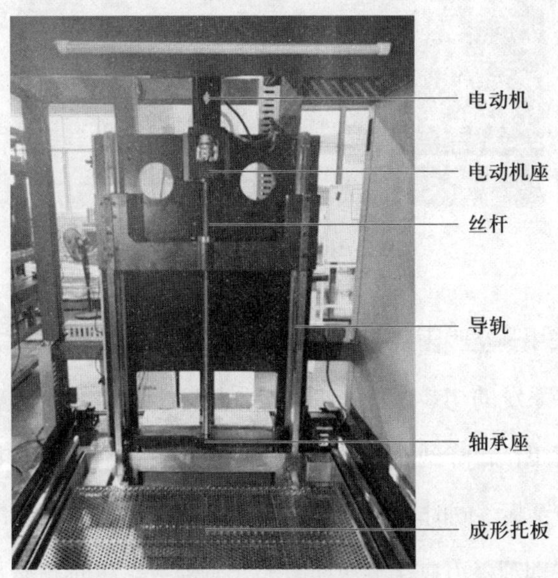

图 2–15　托板升降系统

托板升降系统采用吊梁式结构，相对下托式结构，整机高度尺寸紧凑。托板升降系统运动导轨作为整机调整的基准，成形托板固定在托架上，既方便快速拆卸，又能起到紧固的作用。为避免收缩应力导致的零件与成形托板脱离的问题，通常将成形托板设计成网孔结构，增加结合力的同时可减小成形托板升降运动对液体流动的阻碍。此外，成形托板要达到一定的平面度要求（通常为 0.5 mm），且具有一定的强度和刚度。成形托板应能水平调整，并能方便拆下清理网孔。

日常使用时需定期检查轴承及丝杆润滑情况，若发现润滑脂不足，需及时补充。在成形托板上刮铲零件时，不要用力过大，以免成形托板受力变形。

（三）树脂刮平系统

树脂刮平系统包括带视窗的刮刀（刮平梁和刮板）、刮平升降调节螺母、螺母座、螺杆、基座、导轨、步进电动机、步进电动机支座、同步带、同步带轮支座、真空装置和导管等，如图 2–16 所示。

图 2–16　树脂刮平系统

树脂刮平系统采用真空吸附式装置，安装时先升降调节螺母与螺母座指示刻度零位对齐，此为树脂刮平系统的初装位置，将其装入机架上并连接好真空装置导管。在标准液面高度情况下，将工作台降到液面 10 mm 以下，然后将刮板步进电动机解锁或关闭伺服电源的情况下调节刮板。同时转动两个刮板升降调节螺母，使指针一边下降一边观察，当针尖刚接触液面，即刮板刃口接触液面时，此时刮板与液面齐平。然后，再反转刮板升降螺母使刮板刃口略高于稳定后的树脂液面，此高度一般取 0.1 mm，也可自行确定。

长时间使用树脂刮平系统，在刮板上会黏附固化后的树脂，将影响刮板涂覆工作，必须予以清除。机构在设计上是可拆卸的，用户只需拧下导向键上的 4 个螺钉，即可取下刮板，用工具和酒精加以清除清洗，清洗干净后再装上即可。

（四）液位自动调节系统

本装备液位自动调节系统包括立板、液位调节块（浮块）、驱动单元（电动机、导轨和丝杆）、检测单元（液位传感器）等，如图 2–17 所示。

本装备采用容积调节式液位控制方式。液位调节块为不锈钢板焊接而成的空心长方体，可升降地设置在树脂槽内并位于成形托板的一侧，且一部分浸没在树脂内。液位传感器安装在树脂槽靠近托架的一角，并为其焊接专用的小盒空间以隔绝大部分外界液面波动，抗干扰能力强，检测更精准。驱动单元安装于立板上，由电动机、导轨和丝杆组成，下方与液位调节块相连。驱动单元和检测单元相连接，驱动单元根据液位传感器的检测值控制液位调节块的升降高度。

图 2-17　液位自动调节系统

（五）树脂自动补液系统

树脂自动补液系统包括树脂桶、树脂输送泵和导管等，如图 2-18 所示。

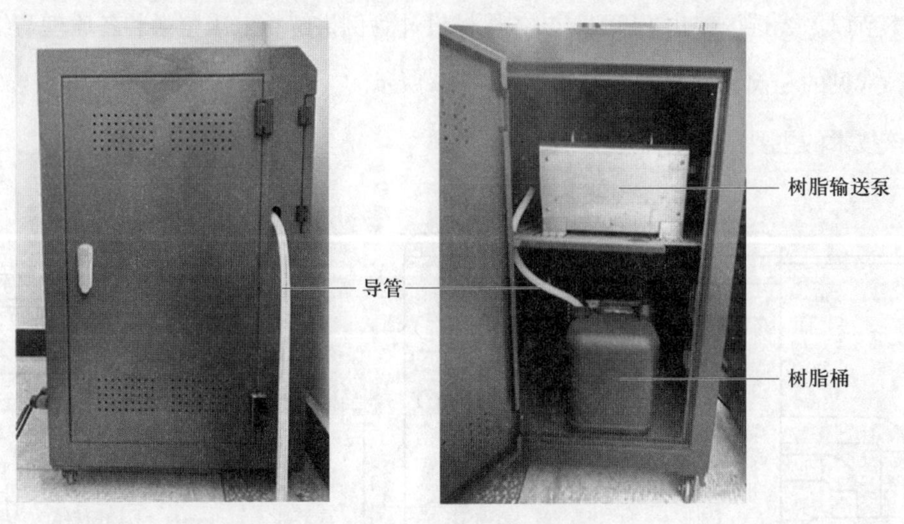

图 2-18　树脂自动补液系统

（六）床身设计

床身包括机架和钣金等，提供机床的基本支撑和外部保护。机架钣金设计遵循以下原则：①考虑基本功能的同时保证美观和安全；②考虑装备减重，装备采用方管焊接的机架；③考虑便于拆卸和维护方便，装备外罩采用挂板式钣金结构；④所有与树脂直接接触的零部件均采用不锈钢材料；⑤外观应整洁，表面不应有明显的凹痕、划伤、裂纹、变形和污染等缺陷。

第三节　粉末床熔融装备机械设计

一、装备整体结构

本节以激光选区熔化（SLM）装备机械设计为例讲解粉末床熔融装备原理与结构。目前，常见的 SLM 装备的整体结构如图 2-19 所示。

该技术的主要工艺流程是：

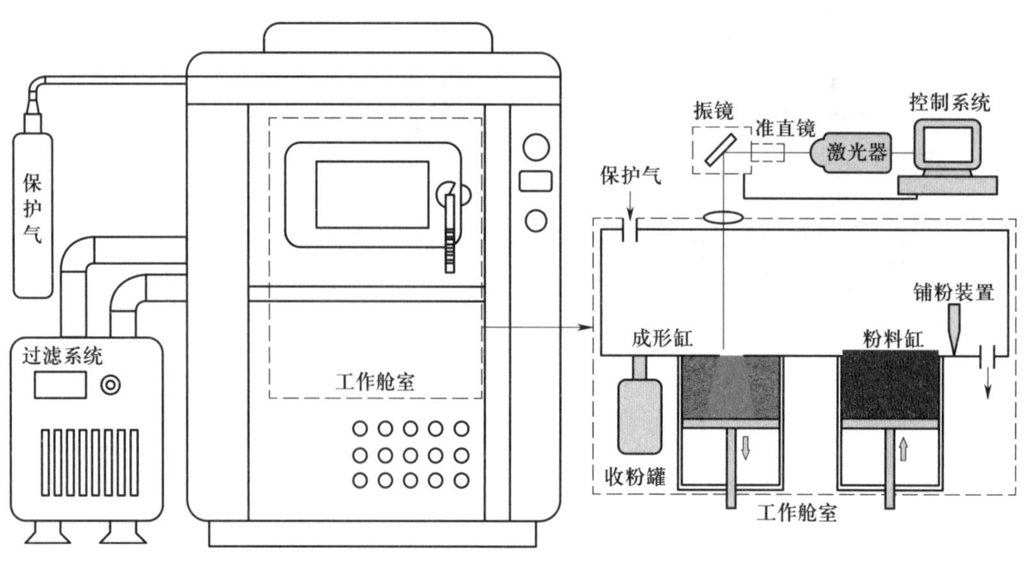

图 2-19　SLM 装备整体结构示意图

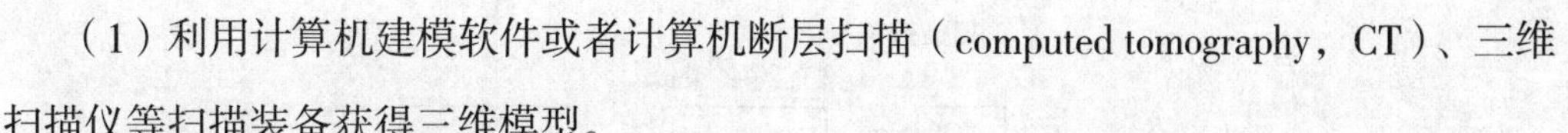

（1）利用计算机建模软件或者计算机断层扫描（computed tomography，CT）、三维扫描仪等扫描装备获得三维模型。

（2）使用增材制造常用的前处理软件对三维模型进行分析，然后进行模型修复、悬空区域添加支撑等处理。

（3）利用计算机分层软件对完成处理的数字化三维模型进行切片处理，具体为根据设定的层厚沿 Z 轴微分切割三维模型数据，得到大量单层数据。

（4）将切片数据导入装备软件中，选择合适的填充方式，软件自动规划激光扫描路径，控制激光器与振镜输出高能激光束扫描粉末床上的金属粉末材料。

（5）处于扫描路径上的粉末在极短时间内达到高温并熔化，形成微小熔池并快速凝固，形成实体。

（6）完成该层的熔融成形后，成形缸向下运动一个层厚的距离，粉料缸上升，铺粉装置在该层上铺设新一层的粉末，对下一层数据进行同样的操作，最后叠加形成金属实体。

通常为避免金属在高温状态下与氧气发生反应而导致成形失败，成形过程在密闭的充满惰性保护气体的成形室内进行。

二、装备装配与集成

激光选区熔化装备主要由光学系统、工作舱室、供料系统、铺粉系统、成形缸、循环过滤系统、气氛保护系统等几个部分组成。

（一）光学系统

光学系统是激光选区熔化的能量源，是装备的重要组成部分，其工作的稳定性直接决定成形加工的质量。激光选区熔化装备的光学系统由光纤激光器、准直镜或者扩束镜、扫描振镜和场镜（f–θ 镜）组成，如图 2–20 所示。激光光束通过光纤激光器发出，经准直镜放大 2 ~ 8 倍后，再经过扫描振镜和场镜将光束按照特定的位置投射到基板上，从而提供激光熔化所需的能量束。同时该结构上装有微调平台，在 X、Y、Z 轴都可以实现微调，可以更好地调节焦距和位置，有效地避免加工误差。

光学系统的各部件功能如下：

（1）激光器：发出激光光束，熔化粉末。选择时需要考虑具体的加工要求和装备性能；同时，激光器的稳定性和使用寿命也是需要考虑的因素。

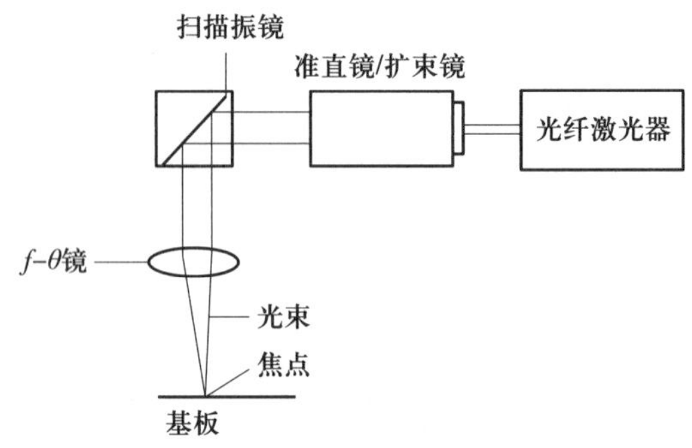

图 2–20　SLM 装备的光学系统

（2）准直镜：将光纤内的传输光转变成准直光（平行光），选用准直器应考虑的主要参数包括发散角、工作距离、腰束直径、激光功率、工作波长等。

（3）扫描振镜：用于控制激光束的运动轨迹，实现在整个视场内任意位置的扫描，设计时需要考虑振镜的扫描范围、扫描精度及稳定性等。

（4）场镜：克服振镜产生的枕形畸变，使聚焦光斑在扫描范围内得到一致的聚焦特性，设计时需要考虑焦距及光斑直径等。

（二）工作舱室

工作舱室是激光选区熔化装备的主体结构，其他所有的机构均以工作舱室为框架进行装配。工作舱室由成形室和下舱室组成，成形缸和粉料缸安装在下舱室中，分别控制着铺粉层厚度和供粉量，同时连接着成形室。铺粉系统安装在成形室内，粉料缸供粉后铺粉系统进行铺粉，经光学系统发出的激光在成形室内进行扫描加工。激光选区熔化装备的工作舱室结构如图 2–21 所示。

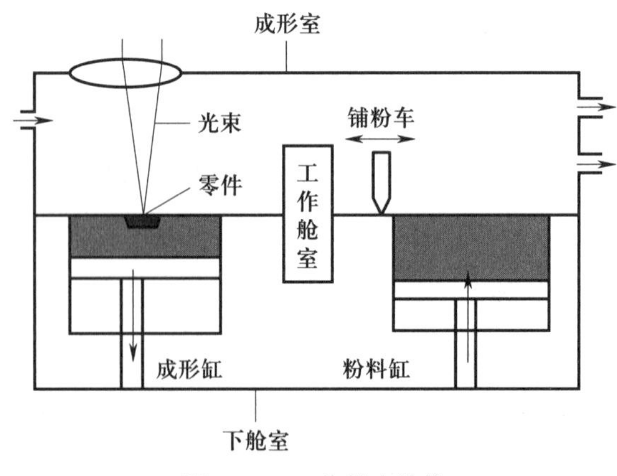

图 2–21　工作舱室结构

（三）供料系统

在激光选区熔化过程中，供料系统是提供成形粉末的重要机构。供料系统能否提供合适的粉末供给量直接决定了成形的连续性和可行性。目前，市场上主流的激光选区熔化装备的供料装置有两种——粉料缸送粉和落粉漏斗落粉，如图 2–22 所示。对于粉料缸送粉系统，优点是机械结构简单，供粉量易于控制，送粉稳定，不会扬起粉尘，缺点是会增大装备整体体积，增加制造成本。落粉漏斗落粉系统结构紧凑，但结构相对比较复杂，可能还需要配备专用的送粉机构，且供粉量精确度较低，在落粉过程中会扬起一定的粉尘。一般而言，中小型激光选区熔化装备较常采用粉料缸送粉方式，而大尺寸激光选区熔化装备多采用落粉漏斗供给粉末。

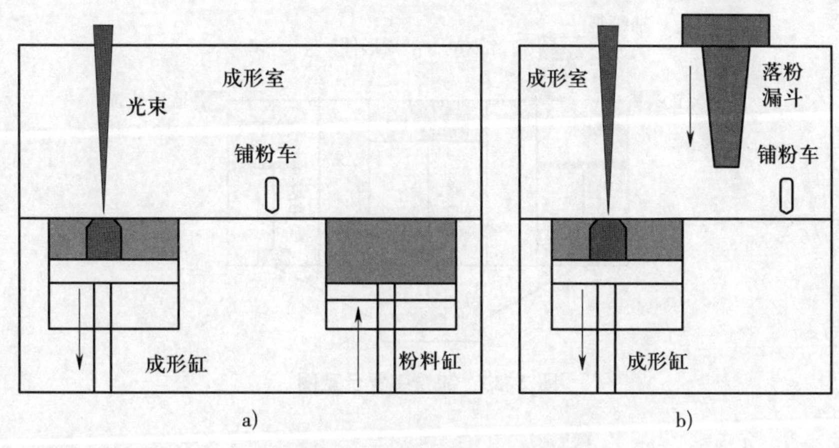

图 2–22　SLM 装备常用的供料系统

a）粉料缸送粉　b）落粉漏斗落粉

（四）铺粉系统

在激光选区熔化成形过程中，机械结构对成形质量影响最大的是铺粉系统。铺粉系统主要由直线导轨和刮刀组成。在铺粉过程中，刮刀可以将粉末铺展至粉末床表面，刮平表面的不规则颗粒，同时刮去多余的粉末，以确保粉末层厚度的均匀性。目前主流的装备采用硅胶条作为刮刀。采用硅胶条能够使铺粉装置结构进一步简化同时更易夹紧，因其具有一定的柔性，所以铺粉装置在铺粉过程中不会与零件发生刚性碰撞，保证了铺粉的平整、均匀和紧实。铺粉系统运动范围和刮刀的工作范围通常需要根据装备的具体设计和加工要求进行调整，以实现良好的铺粉效果。

要实现送粉以及零件的储存，就必须有相应的送粉机构。粉末材料的准备工作需经送粉机构和铺粉机构的协调运动来完成。如图 2-23 所示，成形缸内升降基板下降，两边送粉缸上升进给供粉，然后由铺粉辊铺平粉末，后由刮刀抹平；铺粉辊在支架带动下平移的同时自转，铺平粉末的同时让粉层更加致密。成形件高度方向的精度主要靠成形缸内升降基板的运动精度来保证，其执行电动机一般采用高精度步进电动机或者伺服电动机，在电动机转轴和成形缸传动丝杠之间多采用传动带进行连接，不可避免地会引起传动误差。另外，增材制造装备一般都需要长时间运行，必须保证任何一层都不出错，零件才能制作成功。因此，送粉机构和铺粉机构的稳定运行也是整个系统能稳定运行的重要因素。

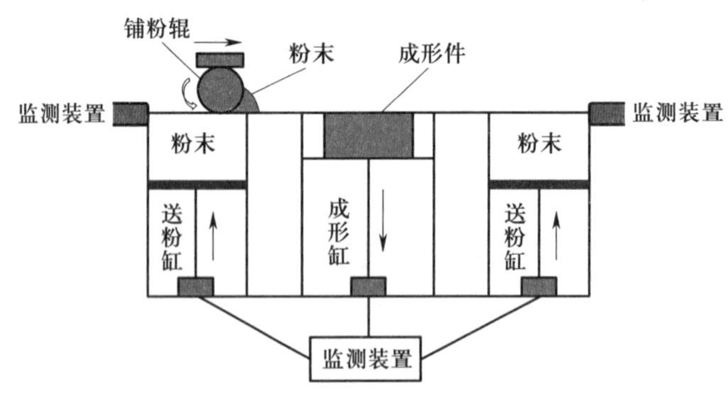

图 2-23　铺粉装置示意图

（五）成形缸

成形缸是激光选区熔化装备中的一个重要组成部分，其主要作用是支撑基板及成形零件，控制粉末层厚，并存储部分多余粉末，以保证零件的顺利成形。成形缸存储的粉末可以支撑熔池，特别是成形垂悬结构时，可以防止熔池的变形或塌陷。成形缸的设计需要考虑多个因素，包括材料的选择、形状和尺寸的设计、热传递和气体流动的影响等。成形缸的材料需要具有高温抗性、高硬度、高强度和耐磨损等特性，通常选择金属合金、陶瓷或碳化硅等材料。成形缸的形状和尺寸需要根据加工要求和装备设计进行优化。

（六）循环过滤系统

激光选区熔化加工过程中密封成形室内成形环境的控制非常重要，其中关键指标

为金属粉尘颗粒浓度，需采用循环过滤系统（见图 2–24）对成形室内的气氛进行净化。一般情况，选择的过滤系统的过滤精度在 5 ~ 50 μm、过滤效率在 95% ~ 99%。循环净化装置包括净化柱、除尘滤芯和风机等。循环净化装置的主要功能是微调氧气含量和除尘。工作舱内气体在经过“洗气”之后，氧含量降到 500×10^{-6} 以下方可开启循环净化装置，通过催化剂除氧的方式将氧气含量进一步降低到 100×10^{-6} 以下，这样相比单纯使用“洗气”功能来达到氧气含量要求更快更有效，也可以节省保护气的消耗量。

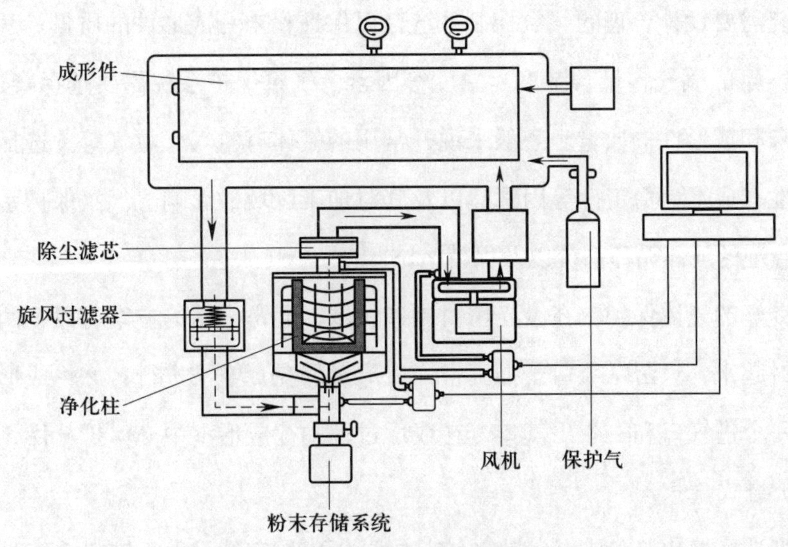

图 2–24　SLM 装备的循环过滤系统

循环过滤系统的设计原则如下：

（1）过滤器选择。循环过滤系统中的过滤器需要根据粉末的类型和颗粒大小来选择。过滤器的选择能够有效地防止粉末的堵塞和污染。

（2）循环系统设计。循环系统需要设计合理的循环路径和循环速度，以保证粉末的均匀分布和循环。循环系统还需要考虑到粉末输送的稳定性和精度。

（3）清理系统设计。循环过滤系统需要设计合理的清理系统，以保证过滤器和循环管道的清洁。清理系统需要可靠、高效、方便的操作方式。

（4）存储系统设计。粉末床熔融装备的循环过滤系统需要设计合理的粉末存储系统，以保证粉末的质量和干燥度。存储系统需要防潮、防尘、防静电等措施。

（5）温度控制。循环过滤系统的温度控制对于粉末的质量和成形质量非常重要。温度控制需要设计合理的加热和冷却结构，以保证温度的稳定控制。

以上是循环过滤系统设计的一些主要原则，具体的设计还需要根据生产需求来考虑。

（七）气氛保护系统

气氛保护系统是指在加工过程中向加工区域提供保护性气氛的系统，其作用是防止加工区域的熔池受到氧化或其他污染物的影响，从而保证加工件的质量和精度。气氛保护系统需要设计合理的气氛控制系统，以保证粉末和成形件的质量。气氛控制需要考虑到气氛的氧气含量、湿度、温度等因素。气氛保护系统需要选择合适的气体，以保证粉末和成形件的质量。一般来说，常用的气体有氮气、氩气等。选择气体需要考虑其惰性、成本、稳定性等因素，以及其对加工区域的影响。气氛保护系统需要控制气压、合理的气体循环系统以及保持清洁。

实现良好的气体保护，在激光增材制造领域，通常采用的方案有以下两种：①将成形室密封起来，只留一个口子抽真空，成形过程在真空下进行；②将成形室密封起来，只留一个进气口和一个出气口，在成形过程中往成形室中充保护气体，这也是整体气体保护方式。

在激光选区熔化装备中，铺粉系统是内置于成形室的，由于铺粉系统具有较大的尺寸，因此成形室的空间较大。第一种气体保护方式下，对成形室的设计工艺要求相当高，需要保证成形室有足够的密封性，能承受足够大的压力，并且在成形过程中，往往需要大功率的抽真空装备，增大了运行成本，也制造了大量的噪声。第二种气体保护方式更为常用，然而单纯采用整体气体保护方式，还不能很好解决激光选区熔化工艺中的氧化问题。因此，在保留整体气体保护方式的前提下，新研发的激光选区熔化系统还采用了一种局部气体保护方式，构成了“整体充普通氮气结合局部充高纯氟气”的气体保护方案，获得更好的成形气氛。

激光选区熔化成形过程要求减少氧化对工件力学性能造成的不利影响，激光选区熔化装备要求具有气体保护装置以及测试氧气含量的传感器，让整个激光选区熔化成形过程在保护气氛环境进行。若采用抽真空形式的气氛保护系统，根据真空装置的设

计原则，选用高强度的 45 号钢。

（八）系统集成

粉末床熔融装备的整体集成是一个复杂的过程，需要注意以下几个方面：

（1）零件选型和尺寸。在整体集成前，需要确定各个零部件的型号和尺寸，以确保整个系统的兼容性和协调性。

（2）装备布局和安装。保证装备之间的连通和协调，装备的安装需要遵循相关的安全标准和规范。

（3）控制系统集成。控制系统集成需要考虑到各个装备的控制逻辑和接口兼容性。

（4）数据管理和处理。数据管理和处理需要考虑数据的采集、传输、存储和分析等。

（5）安全措施和应急预案。安全措施和应急预案需要考虑到装备的安全防护、装备故障报警、紧急停机等方面。

（九）机械系统的稳定性设计原则

（1）在设计过程中，需要考虑到整个装备的结构强度、刚度和稳定性，避免出现过度振动、变形、位移等情况，从而保证装备的稳定运行。

（2）在机械结构设计中，需要选择高强度、高刚度、高耐热性等特性的材料，以确保机械部件的稳定性和耐用性。

（3）粉末供给和铺粉系统是保证粉末床均匀的关键部分，需要设计合理的粉末输送方式和铺展结构，以确保粉末能够均匀地分布在加工区域内，从而保证成形过程的稳定性。

（4）残留粉末清理系统可以清除未熔化的粉末，避免影响下一次加工的质量和稳定性。因此，需要设计合理的清理机构和清理参数，以确保残留粉末被彻底清除。

综上所述，粉末床熔融装备集成需要充分考虑各个方面的要求和细节，以确保整个系统的稳定性、安全性和可靠性。同时，整个装配过程需要严格按照相关标准和规范进行。

三、典型案例

本节的实训案例详细介绍 SLM 装备的机械设计案例。装备外观和核心部件组成如图 2–25 所示，下文将从装备的各个组成部分进行解剖分析，并最终集成为能进行制造的 SLM 装备。

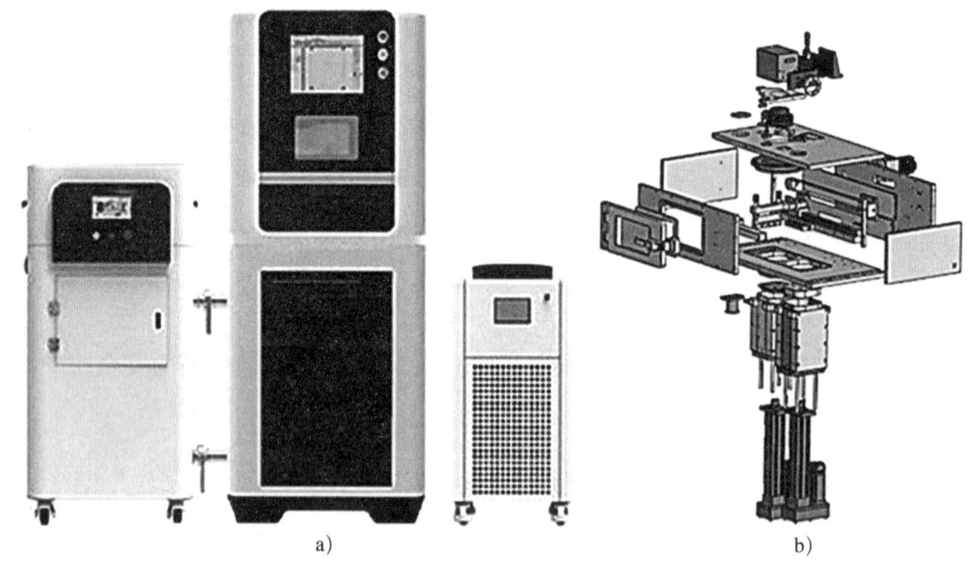

a) b)

图 2–25 小型 SLM 装备

a）典型 SLM 设备外观 b）核心部件组成示意图

（一）光学系统

光学系统包括但不限于以下几个部件：激光器、场镜、保护镜、物镜、准直镜 / 扩束镜、扫描振镜等。激光光学系统将以上几个部件组合连接在一起，构成了 SLM 装备中最主要的激光扫描装置，如图 2–26 所示。

装备中的光学系统采用了三点固定的方法使得扫描振镜平面能够较精准地平行于成形面，且能灵活准确地调节场镜平面与成形面之间的距离。

目前，SLM 生产厂家采用的激光器功率一般为 100 W、200 W 和 400 W 等。本案例中装备采用功率为 500 W 的连续光纤激光器，波长为 1 064 nm。对于小尺寸 SLM 装备，涉及设备传热以及功率损耗等问题，激光器功率选择一般为 500 W 以下。

对于场镜（f–θ 透镜），其选择一般需要考虑扫描区域范围、工作距离和所适用的

激光特征。成形室的高度根据场镜以及扫描振镜的工作距离而定，不低于 150 mm，扫描区域范围选择要大于成形区域。该装备采用焦距为 292 mm 的场镜。

扫描振镜的选型主要是根据振镜的扫描范围、镜片可承受功率以及扫描精度。一般用于 SLM 的扫描振镜的可承受激光功率大于 200 W，可实现大多数金属成形；低功率的扫描振镜仅用于成形低熔点金属。装备常用 SCANLAB 扫描振镜，可承受的激光功率为 440 W，最大成形幅面为 95 mm × 95 mm。

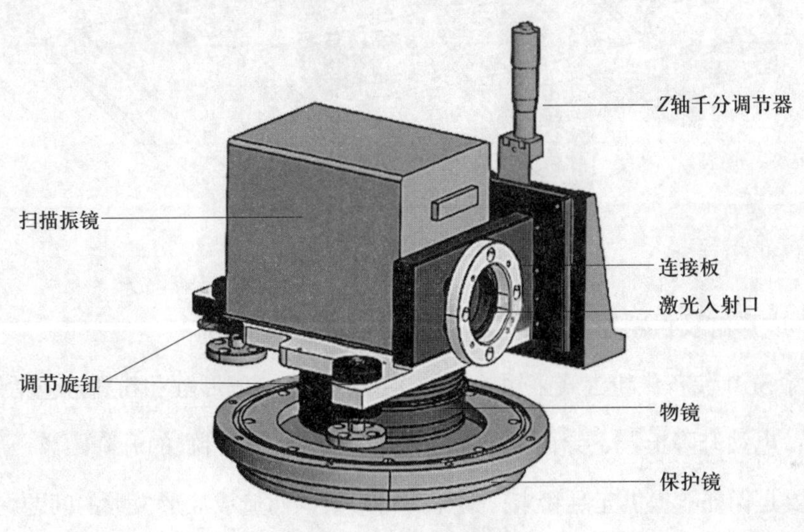

图 2–26　激光扫描装置

（二）铺粉系统

铺粉系统包括但不限于以下部件：电动机、同步带、同步带轮、直线滑轨、铺粉车、刮条等，如图 2–27 所示。铺粉系统位于光学系统正下方，采用双侧同步带，左右对称结构，通过中间轴连接在一起，一个电动机同时控制两侧的同步带轮转动，带动刮板作直线运动，实现刮平功能。

铺粉系统使用了以同步带驱动为主的铺粉车移动机构，接入伺服电动机作为动力源，直线移动滑轨保证运动稳定性，使铺粉车整体不易晃动，从而实现粉末的精确铺设。铺粉车的移动距离一般为成形缸宽度、粉料缸宽度、两缸之间的距离以及前后大约 40 mm 的长度总和。本案例中铺粉车的移动距离为 130 mm（成形缸宽度）+130 mm（粉料缸宽度）+30 mm（两缸距离）+20 mm（前距离）+20 mm（后距离）=330 mm，实际移动距离按照所设计的缸体尺寸为准。

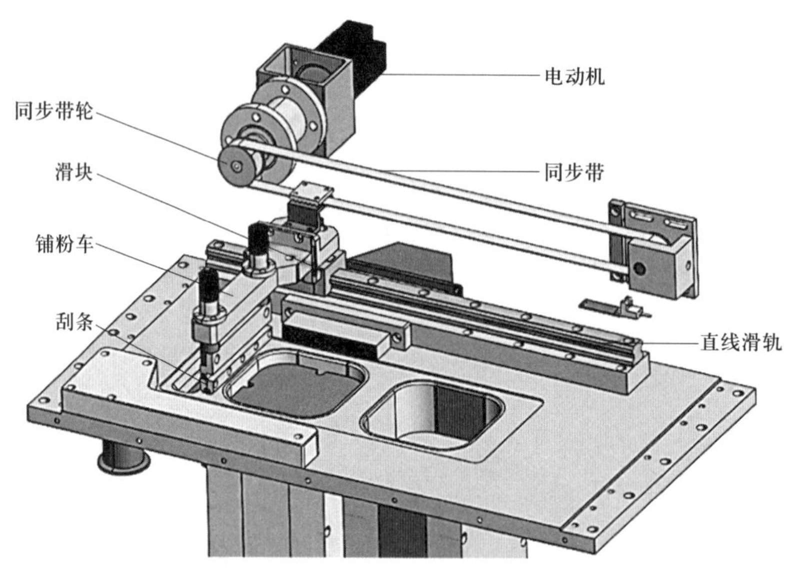

图 2-27　铺粉系统

（三）成形缸及供料系统

小尺寸 SLM 装备供粉方式采用粉料缸送粉。其中，成形缸和粉料缸包括但不限于以下部件：电动升降模块、导向光杆、连接缸、基台。粉料缸的升降距离一般大于成形缸，主要是保证能提供充足粉末，避免因粉末缺少而造成成形失败的问题。

目前 SLM 装备一般采用方形缸或圆形缸。方形缸可以通过钣金件拼接而成，制造简单，更能保证缸体内部尺寸精度和表面粗糙度。图 2-28 所示为装备采用的一体化锻造加工的方形缸，其中心结构主要利用线切割形式切削而成，内部采用抛光处理，保证缸壁与基台密封圈的紧密接触。

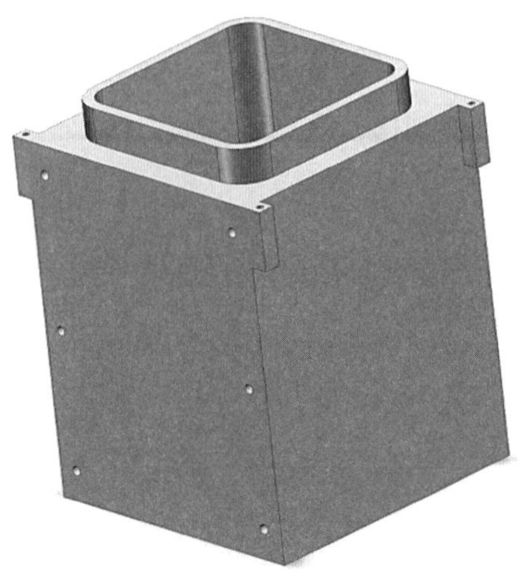

图 2-28　方形缸设计示意图

升降动力来源于伺服电动机，电动升降模块采用同步带驱动丝杠进行升降。装备的基台连接着四根导向光杆，起导向作用并稳定基台，避免基台因为胶条而造成晃动和倾斜，保证了基台能够垂直于成形面进行稳定移动，如图 2-29 所示。基台固定着基板，同时与升降机构连接，四周装有胶条以防止粉末进入缝隙

及部件内部。

缸体的电动升降模块一般为电动推杆，其选型需考虑推力的大小，常用电动推杆的推力一般为 30 kg 以上。对于 SLM 装备，推力一般是缸体内容量与成形粉末质量配对，再乘以安全系数。本案例中成形缸以及粉料缸的幅面大小为 130 mm × 130 mm，内部升降移动距离大约 200 mm，需要推动约 30 kg 的质量，故需要选用 50 kg 推力的电动推杆。

成形缸的进给量对铺粉层厚会造成影响，而决定铺粉层厚最关键的因素是粉末粒度大小。为了获得较好的铺粉效果，铺粉层厚至少为粉末颗粒直径的两倍。因此，成形缸单向进给量要根据粉末粒度大小确定。为满足不同粉末的粒径，要求进给量可调，可调量在 20 ~ 100 μm，允许 1% 的误差，进给精度取 0.2 μm。

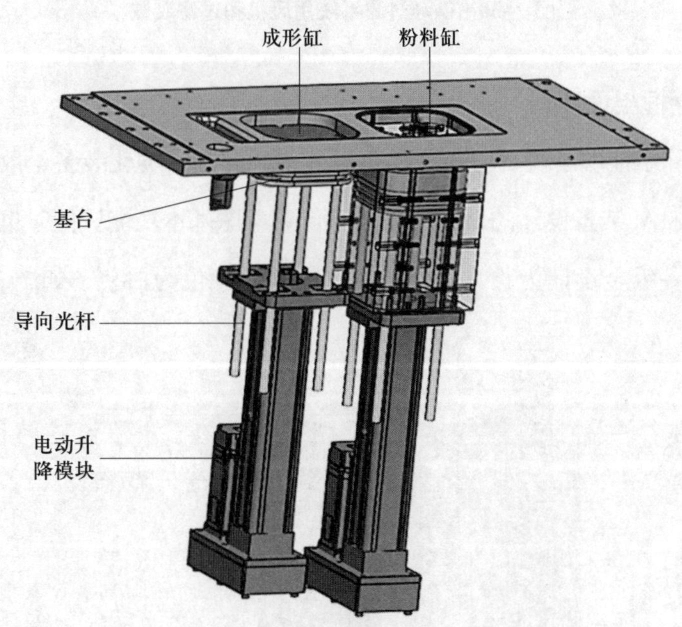

图 2-29　成形缸和粉料缸设计示意图

（四）循环过滤系统

在成形过程中，密封的成形室内应该维持 5 kPa 的低正压环境，以保证外界空气无法渗入成形室内。通过持续提供保护性气体，保证氧气浓度低于 100×10^{-6}。循环过滤系统的动力源主要使用高压漩涡风机，将成形室与过滤装置（一般为 HEPA 滤芯）相连，以有效过滤产生的飞溅和粉尘。风机选用了三相 550 W 的风机，流量为 100 m^3/h，如图 2-30 所示。

图 2-30　循环过滤系统用风机和过滤装置

（五）钣金框架设计

钣金框架除了能够承受部分零件的重量外，还起到了美化装备、散热等作用。钣金框架设计为 SLM 装备设计的最后一步，不仅要考虑基本功能，同时也要保证美观和安全性能。装备钣金设计为长方体结构，主体基调颜色为白色，如图 2-31 所示。该

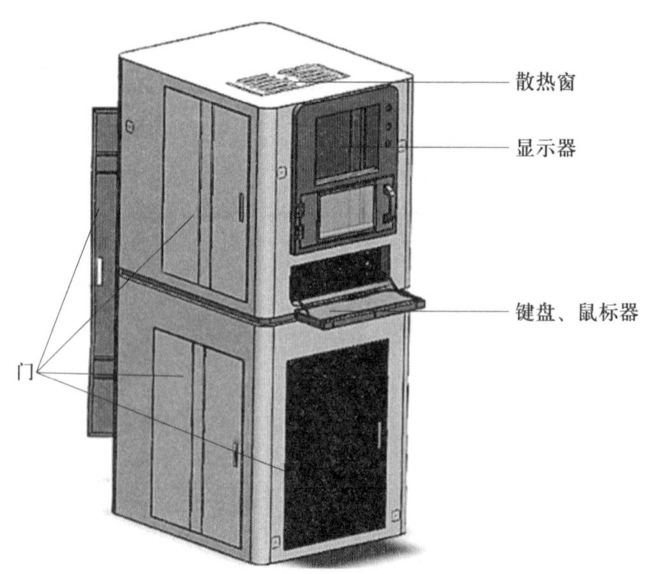

图 2-31　装备整体钣金设计图

钣金主要用于承受各种小零件的重量，如测氧仪、测压仪、显示器、键盘、鼠标器、工控机、工业散热风扇，也包括整个控制电路和装备的承重。例如，底座使用方管制成，为保证工作舱体的平稳，并减少加工量，底座与舱体接触部位需要电弧垫铁，并只对垫铁上表面进行精加工，以保证接触面平整，底座下边的四个角处电弧垫铁用于安装万向轮，方便装备的拖动和运输。

第四节　定向能量沉积装备机械设计

一、装备整体结构

本节以送粉式激光增材制造装备机械设计为主要内容。送粉式激光增材制造装备整体结构如图 2–32 所示。

送粉式激光增材制造的主要工艺流程是：

（1）三维模型获取。利用计算机建模软件或者计算机断层扫描、三维扫描仪等扫描装备获得三维模型。

（2）加工路径规划。使用送粉式激光增材分层切片及路径规划工艺软件，对需要制造的三维模型进行平面式分层切片、轨迹填充、轨迹优化，获得完整加工路径。

（3）成形路径优化。如零件较为复杂，可使用模拟软件进行运动仿真，进一步优化轨迹，避免成形失败。

（4）参数设置与制造。导入轨迹，根据指导工艺数据库设置送粉速度、激光器功率等参数，开始制造。

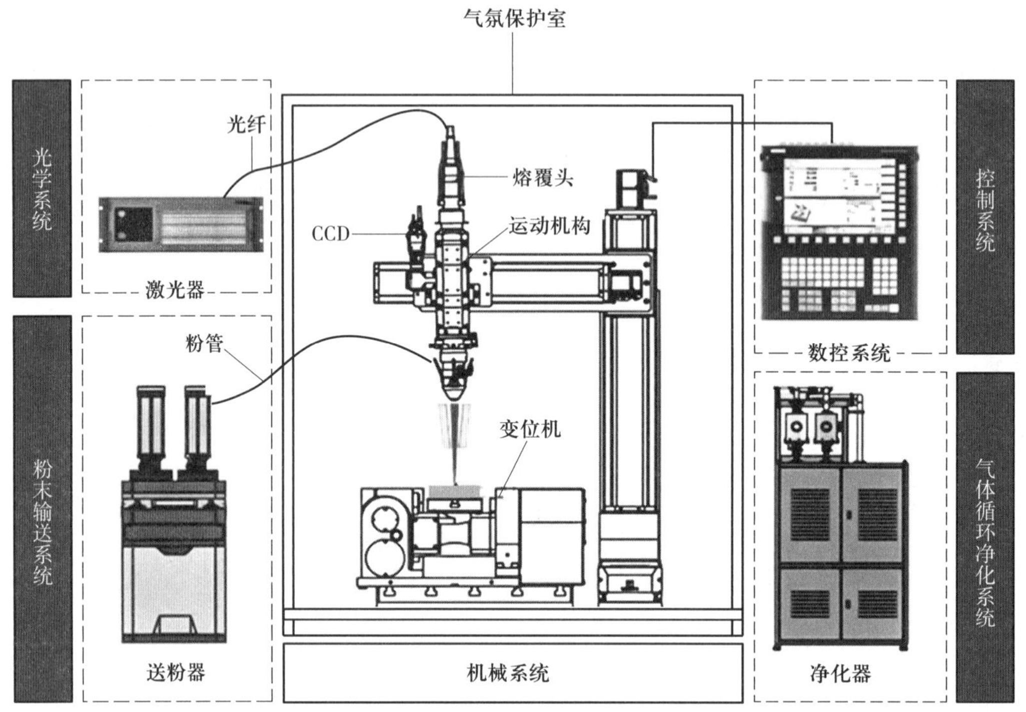

图 2–32　送粉式激光增材制造装备整体结构

（5）实体构件生成。金属粉末在激光束的作用下，与基体迅速加热、熔化，并快速凝固后形成与基体材料呈冶金结合的金属层，逐层堆叠，形成模型实体。

为避免金属在高温熔融状态下与氧等气体发生反应，导致成形质量不佳或活泼金属在制造中起火产生危险，成形过程在密封的成形箱体中进行，同时舱体充满惰性气体，辅助以气体净化系统，维持箱体内的水氧含量，保证成形质量。

二、装备装配与集成

定向能量沉积装备是集光、机、电于一体的集成系统，系统复杂、自动化程度高，涉及材料、机械、自动化、控制等学科。该装备主要由机械系统、光学系统、循环过滤系统、粉末输送系统等组成。

（一）机械系统

送粉式激光增材制造装备通常以机床或机器人为载体，机械系统需具有良好的刚性与较高的精度，以减小运动与加工时产生的振动。机床送粉式激光增材制造装备适

用于一般增材制造和表面修复。与之相比，机器人送粉式激光增材制造具有更高的自由度，更适合于复杂零件的成形与修复。

传统机床式机械结构一般分为悬臂式与龙门式，如图 2–33 所示。小型装备一般采用悬臂式结构，运动机构选用全密式直线模组，直线模组具有性价比高、精度高、易于安装等优点，适用于小型装备较为简单的机械结构。中大型装备由于其负载大，悬臂式结构无法满足其运动精度与结构刚度要求，往往采用龙门式结构。针对送粉成形的特殊环境要求，运动机构的设计原则如下：

（1）机械系统需具有良好的防尘性能，防止金属粉末以及制造中产生的烟尘进入，影响运动机构的精度与使用寿命。

（2）机械系统需具有良好的防锈防腐蚀能力，避免制造中水气引起装备生锈老化。

（3）制造成形的过程中会产生大量的热量，在非金属材料的选用上应采用耐高温、阻燃材料。

（4）水气路与电路分离，装备接地。

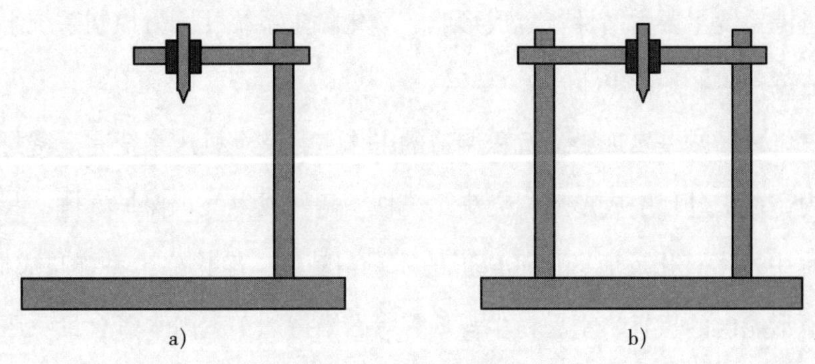

图 2–33 机械结构形式

a）悬臂式 b）龙门式

（二）光学系统

光学系统作为金属粉末熔融的能量源，是装备的重要组成部分。在送粉式激光增材制造装备中，需要根据装备的加工用途选择合适功率的激光器与配套加工头，加工头由光学镜组、送粉喷嘴等组成，光学镜组的准直、聚焦、光纤芯径决定了焦点光斑的直径。送粉喷嘴作为光粉耦合的重要部件，其送粉精度对成形质量影响显著。针对不同工况，送粉喷嘴可分为环路送粉喷嘴、四路送粉喷嘴等，如图 2–34 所示，环路送粉喷嘴适用于低功率、小光斑的薄壁精细成形。

图 2–34　送粉喷嘴

a）环路送粉喷嘴　b）四路送粉喷嘴

（三）循环过滤系统

循环过滤系统主要由惰性气氛成形舱、净化除尘系统、压力控制系统组成，是激光增材制造装备的重要功能部分。

惰性气氛成形舱是实现激光沉积制造的工作室，整个机床系统完全密封在惰性气氛成形舱内，加工过程中成形舱内充满了惰性（氩气或氮气）保护气体，其作用是阻止成形过程中发生氧化反应，保证成形的质量与精度。净化除尘系统与成形舱连接，循环净化成形舱内的氧气、水、粉尘、烟雾等，维持加工室内水氧含量。压力控制系统是净化系统安全运行必不可少的部分，它对装备压力进行监控并实时调整，确保加工室压力维持在合理范围内。

此外，循环过滤净化系统需要设计合理的安全防爆措施，防止气体泄漏和爆炸事故。

循环过滤系统的设计原则如下：

（1）过滤器选择。循环过滤系统中的过滤器需要根据粉末的类型和颗粒大小来选择。过滤器具备压力检测功能，用于监控滤芯使用寿命，避免滤芯堵塞带来的装备损坏。

（2）循环系统设计。循环系统需进行管路合理性设计，避免管径过细和过多弯折，风机要具备足够的风压来带动装备内气体的循环，出风口避开加工区域，避免影响送粉精度。

（3）成形舱设计。应采用不锈钢密封结构，确保有足够的强度，设计泄爆口。

（4）净化系统需要有良好的接地，避免静电。

（四）粉末输送系统

送粉器的功能是向加工部位均匀、准确地输送粉末，因此，送粉器的稳定性将直接影响熔敷层的质量。送粉性能不好，会导致熔敷层厚薄不均匀、结合强度不高等。随着激光沉积制造的广泛应用，对送粉器的性能提出更高要求。尤其是超细粉末的大量使用，要求送粉器能均匀连续地输送超细粉末以及超细粉与普通粉组成的混合粉末，并能远距离送粉，因此，一个稳定、精准的送粉器对于激光沉积制造十分重要。

气载式送粉器应用广泛，如图 2–35 所示为气载式送粉器原理示意图，工作时粉末由料斗经漏粉孔流到转盘上，形成一个自然堆积角为 α 的圆台，α 角的大小与合金粉末的材质、颗粒度和固态流动性有关。当转盘转动一周时，转盘上堆积一圈粉末，其横截面近似等腰梯形。在转盘上方固定一个与转盘表面紧密接触的刮板，当转盘转动时，刮板就会将粉末不断刮下流至接粉斗，在保护气体的作用下，通过输送管将粉末送出。当送粉器结构尺寸和粉末材料确定后，送粉量完全由粉盘的转速决定，便可通过控制粉盘的速度来达到在较宽范围内连续精确调节粉量。

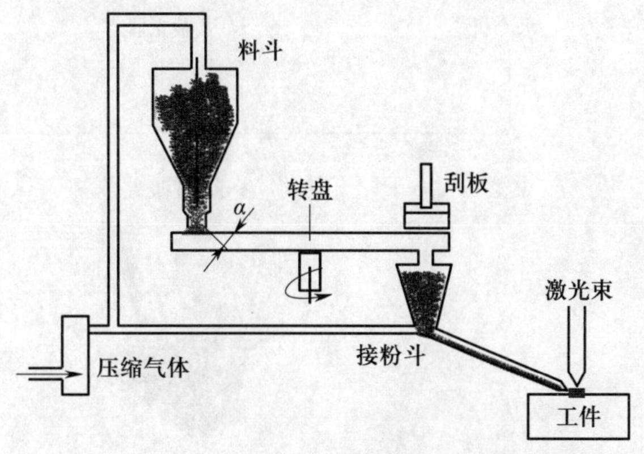

图 2–35　气载式送粉器原理示意图

三、典型案例

本节的实训案例以小型激光送粉装备为例，详细介绍装备的机械设计案例，从装备的各个组成部分进行剖析，并最终整合成能够实现成形功能的增材制造装备。下面主要从以下四大模块进行分析说明：光学系统、运动机构、循环过滤系统、送粉系统。

（一）光学系统

光学系统通常包括但不限于以下部件：送粉器、激光器、水冷机、稳压电源等，如图 2–36 所示。装备协同工作保证了光学系统的稳定运行。激光器作为装备的光源十分关键，应选择具有连续 / 调制两种运行模式，且功率稳定性较高的激光器。输出功率的稳定性决定了装备在连续制造过程中成形的稳定性。可根据激光功率和制造要求选配同轴送粉喷嘴激光头或环形送粉喷嘴激光头。双温型水冷机在为激光器提供稳定精确的水温控制的同时，提供一路与环境温度相近的水路，用于镜片冷却，防止了镜片使用低温冷却水结露而造成损坏。稳压电源又称全自动补偿式稳压器，即当外界供电网络电压波动或负载变动造成电压波动时能自动保持输出电压的稳定，以此保护系统稳定性。

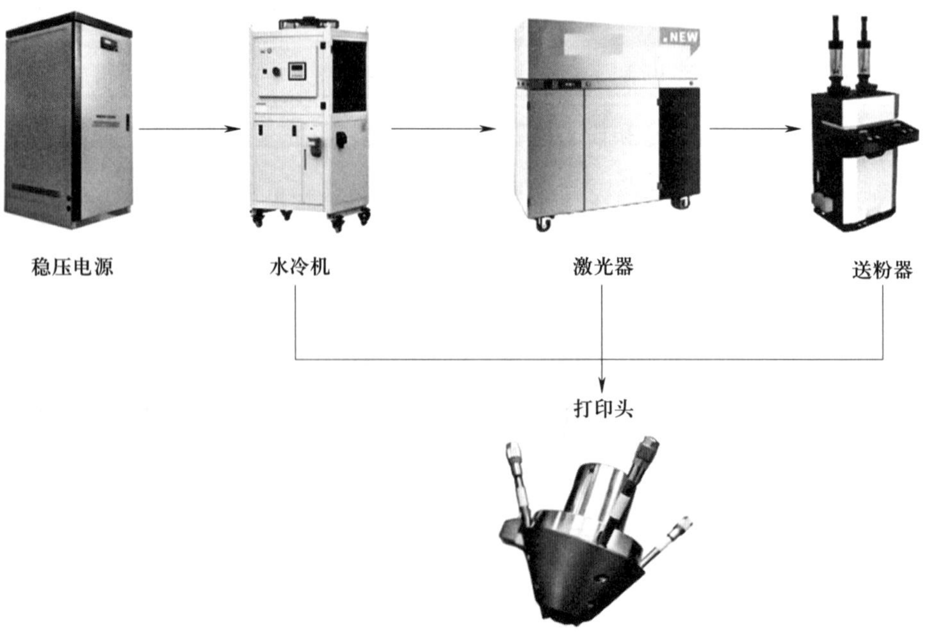

图 2–36　光学系统组成

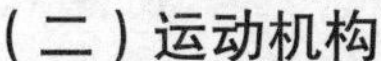

（二）运动机构

小型激光送粉装备的运动机构如图 2-37 所示，以三轴机床作为主机，采用悬臂结构，主要由底座、床身、立柱、悬臂梁、工作台等组成。*X*、*Y*、*Z* 轴运动选用高性能铝合金直线模组，采用滚珠丝杠 + 直线导轨组合传动方式，传动平稳，定位精度高。重量是传统钢结构的 1/3，加速性能和动态性能良好，可有效减小加工时的振动。底座、床身采用整体焊接结构，退火后进行粗加工，再进行二次退火处理，可消除焊接及加工应力，刚性好、精度高、可保持长时间不变形。线槽采用不锈钢材料与阻燃密封拖链确保灰尘无法进入装备内部，电动机线材采用全防护，防止高温老化，增加装备稳定性。

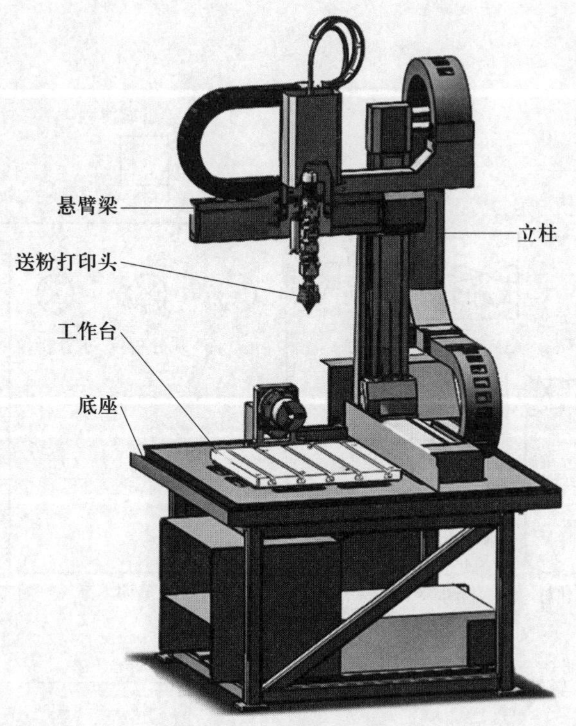

图 2-37　悬臂式机床

（三）循环过滤系统

循环过滤系统由惰性气氛加工室、压力控制系统、净化除尘系统、气体冷却循环系统、过渡舱组成。惰性气氛加工室作为实现激光增材制造的工作室，整个机床设备完全封闭在惰性气氛加工室内，配有净化单元以去除加工室内的氧、水、粉尘、烟雾等；配备氧分析仪、水分析仪，工作时氧、水含量小于 50×10^{-6}。加工室设出入舱门、抽气口、惰性气体进气口、放气口、气体循环处理系统进出口、观察窗、电缆光纤密封模块、照明系统等。过渡舱用于小零件、夹具的装卸及加工过程中异常情况的处理。圆柱形过渡仓约 ϕ360 mm × 560 mm，内置托盘。过渡舱安装真空压力表可显示真空压力，启用过渡舱时，先抽真空，然后充入惰性气体。抽真空循环时间≤ 180 s，过渡舱补气时间≤ 90 s。净化除尘系统包括气体循环净化、除尘及再生等系统，清除密封加工室内的氧和水，以及加工时产生的烟尘，实现密封工作箱内惰性气体循环，保护激光加工过程中材料不被氧化，如图 2–38 所示。当一个单元净化柱净化达到饱和时，通过微机控制启动其他单元净化柱进行工作，同时启动再生程序对该饱和净化柱进行再生激活。

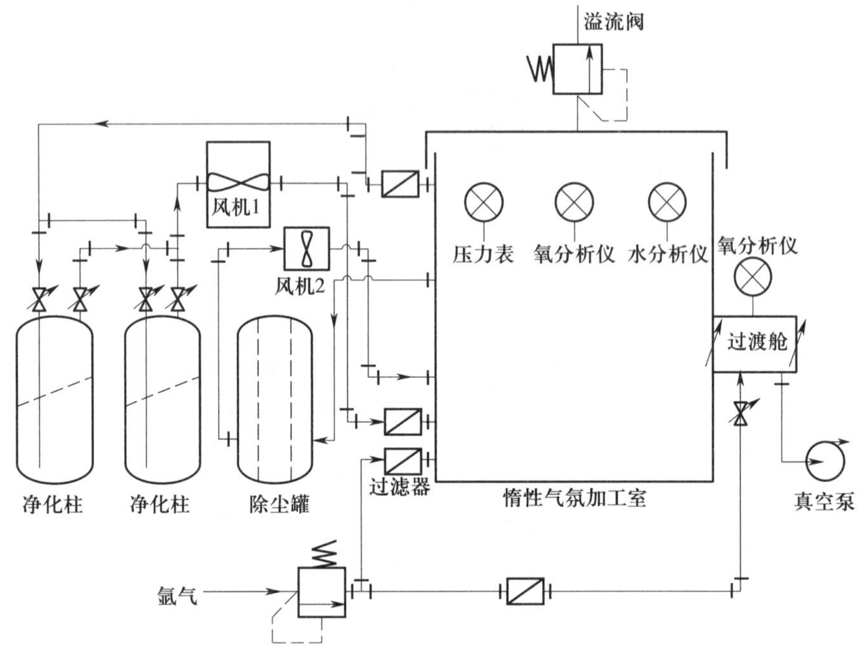

图 2–38　净化除尘系统

（四）送粉系统

熔敷层质量的好坏不仅取决于材料特性和激光工艺参数，而且与落入熔池内的粉末均匀性密切相关。送粉系统作为供料源头，现已有许多成熟产品可供选择，除常规

送粉功能外，还支持搅拌、保温、续粉、称重等功能，应针对使用需求选择适合的送粉器，如图 2–39 所示。搅拌模块针对特定粉末使用，如非球形高粒度的粉末或者粘连性较强的粉末，搅拌模块的搅拌爪选用高硬度金属材质，降低在搅拌过程中搅拌爪与粉末摩擦耗损。搅拌模块采用电动机驱动，转速连续可调，根据不同粉末调整匹配的搅拌转速，达到最理想的输送效果。保温模块采用电阻丝加热，利用电位器调节电阻丝热度变化，配备温度传感器在线检测温度变化，实现闭环控制和精确控温。续粉模块的作用是在送粉器不停机的状态下，将粉末补充到送粉桶内，使其达到不停机连续工作的效果。小型续粉模块通过外部管路与原有送粉桶连通，实现送粉。通常送粉桶与小型续粉模块处于断开状态，一旦粉末即将耗尽，将粉末倒入小型续粉模块，然后经过一系列稳压元器件，使小型续粉模块的压力达到当前工作粉桶压力值，再连通小型续粉模块与粉桶，使粉末及时补充进送粉桶。称重模块是提升送粉器精度的核心器件，配有大粉量精细检测的平衡机构，该平衡机构配备料仓，可以装载 100 kg 的金属粉末。

图 2–39　送粉系统

第五节　黏结剂喷射装备机械设计

一、装备整体结构

三维打印（3DP）技术的工作原理如图 2-40 所示，首先利用计算机技术对三维 CAD 模型进行切片处理并导入 3DP 装备中，3DP 喷头根据每层截面信息选择喷射黏结剂，根据每层轮廓将粉末黏结起来。每层黏结剂喷射完成后，工作缸下降一个层厚距离并重新铺粉，完成新一层的黏结。层与层间同样通过黏结剂黏结作用相固连，如此反复，直至零件制造完成。

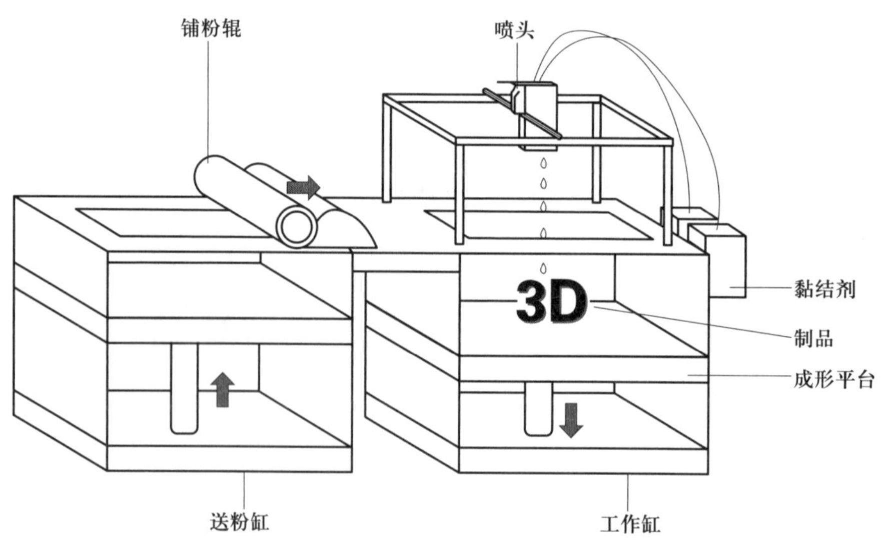

图 2-40　3DP 技术的工作原理

整个制造过程可分为前处理、黏结过程和后处理三个阶段。

1. 前处理

通过 Pro/E、UG 等三维 CAD 软件进行三维建模获取 STL 文件，或通过逆向工程（reverse engineering，RE）反求零件轮廓信息。将信息导入 3DP 装备中，装备以此沿模型 Z 轴方向进行自动切片。

2. 黏结过程

铺粉完成后，喷头在计算机控制下根据界面轮廓信息选择性喷射黏结剂，每层黏结完成后，工作缸下降一个层厚距离，送粉缸上升一定距离并通过铺粉辊完成新一层的铺粉和压实，多余粉末被粉末回收缸回收，并进行新一层粉末的黏结，如此循环，直至完成零件的制造。未被喷射黏结剂的地方为干粉，在成形过程中起支撑作用，且在成形结束后较易清除。

3. 后处理

在 3DP 技术中，后处理可以增强零件的表面性能和机械性能，是整个成形过程的关键一环，常见的后处理工艺有清粉、涂覆、烧结、浸渗等。

（1）清粉。在零件制造完成后，清除零件表面及内部的多余松散粉末，通常被去除的粉末都可回收并多次利用。对于内部结构复杂的零件，不仅需要通过刷子刷去表面的粉末，还可以通过高压气体吹气、真空处理和振动等措施去除难以通过手动去除的粉末。清粉是 3DP 技术中不可或缺的后处理工艺，清粉后的零件需先进行干燥处理才能继续其他的后处理操作。

（2）涂覆。涂覆是将粒径较小的颗粒均匀涂覆在零件表面，不仅能够有效提高成形件表面粗糙度，又可以防止外界环境组分在使用过程中通过表面孔洞渗入成形件内部空隙从而影响零件性能。例如，在涂覆耐高温涂料后可防止零件在高温环境中溃散。

（3）烧结。烧结可以使零件中的基体部分熔化，连接形成烧结颈，有效提高零件的机械性能。同时烧结可以使大部分液体黏结剂蒸发或裂解，降低残余成分。但烧结过程使零件的内部结构和成分发生了巨大的变化，从而可能导致严重的变形，因此，应根据材料本身性能和零件具体需求判断是否进行烧结。

（4）浸渗。浸渗根据材料性能和黏结机制可分为高温浸渗和低温浸渗，浸渗液的温度必须低于基体材料的相变温度，且保证零件在浸渗过程中不产生变形。为了使浸渗液能够在压力或毛细作用下渗入零件的空隙中，其应具有足够的流动性和表面张力。低温浸渗通过在稍高于环境温度和低于材料相变温度下进行。常见的浸渗剂有蜡、氰基丙烯酸酯、聚氨酯和环氧树脂等。低温浸渗最常见的是通过浸渍零件来完成，但是也可以采用雾化浸渍等方式。高温浸渗需要控制浸渗剂的组成及热过程，在浸渗之前通常对零件进行加热，以防止浸渗剂在零件表面凝固导致内部浸渗不足。

二、装备装配与集成

（一）喷射系统

3DP 装备的喷射系统可分为打印喷头和供墨装置两个部分。供墨装置在制造过程中对喷头持续提供黏结剂，而喷头的性能是影响零件精度和表面粗糙度的关键因素。喷头根据工作模式可分为连续式微滴喷射和按需式微滴喷射两种。

在连续式微滴喷射中，液滴发生器在振荡器发出振动信号，产生的扰动使射流断裂并生成均匀的液滴；液滴在极化电场获得定量的电荷，当通过外加偏转电场时，液滴落下的轨迹被精确控制，液滴沉积在预定位置，生成字符 / 图形记录，不参与记录的液滴则由导管回收至集液槽，如图 2–41 所示。连续式微滴喷射墨滴生产的速率普遍在 80 ~ 100 kHz，甚至可以达到 1 MHz，喷墨速率较高，其工作频率较高，工作速度较快。连续式微滴喷射墨滴大小普遍在 100 ~ 150 μm，最小为 20 μm，墨滴大小较大，同时受限于结构与原理，其材料利用率较低，结构复杂且成本高昂。

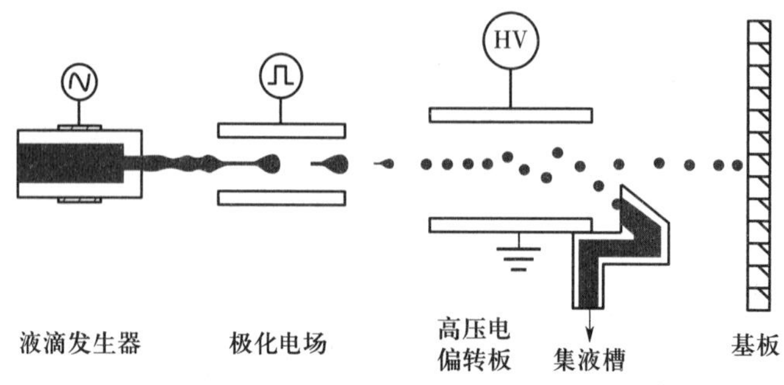

图 2–41　连续式微滴喷射

按需式微滴喷射是根据需要有选择地喷射微滴，即根据系统控制信号，在需要产生液滴时，系统给驱动装置一个激励信号，喷射装置产生响应的压力或位移变化，从而产生所需要的微滴，如图 2-42 所示。其墨滴产生的速率普遍在 30 kHz，也有新技术喷头可达到 100 kHz，总的来说，其工作频率和工作速度远低于连续式喷墨；其墨滴大小普遍在 10 ~ 500 μm，可通过灰度技术，从同一喷头喷射出不同大小的墨滴。按需式微滴喷射技术的优点是微滴产生时间可控，且液滴的利用率高，不需要液滴回收装置；其缺点是工作频率较低，但通常可采用阵列式排列喷嘴增加喷射宽度来提高成形速度。在 3DP 装备中，大多采用按需喷射方式的喷头。

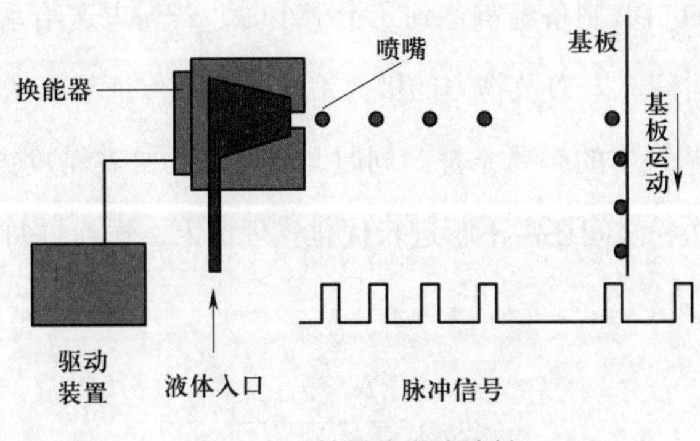

图 2-42　按需式微滴喷射

（二）粉末送给系统

粉末送给系统主要由工作缸、送粉缸、粉末回收缸和铺粉辊四个部分组成，如图 2-43 所示。粉末的送粉方式包括粉缸送粉和上落粉两种方式。粉缸送粉即每个工作周期内，送粉缸上升使一定量的粉末可以被铺粉辊填充满工作缸因下降而余出的空间，为新一层烧结过程提供粉末。上落粉即每个工作周期内，通过上部储粉容器中一定量粉末的下落，来提供新一层烧结所需的粉末。在烧结过程中，每层粉末烧结完毕后工作缸下降一个层厚，随后铺粉辊携带送粉缸所送新粉进行填补，送粉缸所送粉末多于新一层烧结所需粉末，多余粉末被铺粉辊带入粉末回收缸。工作缸、送粉缸和铺粉辊的相互协调运动保证了烧结过程的平稳进行。粉末回收缸能收集每次铺粉辊完成单向运动后多余粉末，这些粉末经内部过滤系统后可重新使用，提高材料利用率。

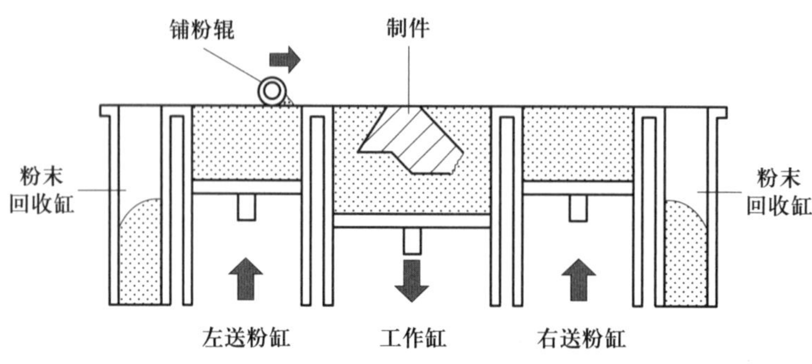

图 2–43　粉末送给系统示意图

中大型成形件的 3DP 制备经常达到几十个小时，若粉末送给系统在成形过程中出现问题，则会造成时间、人力及物力的极大浪费，因而保证粉末送给系统的稳定性是保证成形质量与工艺成本的必要条件。同时，虽然送粉缸在精度方面没有很高要求，但充足送粉和节约送粉之间还需不断进行优化。理论上，送粉缸每层送粉量 h_{send} 可以表示为：

$$h_{send}=\frac{\Delta h*w_{center}}{w_{side}} \tag{2-1}$$

其中，Δh 表示每层粉末厚度；w_{center} 表示中间工作缸的宽度；w_{side} 表示两边送粉缸的宽度。但在实际成形过程中，粉末在送给过程中不可能完全均匀分布，这就导致了工作面无法被均匀铺满，成形件成形必将失败。所以在一般情况下，实际送粉缸上升高度是在理论高度的基础上乘以一定的系数，以保证粉末完全铺满工作量。但若粉末富裕过多，就会造成低的工作效率和高的工艺成本，因此，合理设置送粉缸每层的上升高度也是成形过程中的关键一环。

铺粉辊铺粉如图 2–44 所示。粉末是由大量微米级颗粒组成的一种分散体系，其中的颗粒彼此分离，颗粒之间存在小的间隙。由于颗粒之间相对移动时存在摩擦，粉末的流动性又是有限的，粉末在松装堆积时，各层颗粒之间拱架而形成孔洞，因此，松装粉末的密度只是致密体密度的 20%～50%。采用铺粉辊进行铺粉时，可以对铺粉辊施加一定的自转速度和振动频率。通过铺粉辊自身的转动对粉层产生

压力，可以消除各层颗粒之间拱架形成的孔洞，从而大大提高粉层的松装密度。有实验表明，采用铺粉辊铺粉所得粉层的密度比其松装密度一般高 20%～50%。在采用铺粉辊铺粉过程中，其不足之处也很明显：①消耗的粉末较多；②所铺粉层不可能太薄，一般在 0.05～0.25 mm；③在自转碾压粉层过程中，容易粘粉，从而破坏粉层的平整性，影响成形过程的进行；④铺粉过程中，铺粉辊需要以一定的速度自转与振动，针对不同颗粒度以及不同类型的粉末其最优参数需要重新优化设定。

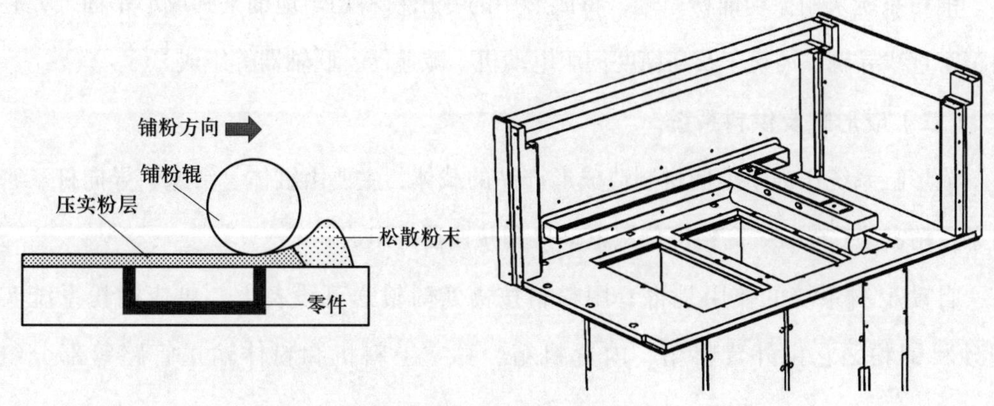

图 2-44　铺粉辊铺粉示意图

（三）控制系统

三维打印成形装备的控制系统主要包括运动控制、成形环境控制等。运动控制主要包括成形腔活塞运动、储粉腔活塞运动、*Y* 向运动及其与 *X* 向运动的匹配、铺粉辊运动等运动控制。成形环境控制主要包括成形室内温度和湿度的调节。

（四）软件系统

3DP 装备的软件系统主要包括几何建模单元与信息处理单元。几何建模单元即设计人员借助三维软件，如 Pro/E、UG 等，来完成实体模型的构造，并以 STL 格式输出模型的几何信息。信息处理单元主要完成 STL 文件处理、截面层文件生成、填充计算、数控代码生成和对成形系统的控制。如果根据 STL 文件判断出成形过程需要支撑的话，首先由计算机设计出支撑结构并生成支撑，然后对 STL 格式文件分层切片，最后根据每一层的填充路径，将信息输给成形系统完成模型的成形。

三、典型案例

本节的实训案例以喷墨式增材制造装备小尺寸 3DP 装备为例，详细介绍装备的机械设计案例，从装备的各个组成部分进行解剖分析，并最终整合成能够实现打印功能的增材制造装备。下面主要从铺粉系统、成形缸及供料系统、负压供墨成形系统、电气控制系统四大模块进行分析说明。

（一）铺粉系统

铺粉系统采用振动铺粉原理，将成形用的专用粉料均匀地铺平到成形平面上，它由精密直线导轨、铺粉车及高精度伺服电动机、减速器、联轴器等组成。

（二）成形缸及供料系统

成形缸系统作为喷墨增材制造成形产品的载体，主要由缸体、活塞、导向杆、密封条、精密滚珠丝杠、高精度伺服电动机和减速器等组成。

自动上料系统的作用是将专用粉料按需实时输送到设备上，供应铺粉系统实现砂料铺粉，它由外置料箱、内置料箱、真空上料机和粉体输送管路等部分组成。

（三）负压供墨成形系统

负压供墨成形系统由负压供墨系统和喷墨成形系统组成。负压供墨系统的作用是为喷墨成形系统提供循环黏结剂，主要由负压箱、控制板卡、喷头、墨泵、墨盒等部分组成。喷墨成形系统将黏结剂选区喷射到粉料表面，它由精密直线导轨、高精度伺服电动机、减速器、联轴器、成形喷头等部分组成。

（四）电气控制系统

电气控制系统负责与工控机通信，控制各运动部件和执行机构动作，采集位置开关等传感器信号，在程序中做逻辑联锁控制，配合喷墨成形系统实现整个工作站的自动协调运行，当设备加工过程中出现异常时，系统可实现自动报警。

第六节　其他增材制造装备机械设计

一、材料喷射增材制造装备

材料喷射（material jetting，MJ）增材制造技术是利用喷射阀将微细液滴从喷口喷出，使液滴按照规定好的路径在基板上以点阵排列层层叠加至形成三维实体的一种成形技术，成形过程如图 2-45 所示。材料喷射相比其他增材制造技术，具有分辨率高、喷射频率快（可达几百赫兹）、喷射液滴高精度可控（微升、纳升级别）、可多喷头成形、原材料广泛等特点。市面上的喷墨增材制造装备、手机屏幕封装所用的点胶机等就运用了材料喷射这一技术，目前在制造领域和生物医学工程等多领域引起了广泛关注。

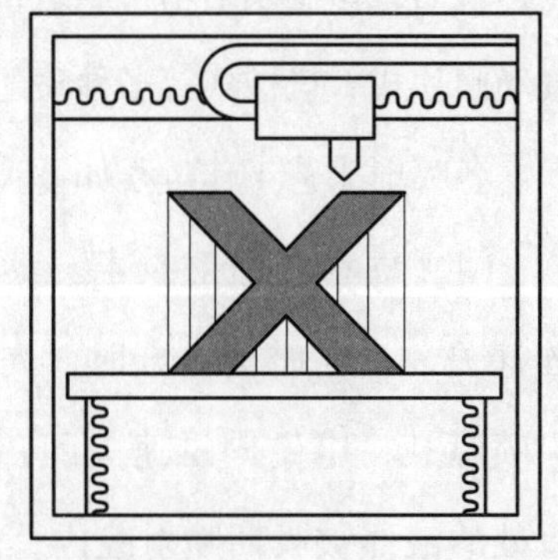

图 2-45　材料喷射增材制造成形过程

材料喷射增材制造根据喷射类型不同可以划分为连续式微滴喷射（CIJ）和按需式微滴喷射（DOD）两种，如图 2-46 所示。连续式微滴喷射是指控制器发出的一次喷射信号，喷嘴就可以连续不断地喷射均匀液滴；按需式微滴喷射是根据控制器所发出的信号，喷嘴选择性地、可控制地按照需求进行液滴喷射。两种方式相比较下，按需式能更好地满足对精度的要求，可与现代数控技术相结合。

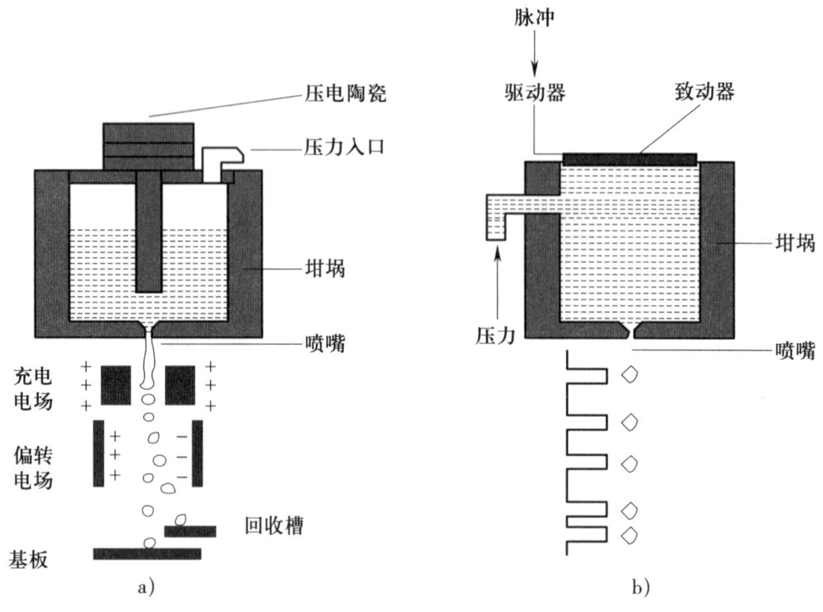

图 2–46　喷射方式

a）连续式微滴喷射　b）按需式微滴喷射

按需式微滴喷射增材制造目前按照喷嘴形式不同，已经发展出了气动式、静电式、气动膜片式、机械式等多种喷射工艺，如图 2–47 所示。

各喷射工艺工作过程如下：

（1）气动式喷射技术。其装置减压阀与高压气体相连，通过电磁阀控制气体的开关，当电磁阀打开时，高压气体作用在液体表面形成瞬时压力，将液体挤压出喷嘴孔，电磁阀迅速关闭，喷射腔内高压气体从泄气孔排出，形成负压，喷嘴口处的液体被吸回喷射腔内，液滴与喷嘴口分离形成喷射，工作原理如图 2–47a 所示。

（2）静电式喷射技术。在基底电极上施加一个常值电压，基底电极与地连接在一起，这样喷头就与基底电极之间形成了较弱的电场，并使得喷孔内液体表面形成一层带电液面层。当对电极施加高电压时，高压电场将使电极周围的液体被基底电极吸引出去，当高电压停止，液体将断裂形成液滴喷射到基板上，工作原理如图 2–47b 所示。

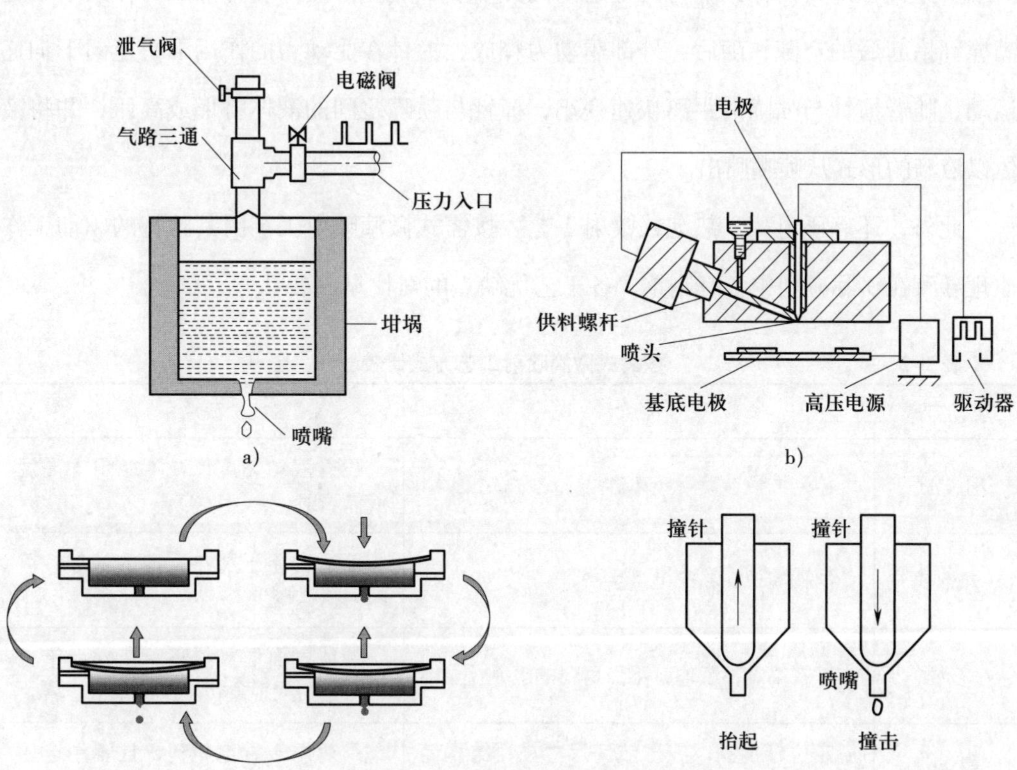

图 2–47　不同喷射技术工艺原理

a）气动式喷射技术工作原理　b）静电式喷射技术工作原理
c）气动膜片式喷射技术工作原理　d）机械式喷射技术工作原理

（3）气动膜片式喷射技术。该技术以压缩气体作为驱动源，通过挤压膜片变形改变液体腔体积，从而迫使液体从喷嘴中迅速喷出形成液滴。工作原理如图 2–47c 所示。首先，给储液腔内液体施加一定的压力，使喷嘴处的液体在毛细孔力的作用下达到平衡，工作时，在膜片上方施加压力气体，在压力的作用下膜片向下运动，致使液体腔的体积缩小，并将喷嘴处的液体以一定的速度挤出；随后，压缩气体关闭，膜片将在弹性力的作用下回复原形，导致液体腔内压力下降，并将喷嘴处的液体吸回储液腔，而被挤压出喷嘴的部分液体将继续以一定的速度运动，形成喷射；最后，膜片回到原来的状态，重复施加压力即可以实现循环喷射。

（4）机械式喷射技术。通过外部装置驱动撞针高速运动撞击喷嘴，在撞针撞击喷嘴的瞬间将产生很大的压力，并将喷嘴孔内的液体喷射出去，其工作原理如图 2–47d

所示。撞针在外力的作用下，向上运动离开喷嘴，腔体内液体在外部压力作用下填充满撞针抬起后的空隙；随后，外部驱动力释放，撞针在驱动力的作用下快速向下加速运动，随着撞针与喷嘴的距离快速变小，撞针与喷嘴之间的液体将形成高压，并将液体以液滴的形式从喷嘴喷出。

此外，还有压电式、热泡式喷射工艺。按需式微滴喷射工艺因其独特的驱动工作原理导致在实际应用中各有侧重，各工艺优缺点的对比见表 2–2。

表 2–2　　按需式微滴喷射工艺方式比较

驱动方式	优点	缺点
压电式	控制方便，喷射频率高	喷射液体黏度低，不能用于高温液体喷射
热泡式	结构简单，易于批量生产	不适合用于加热反应的液体，可喷射材料较少
气动式	可在高温下工作，不受材料的限制	液体表面位置的不断变化而产生不稳定喷射现象，工作频率低
静电式	定位精度高，成形液滴尺寸小，结构简单，成形速度快等	只适用于导电材料，且驱动电压要求高
气动膜片式	避免了气动式喷射装置液面变化问题，结构简单	气体压力脉冲难以精确控制，工作频率低
机械式	可喷射高黏度液体	机械机构复杂，喷射频率低，存在磨损现象

二、薄材叠层增材制造装备

薄材叠层（SHL）增材制造技术又称分层实体制造技术。薄层材料（纸、塑料薄膜或复合材料）单面涂敷一层热熔胶，通过热压辊的压力和传热作用使材料表面达到一定温度，热熔胶熔化，使薄层黏合在一起。随后位于其上方的激光器按照 CAD 模型分层切片所获得的数据，将薄层材料切割出零件在该层的内外轮廓。激光每加工完一层后，工作台下降相应的高度，然后将新的一层薄层材料叠加在上面，重复前述过程。如此反复，逐层堆积生成三维实体。非原型实体部分被切割成网格，保留在原处，起支撑和固定作用，成形件加工完毕后，可用工具将其剥离。

1. SHL 成形的工艺过程

SHL 成形的全过程可以归纳为前处理、分层叠加成形、后处理三个主要步骤。具体来说，SHL 成形的工艺过程如下：

（1）图形处理阶段。制造一个产品，首先通过三维造型软件（如 UG、SolidWorks）进行产品的三维模型构造，然后将得到的三维模型转换为 STL 格式，再将 STL 格式的模型导入专用的切片软件中进行切片。

（2）基底制作。由于工作台的频繁起降，因此，必须将 SHL 原型的叠件与工作台牢固连接，这就需要制作基底。通常设置 3 ~ 5 层的叠层作为基底，为了使基底更牢固，可以在制作基底前给工作台预热。

（3）原型制作。制作完基底后，增材制造装备就可以根据事先设定好的加工工艺参数自动完成原型的加工制作。工艺参数的选择与原型制作的精度、速度以及质量有关。其中重要的参数有激光切割速度、加热辊温度、激光能量、破碎网格尺寸等。

（4）余料去除。余料去除是一个极其烦琐的辅助过程，它需要工作人员仔细、耐心，并且最重要的是要熟悉成形件的原型，这样在剥离的过程中才不会损坏原型。

（5）后置处理。余料去除以后，为提高原型表面质量或需要进一步翻制模具，则需对原型进行后置处理，如防水、防潮、加固并使其表面光滑等。只有经过必要的后置处理工作，才能满足原型表面质量、尺寸稳定性、精度和强度等要求。

2. SHL 增材制造系统的组成

SHL 增材制造系统由三部分组成：数控系统、精密数控机械系统、激光器及冷却系统。

数控系统由高可靠性计算机、性能可靠的控制模块、电动机驱动单元、高精度的传感器组成，配以薄材叠层相关软件，其功能是用于三维图形数据处理、加工过程的实时控制及模拟。

精密数控机械系统由六个基本单元组成：伺服驱动的激光扫描单元、可升降工作台、送收料装置、热压叠层装置、通风排尘装置、机身与机壳，主要完成系统的加工传动功能。薄材叠层——Ⅲ A 型增材制造系统的机械结构如图 2-48 所示。

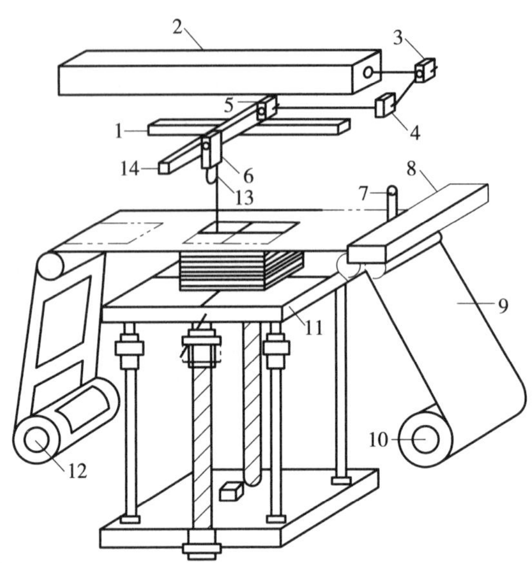

图 2–48　薄材叠层——Ⅲ A 型增材制造系统的机械结构

1—*X* 轴　2—激光器　3—反射镜 1　4—反射镜 2　5—反射镜 3　6—反射镜 4　7—高度传感器
8—加热器　9—材料　10—送料辊　11—工作台　12—收料辊　13—聚焦镜　14—*Y* 轴

思考题

1. 材料挤出装备的机械结构主要由哪几部分构成？简述一种常见熔融挤出系统的工作原理。

2. 简述立体光固化装备中的激光扫描系统的工作原理和功能，该部分包含了哪些设计？

3. 粉末床熔融设备中循环过滤系统的设计原则什么？

4. 送粉式激光增材制造的主要工艺流程是什么？

5. 3DP 装备中的喷头可分为哪两种类型？比较其优缺点。

第三章 增材制造装备核心功能部件

核心功能部件是增材制造装备的关键，是当前我国高端增材制造装备的短板领域。增材制造的主要核心部件包括热源系统、打印头以及光学系统等。其中，热源系统以激光器、电子束、等离子束等热源为主；打印头包括材料挤出喷头、微滴喷射系统、送粉 / 送丝打印头等；光学系统主要是激光传输系统、扫描振镜等。通过本章学习，可以了解增材制造核心部件的主要功能和原理，形成一定的选型能力，支撑增材制造装备的研发。

- **职业功能：** 设计与制造装备。
- **工作内容：** 组装与调试装备核心功能部件。
- **专业能力要求：** 能按照装备的装配图样及装配要求进行增材制造装备核心功能部件（如光学、成形头、在线监控、步进 / 伺服传动等模块）的组装与调试；能根据增材制造装备功能部件标准或规范，完成装备常用功能部件的功能测试验证与合格评估。
- **相关知识要求：** 增材制造核心功能部件工作原理；增材制造核心功能部件中的光学、机械、电气部件的装配、测量和功能测试与评估方法。

第一节　增材制造热源系统

在增材制造过程中，热源起着至关重要的作用，因为它用于熔化或烧结材料，使其逐层固化，构建最终的物体。增材制造中使用的热源，主要有三种常见类型：激光器、电子束和电弧或等离子束。每种热源都有其独特的特点和适用场景。下面将进一步详细介绍这三种热源。

一、激光器与光学系统

（一）激光器

激光器是增材制造中最常见的热源之一。以激光器为热源的增材制造模式能提供较高的成形精度，适用于制造复杂形状的高精度零件。但大型零件的制造周期较长，同时高功率激光器的使用可能会导致能耗较高，增加了装备运行的成本。

激光器的种类繁多，按照其内部使用的工作物质种类划分，激光器被分为固体激光器、气体激光器、液体激光器、半导体激光器等。按照波长划分也可以把激光器分为不同类别，如 CO_2 激光（10.6 μm）、氩离子激光（514.5 nm）、Nd：YAG 激光（1 064 nm）等。

激光器由工作物质（被激励后能产生粒子数反转的工作介质，又叫增益介质）、激励源（能使工作物质发生粒子数反转的能源，又叫泵浦源）、光学谐振腔三部分组成，如图 3–1 所示。工作物质通过吸收激励源产生的能量，使得工作介质从基态跃迁到激发态。由于激发态为不稳定状态，因此，增益介质将释放能量回归到基态的稳态。

在这个释能的过程中，增益介质产生出光子，且这些光子在能量、波长、方向上具有高度一致性，它们在光学谐振腔内不断反射，往复运动，从而不断放大，最终通过反射镜射出激光，形成激光束。

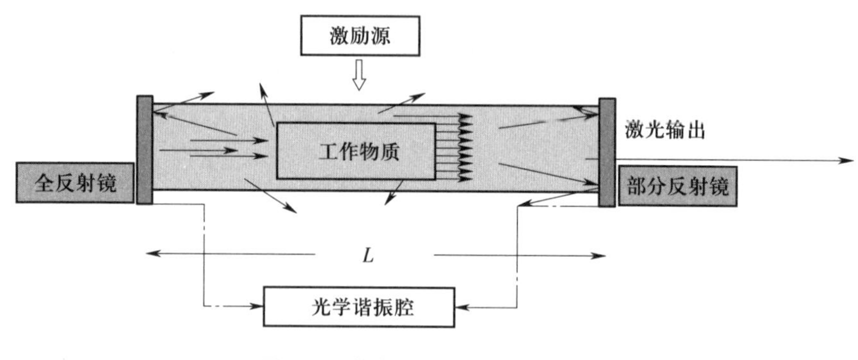

图 3–1　激光器的构成及工作原理

1. 光纤激光器

激光选区熔化装备主要采用光纤激光器作为热源。它们具有较小的尺寸和较高的光束质量，能够提供高功率激光束，制造过程中的热源状态相对稳定。光纤激光器是一种利用光纤作为增益介质来产生激光的激光器。

（1）光纤激光器主要由以下几个部分组成：

1）激光介质光纤。光纤激光器的核心是激光介质光纤，也称为增益光纤。激光介质光纤通常由掺杂了特定的激活离子（如氧化铥、氧化钛或掺铒等）的光纤组成。这些掺杂的离子在光纤中产生受激辐射并放大激光信号，形成激光。

2）泵浦源。光纤激光器需要一个外部泵浦源来激活光纤中的掺杂离子。这个泵浦源通常是高功率的半导体激光器或二极管激光器。泵浦源产生的光束通过耦合器与光纤相连，将能量传递到激活离子。

3）耦合器。耦合器用于将泵浦源的光束与光纤相耦合，以将泵浦光束的能量传输到光纤中的激活离子。耦合器通常采用光纤耦合器或透镜耦合器。

4）反射镜或光栅。光纤激光器需要一个光学腔来产生激光振荡。光学腔由两个光学反射镜或光栅组成，其中一个是全反射镜，另一个是半反射镜或部分光栅。这些镜片和光栅用于反射全部或部分激光能量，形成光学反馈，从而产生激光振荡。

5）波长选择元件。对于特定场景下应用，光纤激光器可能需要进行波长选择。波长选择元件，如光栅或光栅耦合器，可以帮助限制激光的输出波长范围，使其适应特定的应用需求。

6）冷却系统。激光器在工作过程中会产生大量的热量，因此，需要冷却系统来稳定激光器的温度。冷却系统通常采用水冷却或气体冷却来保持激光器的温度稳定。

7）控制系统。光纤激光器通常配备有控制系统，用于控制泵浦源的功率、激光输出功率、频率等参数。控制系统可以是硬件控制器或软件控制接口，用于调整和优化光纤激光器的性能。

（2）光纤激光器的操作

1）激光器热源安装

①激光器模块安装。将激光器模块轻轻地取出包装盒，放置在清洁的平坦表面上。根据制造商提供的使用指南，插入激光器模块到其设计位置，并用螺钉固定。

②光纤连接。将激光器模块的输出端与光纤连接器插头相匹配的光纤连接。用适当的夹具或固定装置，确保光纤稳定连接并无松动。

③冷却系统连接。连接激光器模块的冷却进出水管道，确保水流通畅并连接牢固。

④电源连接。将激光器模块的电源线连接到装备的电源插座，确保电源接线正确。

2）激光器热源调试

①电源和冷却系统检查。检查电源连接和冷却系统是否正常工作，确保激光器模块能够启动和运行。

②光纤检查。检查光纤连接是否牢固，没有断裂或弯曲。如果需要，用适当的工具调整光纤的位置。

③功率和频率调试。使用装备控制界面，逐步调整激光器模块的输出功率和频率，根据需要进行调整。

④激光束聚焦。调整适当的透镜和镜片，以确保激光束能够正确聚焦在工作平台上。

⑤激光束质量检查。使用激光束质量分析仪等装备，对激光束的参数进行检查，确保激光束质量达到要求。

⑥热稳定性测试。在装备规定的时间内运行激光器模块，检查其在连续工作时的稳定性和温度变化。

⑦记录和调整。记录调试过程中的参数和结果，以备日后参考。根据实际工作需要，进行微调和再次测试。

由于实际的装备组装和调试过程可能因装备型号、制造商和操作要求而有所不同，因此，在进行任何组装和调试工作时，应始终遵循制造商提供的操作手册和安全指南，以确保装备安全运行和操作人员的安全。

2. CO_2 激光器

在激光定向能量沉积过程中，CO_2 激光器是主要的热源。CO_2 激光器是一种基于二氧化碳分子的气体激光器，其工作波长通常为 10.6 μm。CO_2 激光器具有较大的功率范围，并且激光器的构成相对复杂。

主要由以下几个关键组成部分组成：

（1）CO_2 激光器

1）激光介质。CO_2 激光器的激光介质是二氧化碳（CO_2）气体。在激光工作过程中，CO_2 分子的激活态（激发态）通过受激辐射而产生激光，并在激光谐振腔中进行放大。

2）激光谐振腔。激光谐振腔是用于产生激光振荡和放大的空腔结构。CO_2 激光器的激光谐振腔通常由两个高反射镜和一个半透镜（输出镜）组成。其中，一个高反射镜具有较高的反射率，另一个高反射镜具有较低的反射率，半透镜允许部分激光光束透过。

3）放电电极。CO_2 激光器通常使用直流（DC）放电或射频（RF）放电来激发二氧化碳分子。放电电极是用于产生激发态 CO_2 分子的电极，其结构和形式根据激光器的类型和设计有所不同。

4）激励源。激励源是用于激发 CO_2 激光器的放电装置。常见的激励源包括高压电源和射频发生器。

5）冷却系统。CO_2 激光器在工作过程中会产生大量的热量，因此，需要冷却系统来稳定激光器的温度。冷却系统通常采用水冷却或气体冷却来保持激光器的温度稳定。

6）控制系统。激光器需要控制系统来调整激光器的输出功率、频率和其他参数。控制系统通常由计算机或专用控制器组成，用于对激光器进行精确控制。

（2）CO_2 激光器的操作

1）系统检查和预热。打开 CO_2 激光器和相关装备的电源，进行系统自检和预热，确保装备正常启动。

2）光路对准。检查光纤传输系统，进行光纤传输系统和激光束的光路对准，确保激光束能够准确传输到工作区域。

3）功率设置和稳定性检查。根据制造要求，设置 CO_2 激光器的输出功率。进行功率稳定性测试，确保激光输出稳定。

4）气体系统设置。如果装备需要辅助气体（如保护气体或喷粉气体），设置相应的气体流量和压力。

5）参数设置。设置加工参数，如激光功率、扫描速度、喷粉量等，以获得最佳的增材制造效果。

6）试运行。进行试运行，将激光束照射到工作台面上，观察在激光作用下，材料的熔化和沉积过程，确保激光器效果满足要求。

在实际制造过程中，CO_2 激光器的安装和调试过程可能因装备型号、制造商和操作要求而有所不同。在进行任何装备安装和调试工作时，应始终遵循制造商提供的操作手册和安全指南，以确保装备安全运行和操作人员的安全。

（二）光学系统

1. 扫描振镜系统

（1）扫描振镜原理。在增材制造出现初期，开发的装备采用机械式 *X*/*Y* 轴移动扫描，其响应速度较慢、误差较大，无法满足增材技术的发展需求。随着技术的发展，由高速伺服电动机驱动微小反射镜片偏转的扫描振镜系统在增材制造技术中应用成功，并迅速成为增材制造系统的标准配置。扫描振镜系统存在以下几个优点：

1）镜片偏转较小角度即可实现机械式扫描大移动量的效果，利用两个镜片的空间组合，实现大幅面的扫描，具有更紧凑的结构。

2）镜片偏转的转动惯量很低，配合计算机控制和高速伺服电动机能明显降低激光扫描延迟，提高系统的动态响应速度，具有更高的效率。

3）振镜系统的原理性误差目前已能通过计算机控制的编程调节的方式弥补，具有更高的精度。

扫描振镜系统的振镜头由两个振镜（反射镜、扫描电动机）和伺服电路组成。反射镜安装在扫描电动机的主轴上，电动机偏转来带动反射镜旋转：扫描电动机在限定角度内偏转，其内集成了测定实时旋转角度的传感器；伺服电路接受驱动电压信号来控制扫描电动机的偏转。

扫描振镜的工作原理如图 3–2 所示，激光光束进入振镜头后，先投射到沿 *X* 轴偏转的反射镜上，然后反射到沿 *Y* 轴旋转的反射镜上，最后投射到工作平面 *XOY* 内。利用两个反射镜偏转角度的组合，实现在整个视场内的任意位置的扫描。带动反射镜片偏转的扫描电动机是特殊的摆动电动机，不能像普通电动机一样旋转，其转子上有机械扭簧或通过电子方法施加复位力矩，复位力矩大小与转子偏离平衡位置的角度成正比；而偏转角度与电流大小成正比，当通入的电流大小一定时，扫描电动机偏转一定角度，此时产生的电磁力矩与复位力矩大小相等，转子就不再转动，有类似电流表的效果，因此又被称为电流表式扫描。

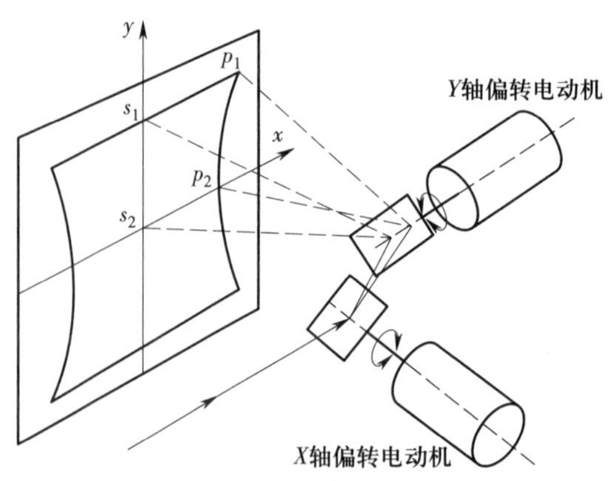

图 3–2　扫描振镜的工作原理

（2）扫描振镜类别。目前，按振镜工作原理可以将市场主流的振镜分为前聚焦振镜（别称：二维振镜，POST-SCAN）和后聚焦振镜（别称：动态聚焦振镜、三维振镜或 PRE-SCAN）。如图 3-3 所示，前聚焦振镜和后聚焦振镜是指激光聚焦的先后（聚焦镜头安装在 *XY* 偏置镜的前后）。前聚焦振镜是在 *XY* 偏置镜前聚焦，其主要由 *X* 方向和 *Y* 方向旋转镜、聚焦镜头、移动镜头以及附属部件组成。后聚焦振镜是扫描后聚焦，主要由 *XY* 扫描镜、F-Theta 物理镜头及附属部件组成。

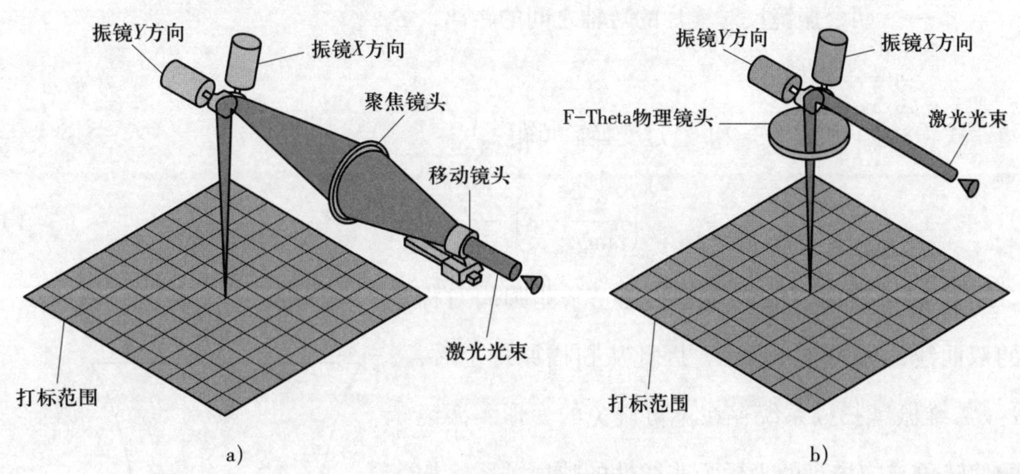

图 3-3 聚焦振镜原理图

a）前聚焦振镜 b）后聚焦振镜

使用动态聚焦的大幅面激光扫描工作中，入射光会先通过一个移动镜头，用这个结构可以实现长焦距的动态聚焦功能。激光器输出的激光光束分别通过移动镜头、动态聚焦镜聚焦，再通过 *XY* 方向镜片，最终实现在聚焦平面的成形工作。前聚焦振镜在聚焦平面扫描过程中，随着聚焦平面的坐标不断发生变化，移动镜头也会随之移动，这样可以实现在整个平面的光斑调整，并且拥有一定范围的焦深。

对于二维振镜，其中心位置的光斑和边缘光斑大小不一，边缘光斑会大于中心位置的光斑。聚焦平面的光斑通过固定的 F-Theta 物理镜头确定，没有动态聚焦光斑的功能。采用动态聚焦的振镜扫描方式，可以将焦距在一定的范围波动，实现在大幅面范围内调节和控制光斑大小，从而增大了扫描面积，是目前大幅面高速扫描较为优越的方案之一。

（3）扫描振镜失真。基于振镜扫描系统的工作原理，激光在工作平面内的坐标（x，y）跟两个振镜反射片转角 ϕ_1、ϕ_2 之间的关系可以表示为：

$$y=d\tan\phi_2 \tag{3-1}$$

$$x=(\sqrt{d^2+y^2}+e)\tan\phi_1 \tag{3-2}$$

式中　d——通过振镜扫描到工作区域中心处的光路距离，m；

ϕ_1、ϕ_2——振镜反射片转角，rad；

e——两个振镜反射镜片的转轴之间的距离，m；

x、y——坐标。

式（3–1）和式（3–2）经过变换后可得：

$$\left(\frac{x}{\tan\phi_1}-e\right)^2-y^2=d^2 \tag{3-3}$$

若 ϕ_1 不变时，上式描述的是一条非圆周对称的双曲线，如图 3–4 所示。因此从扫描原理上看，x–y 二维振镜扫描系统存在不可避免的变形。振镜的偏转角与扫描点的坐标为非线性的映射关系，如果依据常规线性映射算法策略控制振镜偏转，就会产生枕形失真。

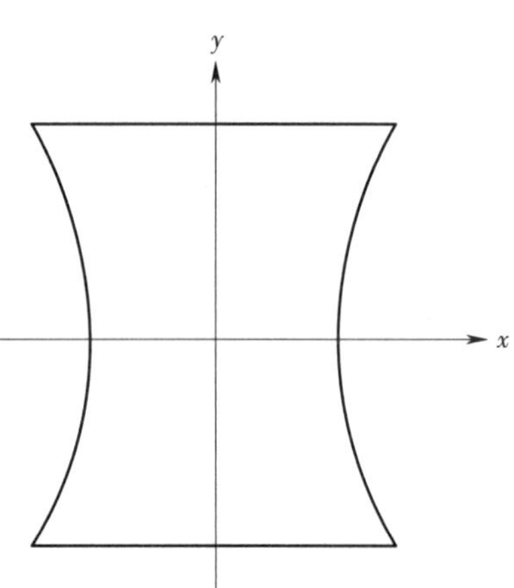

图 3–4　枕形失真

为了衡量变形量的大小，用该双曲线的弦高来定义确定枕形失真变形量 ε，当 ϕ_1 不变，而 ϕ_2 从 0 变为 ϕ_2 时，变形量为：

$$\varepsilon=x-x_0=d\tan\phi_1\left(\frac{1}{\cos\phi_2}-1\right) \tag{3-4}$$

从式（3–4）可以看出，当 d 不变时，失真变形量只与偏转角 ϕ_1、ϕ_2 的大小有关，且随着 ϕ_1、ϕ_2 的增大而增大，即在工作平面中心时失真变形量最小，在扫描工作平面边沿时的失真变形量较大。

（4）场镜（f–θ 透镜）。工作在物镜聚焦面附近的透镜称为场镜，亦称为透镜、扫描聚焦镜、平面聚焦镜。其主要作用是为了克服扫描振镜产生的枕形畸变，使得聚焦

光斑在扫描范围内得到一致的聚焦特性，其校正原理如图 3–5 所示，图 3–5a 为扫描振镜产生的畸变，图 3–5b 为 f–θ 透镜产生的畸变，图 3–5c 为激光经过扫描振镜和 f–θ 透镜产生的叠加效果，经过校正后枕形失真得到有效改善。

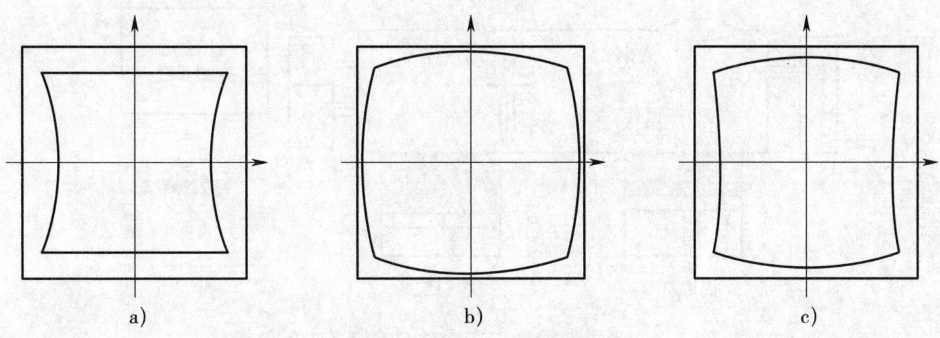

图 3–5　f–θ 透镜校正原理

a）枕形畸形　b）桶形畸形　c）枕形与桶形叠加

f–θ 透镜可以将入射的平行光束聚拢，获得合适尺寸的光斑，常用于波长为 10 600 nm、1 064 nm、532 nm 和 355 nm 的光学系统中。光束通过场镜聚焦后的光斑直径可由式（3–5）得出：

$$d=\frac{4\lambda M^2 f}{\pi n D_0} \tag{3–5}$$

式中　d——光斑直径，mm；

λ——光纤激光波长，rad；

M——光束质量因子；

f——透镜焦距，mm；

n——常系数；

D_0——激光束经过扩束前的束腰直径，mm。

2. 光路传输系统

光学传输系统主要包括激光器、准直器、扩束镜、振镜、场镜等，如图 3–6 所示。其工作原理是激光光束通过光纤激光器发出，先经准直器准直后再经扩束镜放大 2 ~ 8 倍，再经过振镜和场镜（f–θ 镜）将光束按照特定的位置投射到基板上（行业常规配置：后聚焦 +QBH 型光纤激光器）。

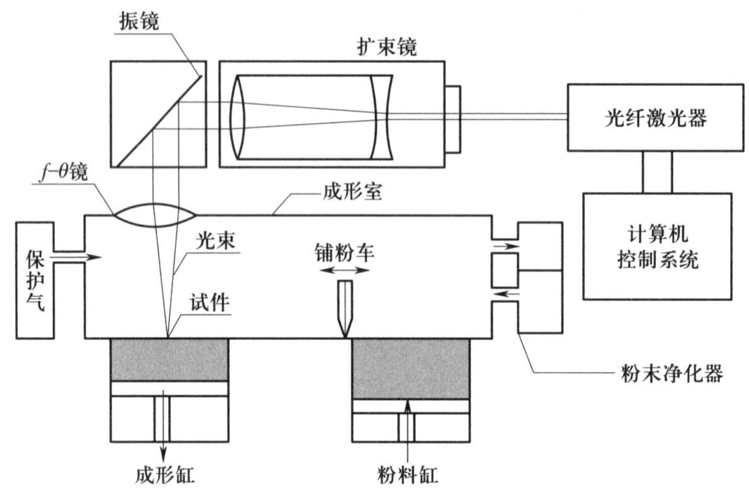

图 3–6　光学传输系统在增材制造装备中的位置

注：本节中光纤激光器均指代 QBH 型光纤激光器。

（1）准直器工作原理。在光路传输系统中，准直器的主要功能是将光纤内的传输光转变成准直光（平行光），其工作原理如图 3–7 所示，从激光器发射出来的激光通过准直器后光束转换为发散角较小的光束，而后进入扫描振镜。选用准直器应考虑的主要性能指标有：①工作距离；②腰束直径；③工作波长；④最大可通过激光功率。

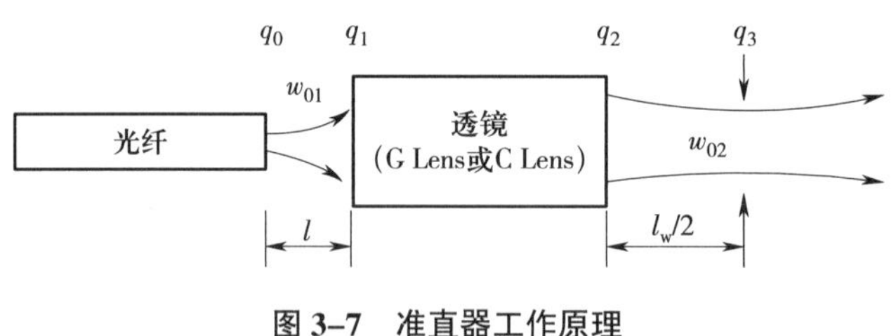

图 3–7　准直器工作原理

（2）扩束镜工作原理。激光系统中的扩束镜一般有两个重要的作用：第一，扩大激光束的直径。激光选区熔化装备是利用激光束的高能量来工作的，所以在一定的功率下，光束直径越小，功率密度就越大。因此，若直接使这样细小的激光束在光学器件间传播，光路上的光学器件很有可能产生一定的热应力，从而对这些仪器造成一定的损伤，甚至可能会直接使之破坏，所以扩束首先对光学器件起到了保护作用。第二，

能够压缩光路的发散角，使其衍射效率降低。激光在被扩束时，它的发散角和扩束比是成反比的，所以经过扩束之后，激光束在被聚焦之后光斑直径可以变得更小，这能够提高能量的集中程度和成形效率。一般来说，激光的扩束有两种方法：伽利略法（见图 3–8）和开普勒法（见图 3–9）。

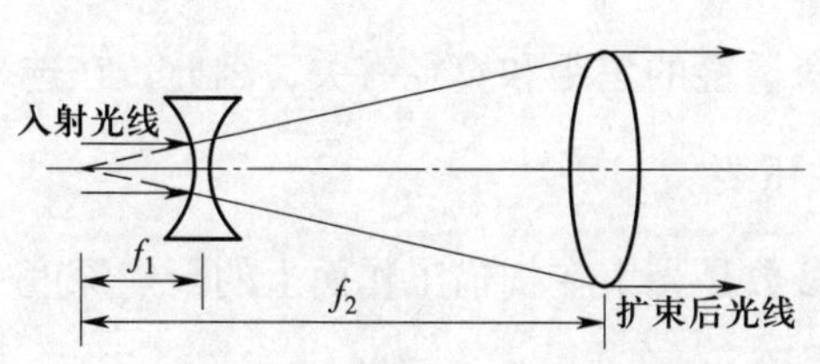

图 3–8　伽利略法扩束示意图

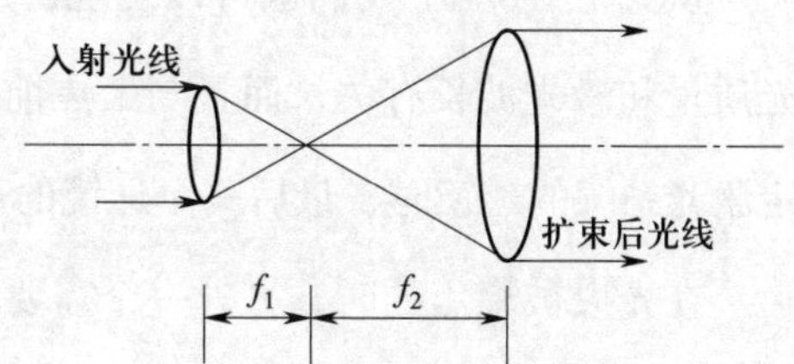

图 3–9　开普勒法扩束示意图

行业内通常采用伽利略法的扩束镜，能够获得 20 倍以上的放大倍率，而被放大了 n 倍的激光光束的发散角则会相应地缩小为原来的 $1/n$，从而达到减小聚焦光斑直径、提高能量效率、加快成形速度的目的。

（3）光学参数设计准则。在增材制造过程中，对最终的零件质量起到关键性作用的参数是光斑大小和能量密度，这两个参数由光学传输系统设置的参数决定。从理论上来说，越小的光斑直径所能够达到的扫描精度也越高，而能量密度大的激光束流就能加工一些高熔点的金属，加工扫描的效率也较高。激光质量 M^2 是激光器的一个关键参数，同时光路的设计和聚焦光斑的确定也和这个参数有直接关系，其数学表达式为：

$$M^2=\frac{\pi\theta D_1}{4\lambda} \tag{3–6}$$

式中，θ 为光束的远场发散角；D_1 为光束的束腰半径；λ 为光束的波长。

激光光束在进入某个透镜之前与出透镜之后，束腰半径和远场发散角的乘积是恒定的，即：

$$D_1\theta_1=D_2\theta_2 \tag{3–7}$$

式中，D_1 和 θ_1 是进入透镜组之前的束腰半径和远场发散角；D_2 和 θ_2 是进入透镜组之后的束腰半径和远场发散角。

在工作区域内最终得到的扫描光斑的直径 D 可以通过下式计算得到：

$$D = M^2 \times \frac{4\lambda}{\pi} \times \frac{f}{d} \tag{3-8}$$

式中，λ 为光束的波长；f 为光束在完成对激光的聚焦前经过的透镜的焦距；d 为完成对激光的聚焦前经过的透镜的直径。

从式（3–8）中我们也可以发现，最终得到的扫描工作面上的光斑直径不仅与激光质量和激光波长有关，而且与聚焦前最后一个透镜的焦距和直径有关，因此，在选定激光系统的透镜时，最后一个透镜的选择至关重要。

在光束被聚焦的时，另外一个需要考虑的参数是光束在扫描工作面上的聚焦深度 h。当激光在平面上进行扫描时，它并不是呈现为一个点，而是一个横截面，真正的交点在工作面上边或者下边。一般来说，聚焦深度可以从激光光束的束腰处向两边增大 5% 左右，所以其计算式可以表示为：

$$h = \pm \frac{0.08\pi D_j}{\lambda} \tag{3-9}$$

从式（3–9）中可以看出，激光的聚焦深度 h 与激光的波长以及最后的光斑直径有关。当选择透镜的聚焦方式时，采用波长为 1 064 μm 的激光束，如果使用的是简单的振镜前静态聚焦，那么，就不能让整个工作面上聚焦的离焦误差在聚焦深度的范围内。正因为如此，所以在激光选区熔化装备中，一般选用动态聚焦或者 f–θ 透镜的方式。

3. 光学校准

（1）光路准直与垂直校准

光路准直与垂直是增材制造成形的必要条件，它可以确保光线沿着光学系统的轴线传输，使其不偏离轴线，同时保证光束的质量。通常光线是发散的，即开始相邻的两条光线传播后会相离越来越远。准直就是让发散的光变成准直的光，准直光路的特点是光束准直度高、容易实现光路一致性、出光效果好。光路准直与垂直校准工作原理如图 3–10 所示，从激光器发射出来的激光经过扫描振镜和场镜后，最终照射到扫描工作面上的光敏纸上，通过调节扫描工作面的高度，激光在光敏纸上留下不同高度工作面的光斑大小和位置，当激光准直与垂直时，不同光敏纸上的光斑中心是重合的，

当不同光敏纸上的光斑中心发生偏移时，说明激光需要校准，利用专业软件比对不同光敏纸上的光斑中心来计算偏移量从而校准。

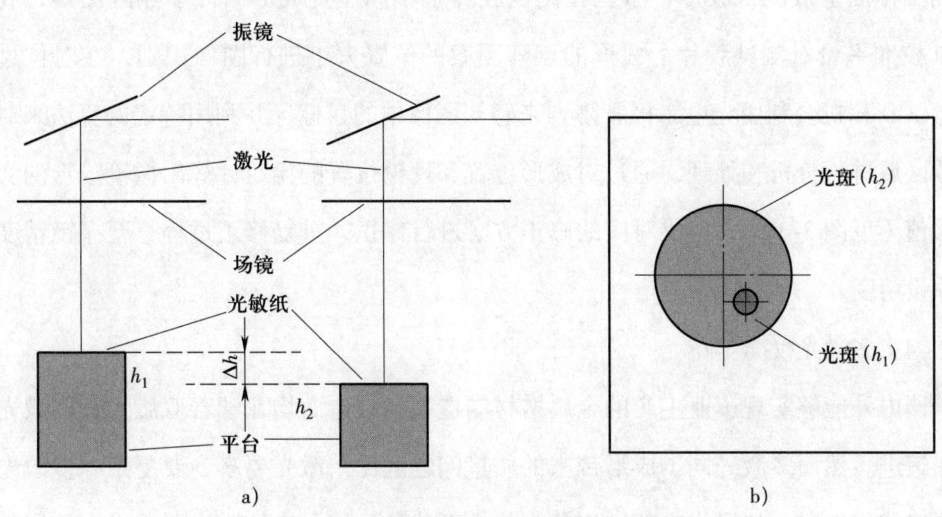

图 3–10　光路准直与垂直校准工作原理

a）激光照射　b）光斑比对

（2）扫描尺寸校准

扫描尺寸校准主要是通过对激光实际扫描尺寸和理论设计尺寸进行比对分析，从而进行校准。目前运用较为广泛的是在扫描工作面上放测试胶片，如图 3–11 所示，激光扫过测试胶片后，通过测量胶片上扫描激光实际扫描尺寸 x_1 和 y_1，与理论设计尺寸 x 和 y 进行比对，生成对应的修正方案并进行修正，从而校准扫描尺寸。聚焦问题是导致扫描尺寸产生偏差的常见原因之一，可以通过调整激光器的聚焦距离来解决。

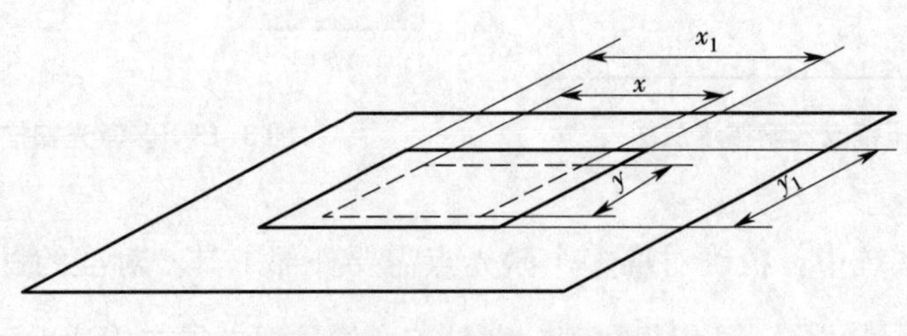

图 3–11　扫描尺寸示意图

（3）振镜精度校准

振镜精度校准的方法中校准精度较高的是电荷耦合器件（CCD）图像校准法，在扫描工作面上放测试胶片，激光在测试胶片上不同位置成形出许多点阵图案，利用CCD 校准平台对测试胶片上成形的点阵图案的位置大小进行图像识别，在对位过程中，CCD 相机会利用光电二极管阵列来感知图像中的目标，并利用特定的算法来对特定的区域进行分析和处理，通过对成形位置和理论位置的比对计算出振镜成形的实际偏移值（见图 3–12），生成对应的修正方案进行修正，重复修正过程直至振镜精度达到预设精度。

（4）多激光校准对齐

国内外能够实现工业生产的金属增材制造装备制造商均在朝着双激光和四激光的方向迈进。然而多激光同步成形带来的质量问题远比单激光要多，要复杂。多激光器成形实体零件时，如果将内部结构分为几个部分分配给对应的激光器，成形的零件在表面上看起来不错，外层没有接缝，但是这种方法会导致“亚轮廓”孔隙，常用的方法是采用“激光搭接”扫描成形。如图 3–13 所示，通过更改不同层处结合区域的位置，从而使之层层搭接，达到结合的目的。

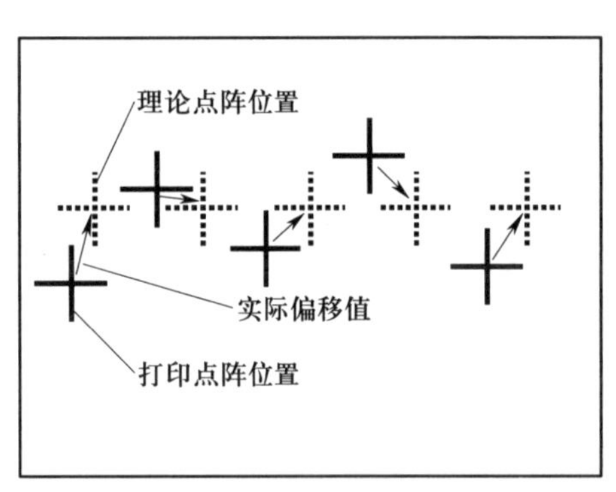

图 3–12　振镜成形偏移示意图

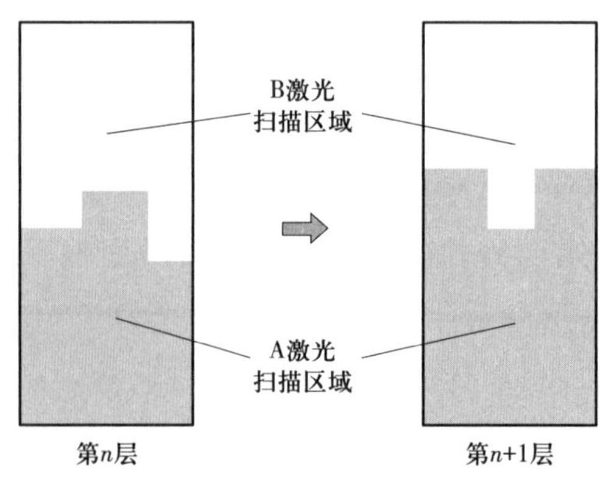

图 3–13　多激光扫描示意图

在大多数系统中，精确对准多个激光点需要外部工具。对准的过程通常包括在基板上打点并测量结果，过程很烦琐，而且校准的过程必须在构建平面上执行，因扫描振镜和测量平面之间的任何距离变化都会引起相应的对齐偏移。因此，如果在单

个零件上使用两台及以上激光器构建较高尺寸的零件，则可能会出现因激光器数量增加产生的扫描场域对准问题（或称拼接的准确性问题）。如图 3–14 所示，两台激光器的对准状态往往会出现一定程度的漂移，并且这种漂移会随着时间的推移而累积。

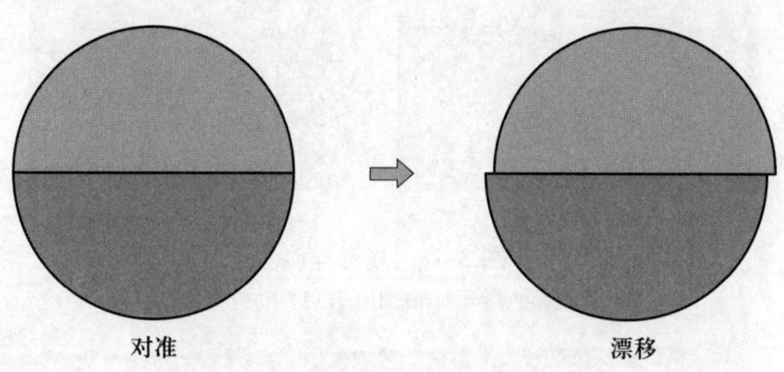

图 3–14　激光器的对准状态出现漂移

目前有效的解决方案是原位激光校准。如图 3–15 所示，通过比较两个激光器的光学特性，系统自动进行对齐，确保两台激光器在彼此指向的位置上保持一致。在工作过程中，系统将每隔几层自动检查激光对准情况，从而在出现问题之前消除任何漂移。图 3–16 是关闭和开启自动检查激光对准的成形样件，可以明显看出关闭自动检查激光对准的成形样件中间部分出现了非常明显的偏移。

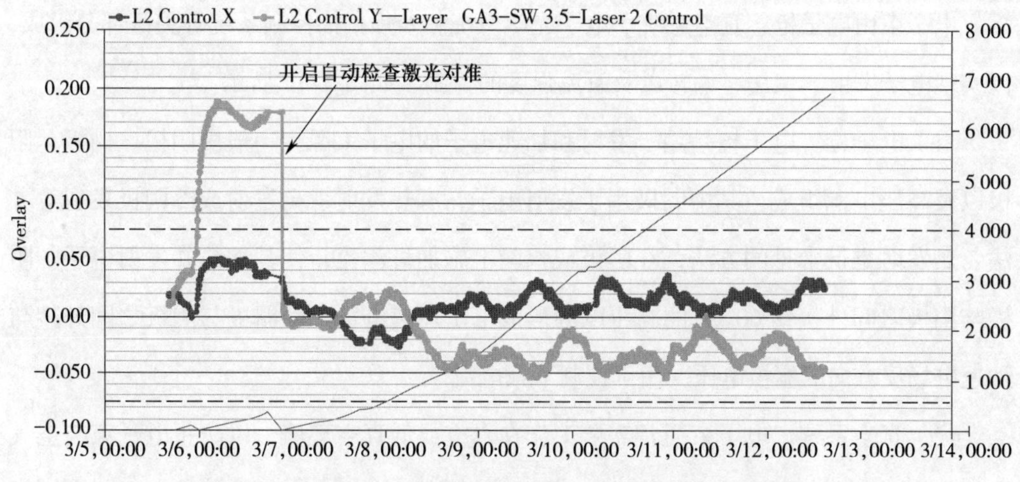

图 3–15　原位监控自动校准开启前后的激光对准状态对比

a） b）

图 3–16　成形样件

a）关闭自动检查激光对准　b）开启自动检查激光对准

二、电子束

电子束是另一种增材制造常用的高能束热源，主要用于电子束选区熔化和电子束熔丝增材制造。电子束功率高（3～6 kW），能量被材料吸收的效率高，扫描速度快，增材制造的成形效率高；电子束可以高效地预热粉末床，将粉末床温度加热到 1 000 ℃以上，有效地降低了打印过程中的热应力。电子束通常需要在真空环境下进行，因此，电子束增材制造装备的价格相对较高；但由于电子束增材制造的成形效率高（是激光增材制造的 3～4 倍），打印后的处理相当简单，因此，其制件的成本相对较低。

电子束由电子枪、真空系统、电子光学系统和聚焦扫描控制系统等关键部分组成，以实现电子发射、聚焦、偏转以及束流强度的控制，如图 3–17 所示。

（1）电子枪。电子枪是用于发射和加速电子的电子束源，一般由阴极、栅极、阳极以及高压电源组成。其中阴极用于发射电子，有热发射、场发射或冷阴极发射等方法。热发射是最常见的方法，在阴极或钨丝上施加灯丝流，使其加热并发射电子。阴极与阳极之间外接约 60 kV 的高压电源形成电子加速电场，而栅极与阴极之间外接与加速电场反方向的栅极电压，用于控制下束电流。

（2）真空系统。电子束通常需要工作在真空或低真空环境，以防止电子束与空气中的气体分子发生碰撞而消耗能量。电子枪上的真空度要求小于 10^{-3} Pa，以保证阴极的工作寿命，并防止高压放电。因此，真空系统会采用分子泵或扩散泵。

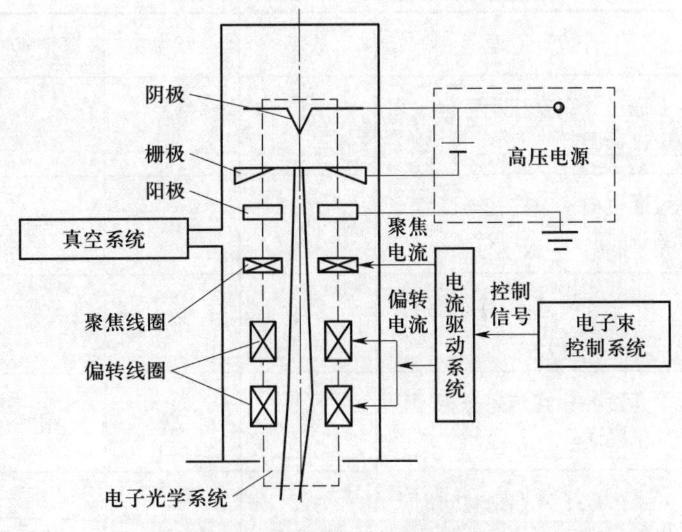

图 3-17　电子束系统构成图

（3）电子光学系统。由于电子在磁透镜中的运动规律类似于光线在光学透镜中的传输规律，因此，将电子发射和电子束整形、聚焦、偏转控制等部分统称为电子光学系统。除前述电子枪外，电子光学系统主要由聚焦线圈形成磁透镜，对电子枪发射出来的电子束进行聚焦，而由两组正交的偏转线圈对电子束进行 *X*–*Y* 扫描控制。

（4）聚焦扫描控制系统。聚焦扫描控制系统由电子束控制系统、电流驱动系统以及聚焦线圈和偏转线圈组成，其功能是将电子束扫描轨迹指令，转化为聚焦线圈和偏转线圈的电流控制信号，经电流驱动系统放大后生成聚焦线圈和偏转线圈的驱动电流，对电子束进行聚焦和扫描，实现电子束以设定的聚焦状态在粉末床上按设定的速度、方向和位置进行扫描。

在电子束粉末床熔融增材制造过程中，电子束除了提供高密度的能量对粉末床进行预热和熔化沉积外，其扫描精度决定了成形零件的精度。然而，由于电子枪零部件的加工和装配误差、电子束偏转角度与偏转距离的非线性关系，以及电子光学系统存在的球差、色差、像散等，在电子束用于零件的粉末床熔融成形前，还需要对电子束的聚焦和扫描进行校准或标定。

目前电子束校准或标定的方式有人工校准、打点校准、光学校准、X 射线校准和辐射电子校准等几种方法，表 3-1 列举了几种校准方式的原理及特点。

表 3-1　　电子束校准方式、原理及各自特点

校准方式	校准原理	效率	精度	可重复性	主观性
人工校准	通过人眼直接观察电子束斑进行调节	低	低	差	高
打点校准	通过电子束在校准图案上留下的痕迹进行调节	低	中	一般	一般
光学校准	基于光学成像技术进行自动分析和调节	中	中	中	低
X 射线校准	通过 X 射线信号分析实现高精度调节	高	高	很好	低
辐射电子校准	通过电子束照射材料时产生的辐射电子信号分析实现高精度调节	高	高	高	低

三、电弧 / 等离子弧热源

电弧 / 等离子弧是增材制造中另一种常用的热源。制造过程中，通常以金属丝作为基材，利用钨极惰性气体保护焊（tungsten inert-gas arc welding，TIG）、熔化极惰性气体保护电弧焊（metal inert-gas arc welding，MIG），以及等离子弧焊（plasma arc welding，PAW）等焊机产生的电弧为热源，使丝材熔化并逐层堆积，最终形成所需零件，如图 3-18 所示。TIG 电弧利用钨极与工件直接起弧进行制造。等离子弧是先在钨极和喷嘴之间引燃一个维持电弧，简称维弧，并将这个电弧通过喷嘴喷出，在电弧高温下产生的等离子体通过喷嘴，喷出一段距离，制造时在钨极与工件之间加一个主弧电流，由于喷出的气体已经处于等离子化的导电状态，因此，这时只要施加一个合适的电压（无须高频引弧）就会在钨极与工件之间形成一个压缩电弧。电弧 / 等离子弧可以实现较高的沉积速度，比较适用于大型金属结构件制造。但其成形表面相对粗糙，制造精度较低。

1. 电弧 / 等离子弧热源的操作

（1）电源连接。在操作之前，将电弧装备的电源线插入电源插座，确保电源连接牢固。对于 TIG 电弧和 MIG 电弧，将焊机正极接工作台，负极接钨极形成闭合通路。

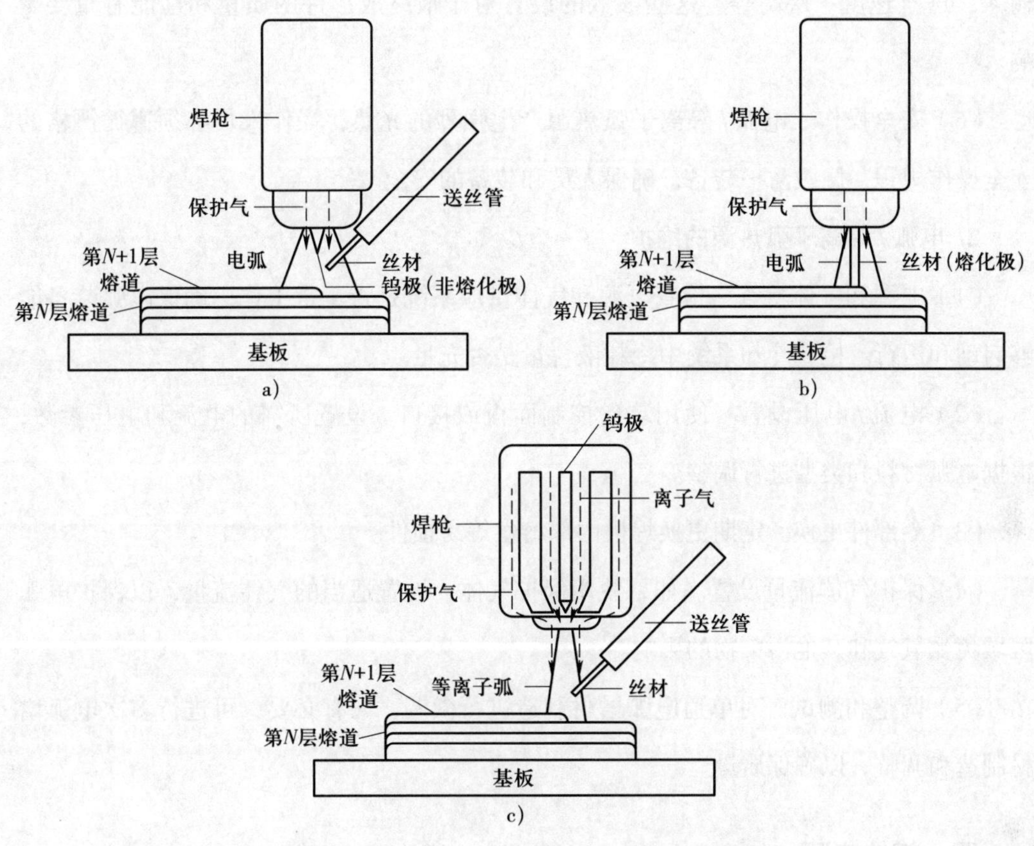

图 3–18　电弧 / 等离子弧热源系统构成示意图

a）TIG 电弧　b）MIG 电弧　c）等离子弧

对于等离子弧，等离子电源中的维弧电源正极接喷嘴，负极接钨极；主弧电源正极接工作台，负极接钨极。

（2）保护气处理。如果需要使用保护气体，连接气体气瓶到装备，确保气体供应畅通。通常采用氩气或氮气作为保护气。

（3）电极 / 丝材装载。根据电弧类型，装载相应的电极或丝材到电弧装备中。TIG 电弧是采用钨极作为电极，金属丝作为原材料。MIG 电弧采用金属丝作为电极，也作为原材料。等离子弧采用钨极作为电极，金属丝作为原材料。

（4）冷却系统连接。电弧装备的运行需要冷却系统，检查焊机冷却水管道，确保冷却水流通畅。

（5）参数设置。根据零件材料类型以及工艺要求，设置适当的工艺参数，如热输入、送丝速度、层高等。这些参数的设置对于最终成形件的质量和性能有重要影响。

（6）安全操作。电弧 / 等离子弧热源产生强烈的光热，操作人员必须遵循严格的安全操作规程，佩戴防护装备，确保人员和装备的安全。

2. 电弧 / 等离子弧热源的维护

（1）电源和气体检查。检查电源和气体供应系统是否正常工作，确保电弧装备能够启动和运行。检查冷却系统中冷却液含量是否充足。

（2）电流 / 电压设置。使用装备控制面板或接口，设置所需的电流和电压参数，根据电弧材料和类型进行调整。

（3）零部件更换。定期更换焊机内部熔丝等易损件。

（4）保护气体流量设置。如果使用保护气体，设置适当的气体流量，以保护电弧区域免受氧气和其他污染物的影响。

（5）调整和测试。对单道电弧增材制造进行微调，如有必要，可进行多次电弧增材制造和调整，以确保质量。

四、其他热源

除了激光束、电子束、离子束和电弧，增材制造装备还可以使用高频感应加热装备为热源熔化金属材料，实现增材制造。

高频感应加热装备是利用感应加热原理，在高频交流电场中引发工件内部涡流，从而使金属材料迅速加热和熔化，实现逐层堆积制造。

（一）调试过程

1. 装备安装

根据装备制造商提供的指南，正确安装高频感应加热装备，并确保装备稳固和妥善连接。

2. 电源和冷却系统连接

连接电源线和冷却系统，确保电源和冷却系统正常工作。

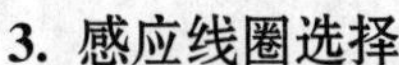

3. 感应线圈选择

根据工件的尺寸、形状和材料，选择合适的感应线圈。

4. 工作基板 / 工件定位

将工作基板 / 工件放置在感应线圈内，并确保工件与线圈的适当位置和间隙。

5. 功率和频率设置

设置适当的加热功率和工作频率，根据工件的材料和要求进行调整。

6. 工作温度控制

设置工作温度控制系统，确保加热在所需温度范围内。

7. 试运行

进行试运行，监测加热过程，确保加热均匀且达到预期效果。

（二）维护过程

1. 定期检查

定期检查装备的电源线、冷却系统、感应线圈等连接是否松动或损坏。

2. 清洁保养

定期清洁装备内部和外部的积尘和污垢，保持装备的正常运行和散热。

3. 感应线圈检查

检查感应线圈是否有损坏或变形，确保其形状和连接正常。

4. 电子元件检查

定期检查电子元件和控制系统的工作状态，如温度传感器、控制面板等。

5. 冷却系统维护

定期清洗冷却水管道，确保冷却系统畅通，防止堵塞和水垢积聚。

通过合适的调试和定期的维护，高频感应加热装备可以保持稳定的性能，提高工作效率，并确保操作人员的安全。如果装备出现问题或异常，应立即进行故障排除并维修。

第二节　装备打印头

一、材料挤出喷头组件

目前，材料挤出喷头组件主要采用的是柱塞式。柱塞式材料挤出喷头系统在工作过程中主要分为两个部分：挤出机和打印头。

挤出机主要负责为丝材的进料、退料过程施加下压、上拉的力。

打印头自上而下由散热体、喉管、加热块和喷嘴组成，也可以按丝材的状态分为热端（熔融态区域）与冷端（固态区域）。热端位于打印头的下部，主要对冷端送来的丝材进行加热，加热后发生相变，由固态转变为熔化态，这部分的温度相对较高。冷端位于打印头的上部，这部分包含散热装置，温度相对较低，丝材处于固态。

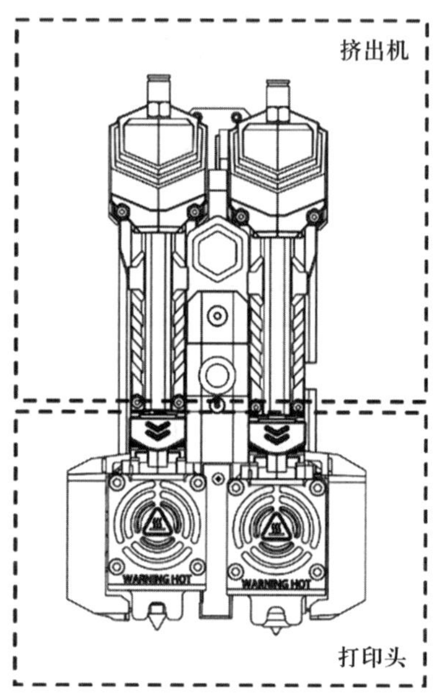

图 3-19　柱塞式材料挤出喷头组件

柱塞式材料挤出喷头组件如图 3-19 所示。

打印头区域组成部分如图 3-20 所示。

从以上结构可知，FFF 技术造成产品成形精度低的主要因素包括：

（1）冷端温度过高。散热体和喉管中的热量过高，让后续固体材料逐渐熔化，无法完全发挥活塞的作用，导致材料挤出量不稳定。

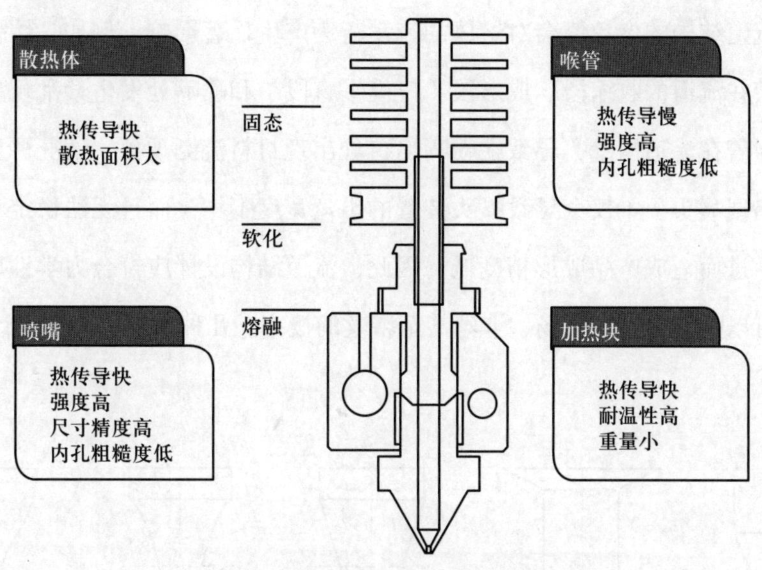

图 3-20　打印头区域组成部分

（2）加热块中温度分布不均。加热块中的材料并未完全熔化就被后续固体材料强行挤出至成形平台，不仅降低了产品的成形精度，且容易损坏喷头系统。

（3）喷嘴中流道设计不合理。不合理的流道设计会致使熔化材料滞留在流道中，导致喷嘴堵塞或挤出丝材的粗细不一致。

因此，为了保证柱塞式 FFF 喷头系统能够稳定工作，成形出高精度的产品，需要同时满足以下状态：

（1）散热体迅速地将多余热量散失到空气中。

（2）喉管能阻止热量由热端向冷端传递。

（3）加热块能迅速均匀地将固态材料加热至熔化状态。

（4）喷嘴结构设计合理。

流道贯穿整个喷头装置，是保证成形品能够成功成形的前提。一般流道关键参数主要包括圆柱形流道长度 L_1，圆柱流道的直径 D_1，流道的锥形收缩段角度 β，收缩锥形段长度 L_2，流道的喷嘴直径 D_2 以及流道的成形段长度（口模平直段长度）L_3，如图 3-21 所示。在成形

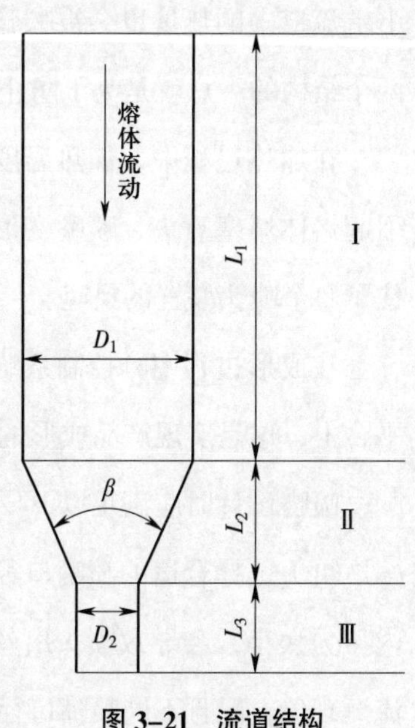

图 3-21　流道结构

过程中，流道结构的参数值会对熔体的流动行为产生显著影响，例如，熔化材料在流动过程中会在流道的收缩段、成形段（口模平直段）和喷嘴处发生紊乱现象，让熔化材料长期附着在流道内壁，导致在喷嘴出口处出现材料流涎现象，情况严重时，熔化材料还会堵塞喷头，不仅会导致喷头装置的出丝宽度不均，而且无法稳定喷头装置的出丝速度，进而造成产品成形精度低。因此，流道结构设计应符合力学性质，合理的流道结构可以降低出丝不顺畅、卡丝甚至堵丝的概率。几种不同的流道设计如图 3–22 所示。

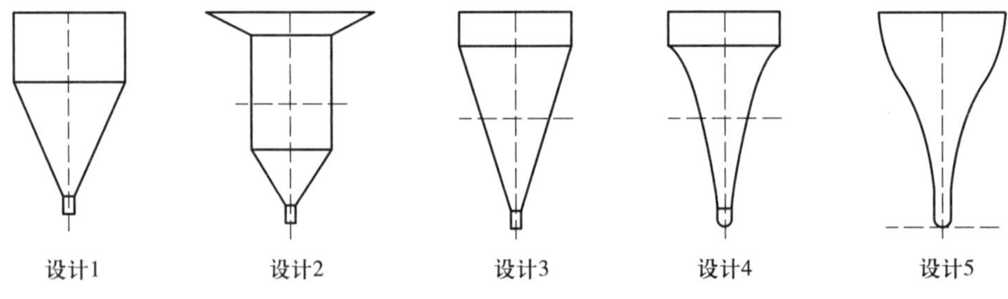

图 3–22 几种不同的流道设计

散热装置在喷头装置中占据着重要地位。目前，国内外研究者主要研究的是散热体和喉管等结构。上端流道中多余的热量会被散热体迅速地传递到外界环境中，同时，下端流道中的热量也会被喉管结构阻碍，让热量无法传递到喷头装置的上端。设计这两个结构的本意就是为了防止上端流道中的固体材料受热熔化，无法充当柱塞作用。

在加热过程中，加热温度会直接影响熔体流动的黏度特性，喷头会因为受热不均引起熔体堵塞喷头、喷嘴变形量过大等问题。因此，控制加热的温度条件就等于控制住了整个喷头装置的灵魂。

在成形过程中，控制系统将熔化材料挤压至喷嘴处，让成形材料逐层沉积在工作平台上，这是实现产品成形的主要步骤。

喷嘴设计时应满足以下要求：

（1）选择合适的喷嘴口径，因为喷嘴口径的尺寸会影响流道内部的压力，若流道内压力太小，会导致喷头出丝过程不顺畅；若压力过大，会在成形过程中喷嘴处出现流涎现象，况且不同喷嘴口径的尺寸会造成不同的出丝速度、出丝宽度以及成形轨迹，

进而会对产品的成形效率和精度产生影响。

（2）在调节工作平台的高低或产品成形过程中，喷头装置容易与成形平台发生接触。若调节或成形过程中出现误差，则更容易让喷嘴与工作平台之间发生严重摩擦。因此，为了保证喷头装置能够稳定出丝，防止喷头装置剐蹭损坏，喷嘴处的结构制造材料应具有较高的硬度以及耐磨性。

二、微滴喷射系统

目前，微滴喷射系统喷头主要有热泡式喷头、压电式喷头、微注射器式喷头、电流体动力式喷头、电磁阀操控型喷头和气动雾化式喷头等几种。其中，热泡式喷头和压电式喷头技术最为成熟，本节以压电式喷头为例介绍微滴喷射系统喷头。

压电式喷头利用了压电元件的压电效应去挤压液体腔，使得内部液体以一定速度喷出形成微液滴，又被称为容积式压电喷头。根据压电元件和液体腔的形状结构不同，通常有挤压式、弯曲式、推式和剪力式四种方式，四种压电式喷头结构如图 3–23 所示。

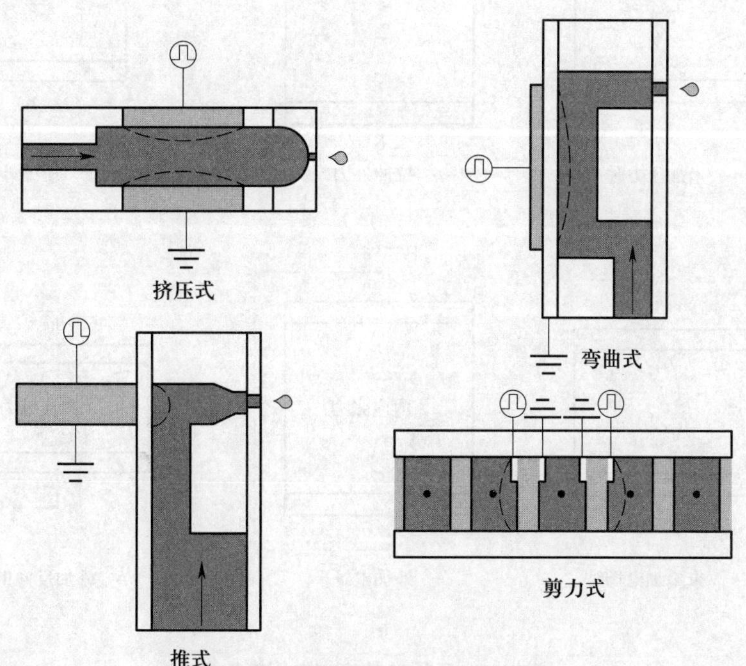

图 3–23　压电式喷头结构示意图

压电式喷头具有以下优点：

（1）对液体的控制能力强，喷射精度高，液滴体积不均匀系数小于 ±2%。

（2）反应速度快，喷射频率高。

（3）液滴体积与驱动电压呈线性关系，对液滴体积的控制方便。

（4）喷射范围广泛。

（5）喷射液体的黏度范围大。

压电式喷头中的压电晶体通常不能高于居里温度（约 350 ℃）的一半，不能直接工作在高温环境中，需要设计复杂的隔热结构才能喷射熔点较高的物质，如金属或者高黏度的胶体。此外，压电式喷头造价较高，不易拆卸，清洗和维修不方便。

压电式喷头的主要原理为压电效应，压电效应是电介质材料中一种机械能与电能互换的现象，包括正压电效应和逆压电效应两种，如图 3-24 所示。正压电效应是指在压电材料上一定方向施加机械外力时，除了引起材料相应的应变外，还引起带电粒

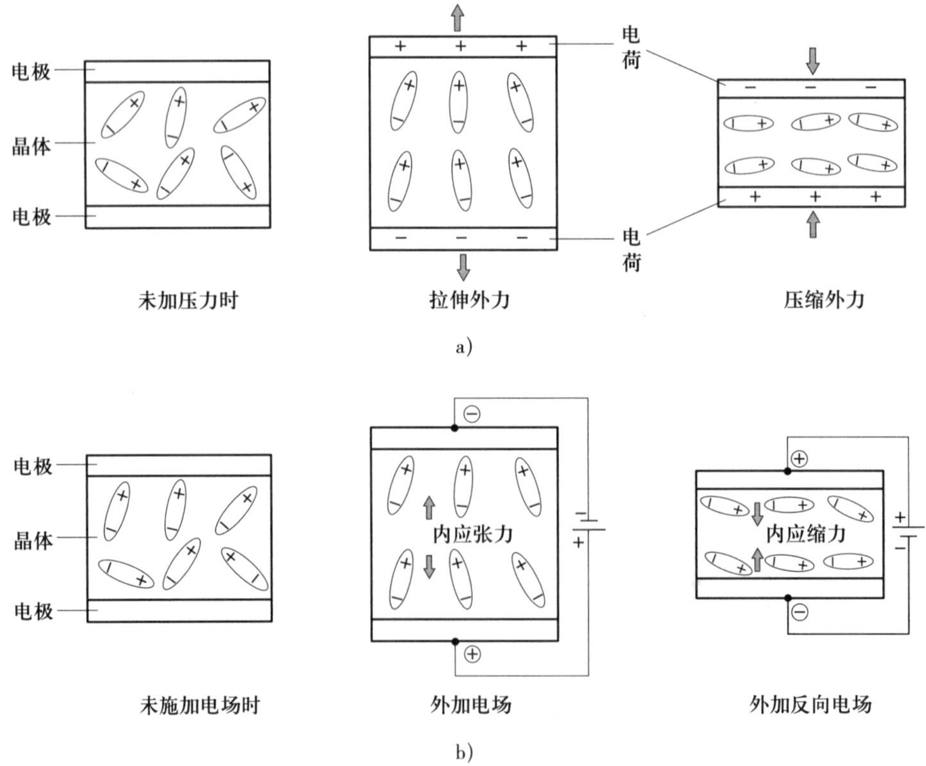

图 3-24　正压电效应与逆压电效应

a）正压电效应　b）逆压电效应

子的相对位移，使材料的总电矩发生改变，从而在材料中诱发出电场，而且在一定范围内，电荷密度与作用力成正比，当外力消失时，材料又恢复不带电的状态，当外力方向改变时，电荷极性也随之改变。逆压电效应是指在压电材料上施加电场作用时，会引起材料的机械变形，应变与电场强度成正比，这种效应也被称为电致伸缩。

压电式喷头主要利用逆压电效应，可通过向压电器件施加电信号，使压电器件发生形变，挤压喷头液腔内的液体，从而使其从喷嘴中喷出。以收缩管型压电式喷头为例，如图 3–25 所示，压电陶瓷环黏结在玻璃容腔的外面，当对压电陶瓷环施加一个电压脉冲时，压电陶瓷环通过逆压电效应产生一个压力波穿过玻璃进入容腔内的液体中传播，在喷嘴处，压力波使液体加速，形成小液柱离开喷嘴，完成材料沉积成形。

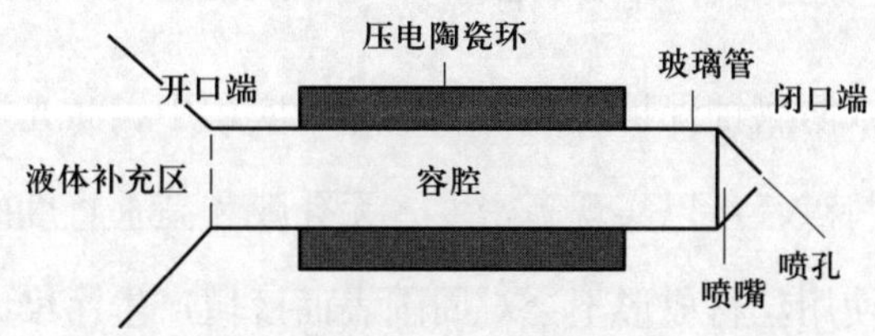

图 3–25　收缩管型压电式喷头结构示意图

三、送粉 / 送丝打印头

（一）激光送丝打印头

激光送丝打印头的结构如图 3–26 所示，在工作时，通过三棱镜和聚焦镜将入射激光束反射成三光束并聚焦到基材上，形成熔池区域；三棱镜、聚焦镜以及导丝通道与支撑架固定，导丝通道位于三光束所形成的中空区域内部；丝材从导丝管、导丝圆弧通道以及导丝直线通道进入基材熔池区域，丝材垂直于基材且与三光束同轴布置。

激光送丝打印头通过送丝通道将丝材同轴送至三光束聚焦的基材表面熔化区域，因此，位于三光束所形成的中空区域内部的送丝通道不会遮挡到激光光束，并且能量强度全向均匀分布，可灵活控制加工过程的能量输入。送丝操作由传感器监控，便于实现自动化、智能化、柔性化增材制造。

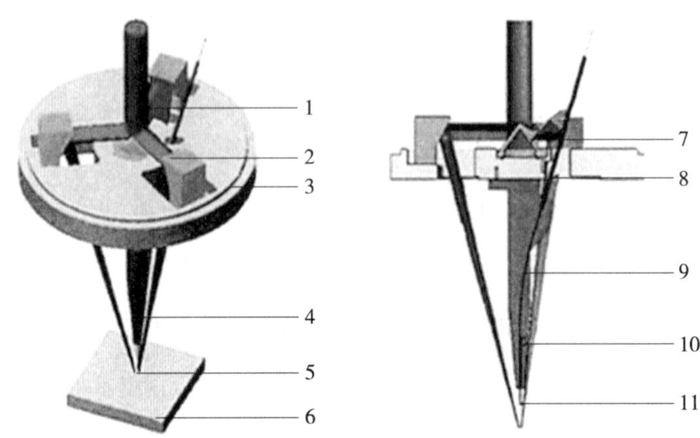

图 3–26　激光送丝打印头的结构

1—激光束　2—聚焦镜　3—支撑架　4—中空区域　5—溶池　6—基材　7—三棱镜　8—导丝管　9—导丝圆弧通道　10—导丝直线通道　11—丝材

在各种表面耐磨或防腐蚀保护等增材制造加工应用中，激光送丝增材制造技术具有更加高效和环保的特点，可以实现高密度、无孔隙和高垂直度的高品质激光增材制造零件构造。此外，使用丝材成形不会对周围表面区域产生污染。通过送丝成形，用户可以实现 100%的有效材料利用率。

（二）电子束送丝打印头

电子束送丝打印头的结构如图 3–27 所示，主要由电子枪和送丝机构两部分组成。电子枪能够根据实际成形需要产生电子束来熔化丝材，送丝机构负责丝材原材料的进给。电子枪和送丝机构被固定在机器人等移动机构上，能够按照三维切片数据精确移动来实现零件的沉积。

电子束送丝增材制造技术是在激光送丝增材制造技术基础上发展而来，以高能量密度和高能量利用率的电子束作为加工热源，当高速电子轰击金属丝材时，其动能立即转化成热能，使丝材快速完全熔化并成形三维实体零件。

该技术具有成形速度快、材料利用率高、无反射、能量转化率高等特点。为防止电子束的电子与气体分子发生碰撞，成形过程需要较高真空度，设备成本高，特别适合于大中型钛合金等高活性金属材料的成形制造，但成形件精度较低，表面质量较差，需要后续表面加工，故主要应用于大型非关键件的制造。

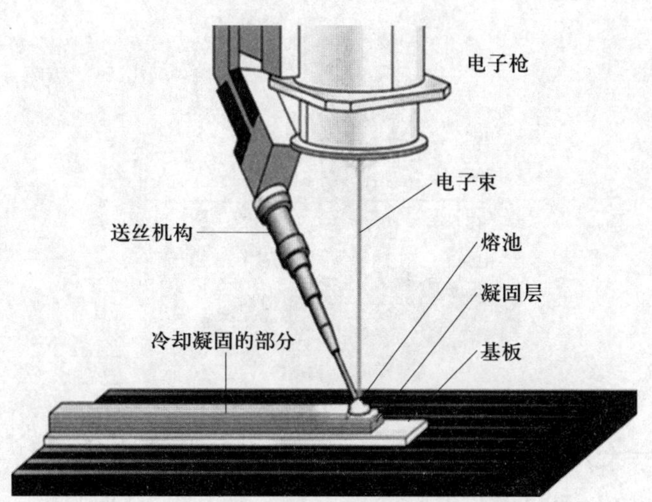

图 3-27　电子束送丝打印头的结构

（三）电弧送丝打印头

电弧送丝增材制造中的钨极惰性气体保护焊和等离子弧焊打印头类似，都是以非损耗的钨极与焊件之间的电弧作为热源，差别在于热源的不同。电弧送丝增材制造技术利用钨极惰性气体保护焊、等离子弧焊和熔化极惰性气体保护焊等焊接方法产生的电弧作为热源，以金属焊丝为原材料，在惰性气体的环境下，通过逐层熔化与沉积的方式，实现零件快速成形，打印头结构如图 3-28 所示。

电弧送丝增材制造技术具有材料利用率高、成形效率高、设备成本低、成形尺寸几乎不受限制等特点，可用于铜合金与铝合金等高反射率金属材料的成形制造。但零件加工热影响区较大，易受到多重因素影响导致缺陷累积，成形件微观组织粗大，尺寸精度与表面质量相对较差，主要应用于较大尺寸的中低复杂度零件的高效、快速、经济近净成形。面对特殊金属结构制造成本及可靠性要求，其结构件逐渐向大型化、整体化、智能化发展，因而该技术在大尺寸结构件成形上具有其他增材技术不可比拟的效率与成本优势。

（四）送粉打印头

送粉增材制造技术需要设计输送成形粉料的粉道，以激光送粉打印头为例，采用同步送粉激光熔覆式增材制造装备时，成形过程如下：首先大功率激光器产生的激光束聚焦于基板上，在基板表面产生熔池，同时由送粉系统进入喷头的气－粉粒流中的

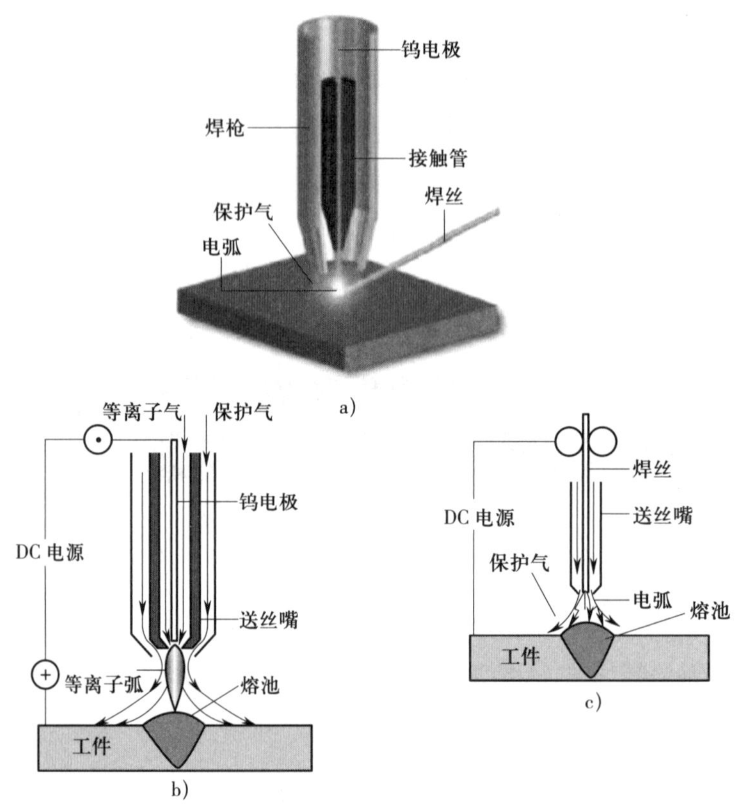

图 3–28　三种电弧送丝打印头的结构

a）钨极惰性气体保护焊打印头　b）等离子弧焊打印头　c）熔化极惰性气体保护焊打印头

金属粉末注入熔池并熔化，然后喷头在计算机的控制下，按照成形件截面层的图形轮廓要求相对基板运动，熔池中熔化的金属凝固，逐步形成金属截面层，原理如图 3–29 所示。

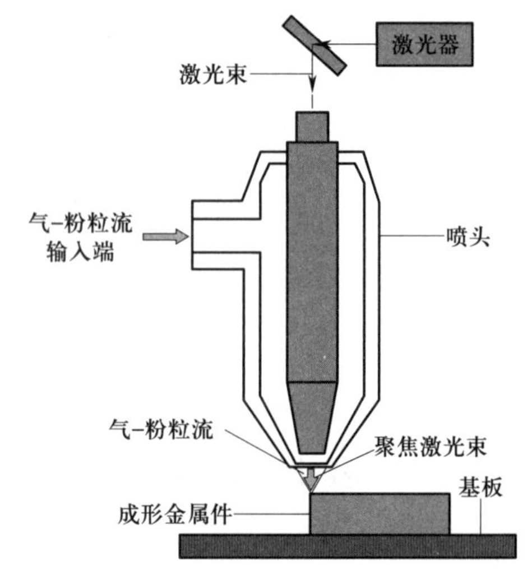

图 3–29　同步送粉激光熔覆式增材制造技术原理

按照送粉方式的不同，可以分为同轴送粉和旁路送粉，其粉道结构分别如图 3–30 所示。

同轴送粉技术是指激光从打印头的中心输出，金属粉围绕激光呈周围环状分布或者多束周向环绕分布。打印头上设置有专门的保护气通道、金属粉通道以及冷却水通道。打印工作时，多束金属粉与激光

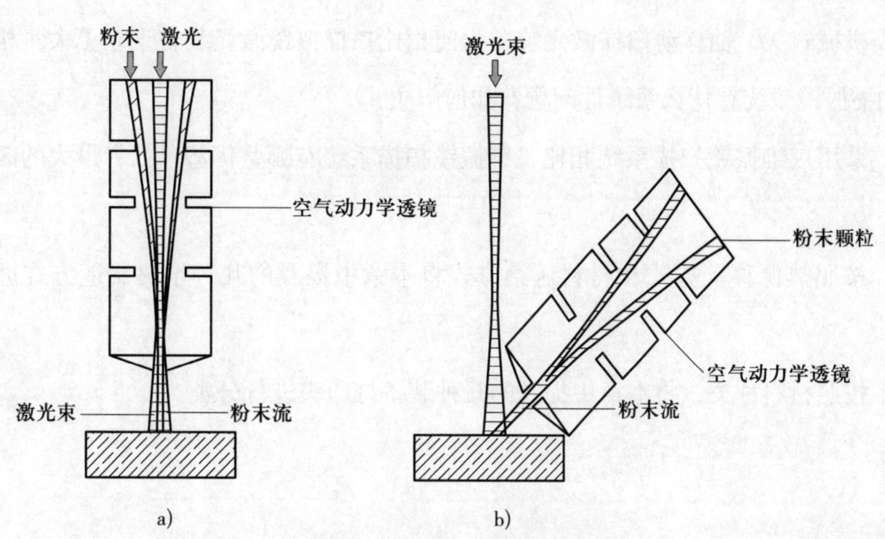

图 3-30　粉道结构示意图

a）同轴送粉　b）旁路送粉

相交于基材表面，金属粉和基材同时在激光的作用下发生熔融，在工件表面形成熔覆层。同轴送粉具有熔覆表面平整度高、送粉自由度高、热影响区小、粉末受热均匀、熔覆层抗裂性好等优势，但也存在金属粉利用率低、易堵粉、维护费用高、安全稳定性差等弊端，通常应用于主轴、齿轮、箱体等高精度零件、复杂形状零件的表面熔覆改性和增材再制造，以及大型零件的近净成形和梯度材料的制备。

旁路送粉技术也叫侧向送粉技术，是指粉料的输送装置和激光束分开，彼此独立的一种送粉方式。一般使用外侧送粉管的方式，送粉管位于激光加工方向的前方，金属粉在重力的作用下提前堆积在基体表面，然后后方的激光束扫描在预先沉积的粉末上，完成激光增材制造过程。旁路送粉具有成形效率高、无惰性气体消耗、结构设计简单、调节方便、成本低廉等优势，但也存在金属粉末选择受限制、熔覆表面平整度差、加工可达性差等弊端，一般应用于液压油缸、轧辊等面积较大、形状简单的零件表面熔覆与增材再制造。

思考题

1. 通过本章对光纤激光器和 CO_2 激光器的介绍，描述两种激光器适用于哪些增材制造场景，并提出其优点。

2. 机械式 *X*/*Y* 轴移动扫描激光装备为何相比扫描振镜激光装备误差更大？相比前者，扫描振镜系统有什么系统性问题？如何解决？

3. 采用三维振镜扫描系统相比二维振镜扫描系统有哪些优势？二者最大的区别是什么？

4. 按照热源移动方式和材料送给方式将本章中提及的几种增材制造方式进行分类。

5. 按照材料种类，将本章中提及的几种装备打印头进行分类。

第四章 增材制造装备控制系统

控制系统是增材制造装备运行的大脑，是保障增材制造稳定高效运行的关键。增材制造装备控制系统主要实现增材制造运动执行系统和核心功能部件的有机融合。本章内容主要包括装备运动执行控制系统、装备整体集成控制系统以及在线监控系统。通过本章学习，可了解增材制造装备控制系统并可进行选型和集成等。

- **职业功能：** 开发软件与控制系统。
- **工作内容：** 选型装备控制系统。
- **专业能力要求：** 能根据增材制造工艺和装备运行工况、成本及可靠性等需求进行控制系统各模块的选型；能进行至少一种单元模块（如运动系统、监控系统、扫描系统等）的基本功能应用与测试。
- **相关知识要求：** 增材制造装备工作控制逻辑相关知识；增材制造专用控制系统原理和技术，包括运动控制器、可编程逻辑控制器、电动机、激光器、振镜和各类传感器等的功能、适用范围和应用方法。

第一节　装备运动执行控制系统

为了实现3D打印的精密化和自动化，一般在增材制造装备中都配备了运动控制系统，用于控制加工装备的运动轨迹和运动速度以及热源与装备工件的相对运动。常用的运动控制系统包括数控机床加工系统、机器人加工平台和开放式数控系统。

数控系统对于各种类型的增材制造成形系统都是必不可少的一部分，除了数控系统速度、精度等基本要求外，另一个主要要求是数控系统的坐标数。从理论上讲，立体成形加工只需要三轴联动（*X*、*Y*、*Z* 轴联动的数控系统能够满足“离散＋堆积”的加工要求，但对于实际情况而言，要实现任意复杂形状的成形一般需要至少五轴的数控系统，即 *X*、*Y*、*Z*、转动、摆动）。按照工作过程中热源和加工工件相对运动的形式，可以将加工运动系统分为以下几种类型：①热源运动，这种方式主要为一些小型的激光加工系统，装备移动相对简单，应用较少。②工件运动，这种方式中工件在数控加工机床上定位，工件的三维移动或回转运动依靠数控机床的控制实现，适用于小型零件的加工或轴类等回转体零件的表面熔覆。③光束运动，这种方式中光束和加工零件固定不动，依靠反射镜、聚光镜、光纤等光学元件的组合，匹配智能机械手或数控加工机器人实现激光束的移动。尤其近年来发展起来的光纤激光器匹配智能机器人可以实现柔性加工和激光熔覆的精密控制。工业机器人的加工精度虽然不及精密的数控机床，但是由于其具有体积小、灵活方便、价格合理等优点，因此，得到越来越多的广泛应用。

一、数控机床加工系统

现代机械制造中，精度要求较高和表面粗糙度要求较低的零件，一般都需在机床上进行最终加工，机床在国民经济现代化的建设中起着重大作用。数字控制机床即数控机床，是一种装有程序控制系统的自动化机床。程序控制系统能够逻辑处理具有控制编码或其他符号指令规定的程序，并将其译码，从而使机床动作并加工零件。

多轴数控机床加工精度高，具有稳定的加工质量，可进行多坐标的联动，能加工形状复杂的零件。加工零件改变时，一般只需要更改数控程序，可节省生产准备时间。并且机床本身的精度高、刚度大，可选择有利的切削用量，生产效率高，一般为普通机床的 3 ~ 5 倍，机床自动化程度高，可以减轻劳动强度；对操作人员的素质要求较高，对维修人员的技术要求更高。

多轴数控机床除在结构上一样具有 X、Y、Z 三个直线运动坐标外，通常还有一个或两个回转运动轴坐标。但五轴数控机床结构相对复杂，制造技术难度大，因而造价高。五轴数控机床和三轴数控机床的区别在于：五轴数控机床在其连续加工过程中可连续调整刀具和工件间的相对方位。

五轴数控机床的出现增加了制造复杂零件的能力，可以优化加工零件精度和质量并且降低零件加工费用，实现高效率加工。但是五轴数控机床应用并不广泛，主要是因为数控机床制造技术难度大且造价高，五轴联动计算机辅助制造（CAM）编程软件复杂、价格高、操作困难，因此，一般根据实际生产需要配置三轴或四轴数控机床。

二、机器人加工平台

自动化机器人已经在工业生产中扮演着重要角色，大大提高了生产效率和质量。随着技术的进步，这种趋势可能会持续，甚至影响到更复杂的产品制造。以激光粉末床为例，伴随着激光技术的飞速发展，一些光纤传输的高功率工业型激光器可以与机器人柔性耦合，智能化、自动化和信息化技术方面的不断进步促进了机器人技术与激光技术的结合，一定程度上促进了激光粉末熔敷技术的发展。

智能机器人激光加工平台主要由以下几部分组成：六自由度机器人、机器人数字

控制系统（控制器、示教盒）、计算机离线编程系统（计算机、软件）、光纤耦合和传输系统、激光束变换光学系统、机器视觉系统以及一些必要的硬件部分，例如激光加工头、高压气体、送丝机、送粉器。机器人主要由机器人本体、驱动系统和控制系统构成。机器人本体由机座、立柱、大臂、小臂、腕部和手部组成，用转动或移动关节串联起来，激光加工头安装在其手部终端，像人手一样在工作空间内执行多种作业。激光加工头的位置一般是由前三个手臂自由度确定，而其姿态则与后三个腕部自由度有关。

机器人驱动系统大多采用直流伺服电动机、步进电动机和交流伺服电动机等电力驱动，也有的采用液压缸液压驱动和气缸气压驱动，借助齿轮、连杆、滚珠丝杠、谐波减速器、钢丝绳等部件驱动各主动关节实现六自由度运动。机器人控制系统是机器人的大脑和心脏，决定机器人的性能水平，主要作用是控制机器人终端运动的离散点位和连续路径。

机器人的控制模式可以划分为在线编程和离线编程。在线编程主要是示教编程，根据实际作业条件事先预置加工路径和参数。通过在示教盒中提前保存机器人每个点的位姿形成轨迹程序，在正式加工中机器人按此程序进行作业。该模式对操作人员编程技术要求低、可靠性强，可以完成多次重复作业。离线编程是指部分或完全脱离机器人，借助计算机提前编制程序，一般采用计算机辅助设计建立起机器人及其工作环境的几何模型，再利用一些规划算法，通过对图形的控制和操作，在离线的状况下进行路径规划，经过机器人编程语言处理模块生成一些代码，然后对编程结果进行 3D 图形动画仿真，以检验程序的正确性，最后把生成的程序导入控制柜中以控制机器人运动，完成所给的任务。该模式既增加了安全性，又减少了机器人不必要的工作时间成本。

三、开放式数控系统

开放式数控系统是传统数控系统在飞速发展的计算机技术推动下的一种新型数控技术，具有模块化、可重构、可扩充软硬件等特点。目前比较流行的数控系统主要有三种类型：一是在专有的系统中嵌入个人计算机（PC）技术，其通用性和扩展性较差，开发程度不高；二是 PC 通过并口控制运动控制器，它是目前最成熟的数控系统，具有较好的通用性、扩展性；三是以 PC 为硬件平台的全软件控制系统，它是目前一种全新的数控系统，但是技术还不十分成熟。目前在自主开发过程中主要选择 PC 端 + 运动控制器或者 PC 上位机 +PLC 的方案，本节将以这两种控制方案为例简要介绍激光粉末熔覆装备中涉及的运动执行控制技术。

PC 机的功能是上位机配合下位机控制激光粉末熔化装备运行的各种程序和算法，也可以由此开发出便于人机交互的图形化界面，实时显示下位机各硬件部分的装备状态和数据信息，图形交互界面一般是由 Qt+MVC [①] 框架构成。

运动控制卡的芯片是决定运动控制性能的核心部件。目前市场上主要有三种芯片：一是单片机，其价格便宜，但是控制精度低，实时性较差；二是 ARM，其价格适中，可靠性、实时性比较好，但是其数据处理功能一般；三是数字信号处理器（DSP），其实时性、可靠性较好，具有强大的数据处理能力和高的运行速度，特别适用于复杂控制算法和高精度的场合，但是价格昂贵。结合激光粉末熔覆技术是直接制造高精度零件的特点，一般采用 DSP 的运动控制卡。同时配合步进电动机和全数字化交流伺服电动机作为执行电动机，两者相比，后者具有高频特性较好、加速快等特点，可以更好地提高装备运行性能以及定位精度。

除此之外，在运动控制方面，可编程逻辑控制器（PLC）也常常应用于工控领域，且比运动控制卡性能更好。在工控现场不可避免地会遇到粉尘、油污、电磁干扰等外部因素影响。运动控制卡在执行操作指令的同时，还需花费相当一部分性能去维持 PC 机本身的系统运作，遭受环境影响之后，有可能出现卡顿、死机等情况。PLC 相比运动控制卡，因其本身结构简单，系统相对独立，所以稳定性会更强，抗干扰能力更好，在强干扰环境下更适用。PLC 自带微处理芯片，可以在内部独立存储和执行操作指令，通过数字或模拟信号的输入输出来控制机械装备。市面上常见的运动控制型 PLC 有西门子、三菱、倍福等较为成熟的产品，且可以根据现场外围装备的数量以及通信要求，自由选择不同型号的控制器。在熔化过程中，PLC 在底层驱动上不仅可以实时地向上位机反馈其余装备的信息，例如电动机位置与速度、成形缸电动机信息、气氛数据以及各种传感器信号，还可以解析接收上位机的指令进行运动控制，例如铺粉系统的运动。

注：① MVC 为 model-view-controller，模型 – 视图 – 控制器模式。

第二节　装备整体集成控制系统

一、材料挤出装备控制系统

目前 FFF 装备的集成控制系统主要由温度控制系统、送丝控制系统、人机交互系统、数据存储系统、运动控制系统组成，如图 4–1 所示为常见的 FFF 装备的控制系统框架。

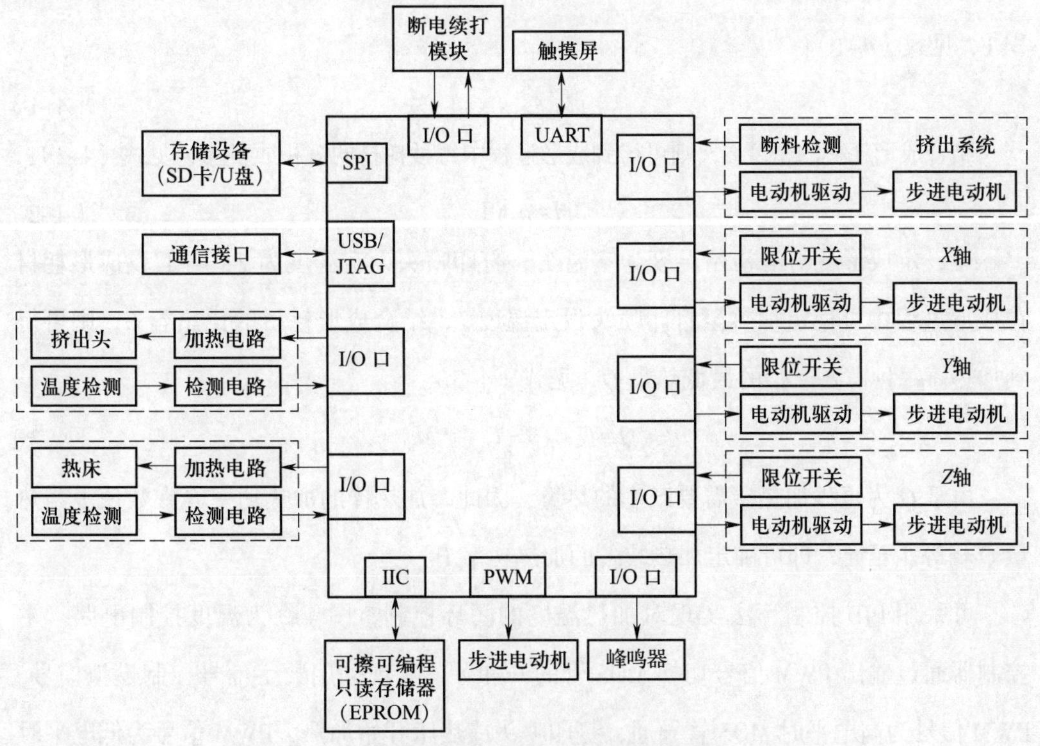

图 4–1　FFF 装备的控制系统框架

UART、JTAG—标准接口协议　IIC—标准通信协议　PWM—脉冲宽度调制

（一）温度控制系统

温度控制是 FFF 成形工艺的核心技术之一，温度控制系统包括挤出头和热床两部分，由 FFF 成形原理可知，成形开始前，温控系统需要对挤出头进行加热完成预热流程，成形开始后，耗材经过已加热的挤出头由固态转变为熔化状态。挤出头温度过高则会增加耗材的流动性，难以成形；温度过低则会导致耗材不能顺利挤出，导致挤出头堵塞。热床温度则直接影响成形过程中成形件的黏附效果和成形件几何误差。温度控制流程如图 4–2 所示。

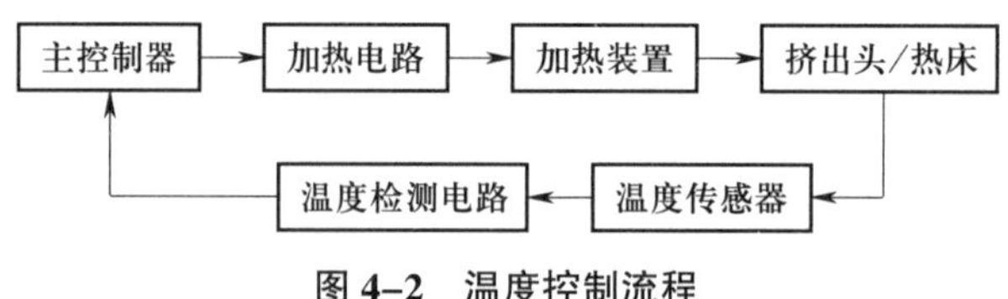

图 4–2　温度控制流程

在对成形过程进行温度控制前，应根据耗材确定装备的加热功率。根据预设的成形速度 v、喷嘴直径 d 以及设定的成形层高 h 可以得到成形过程中每秒耗材的沉积体积 V，见式（4–1）：

$$V=d*h*v \tag{4–1}$$

结合成形耗材的密度 ρ，则可得到成形过程中每秒耗材的沉积质量 M，见式（4–2）：

$$M=\rho*V \tag{4–2}$$

可设定成形耗材的初始温度为室温 T_0，打印喷头设定温度为 T，且假设成形耗材在成形过程中可稳定加热至打印喷头设定温度 T，结合成形耗材的比热容 C，则可得到加热棒每秒需要产生的最低热量 Q，见式（4–3）：

$$Q=C*(T-T_0)*M \tag{4–3}$$

由于 Q 为每秒加热棒需要产生的热量，因此，加热棒的加热功率 P 在数值上与热量 Q 相等。至此，即可确定加热装备的加热功率 P。

可采用 PID 控制算法实现对加热温度的闭环控制，图 4–3 为温度控制电路。主控制器通过输出 PWM 信号切换 MOS 管的开和关，实现采用数字信号控制模拟信号。PWM 信号为高电平时 MOS 管导通，打印喷头或热床开始加热，PWM 信号为低电平时停止加热。

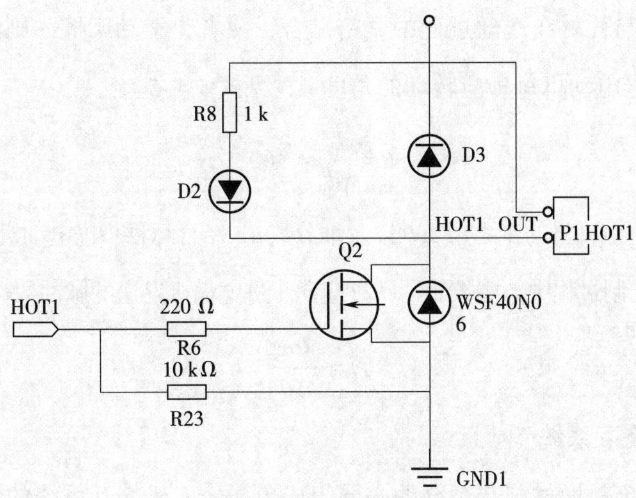

图 4-3 温度控制电路

常用的加热元件为电阻丝，正温度系数（PTC）；热电阻传感器包括 NTC100K、PT100、PT1000。

（二）送丝控制系统

常见的挤出成形增材制造装备一般选用步进电动机作为送丝机构的动力来源，通过改变步进电动机系统中的脉冲信号，从而控制送丝机构中送丝轮的启停及转动速度，最终控制成形过程的送丝状态。由于控制系统对步进电动机的控制属于开环控制方式，因此，需要在送丝机构中设置断料检测传感器，当送丝过程出现故障时，通过断料检测传感器可及时反馈并中止成形过程。送丝控制示意图如图 4-4 所示。

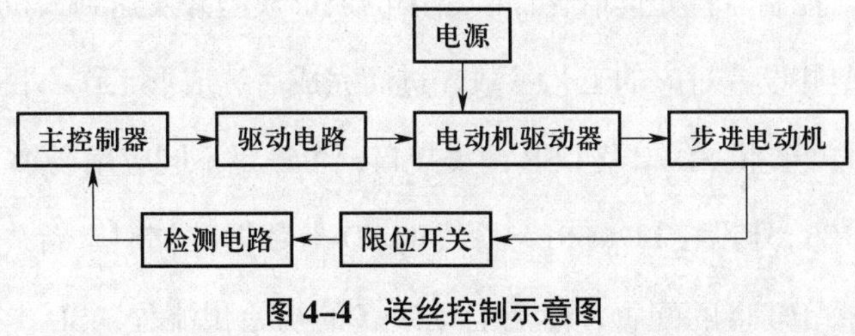

图 4-4 送丝控制示意图

在成形过程中，送丝控制是通过改变步进电动机单位时间内转动角实现，结合耗材的直径 d_f 与成形过程中每秒沉积的耗材体积 V，容易求得耗材每秒进丝量 L，见式（4-4）：

$$L=\frac{4V}{\pi d_f^2} \tag{4-4}$$

假设送丝轮与耗材在送丝过程中紧密贴合，两者无滑动摩擦，则结合送丝轮直径 d_0，可以得到步进电动机每秒应转动的角度 θ，见式（4–5）：

$$\theta=\frac{L}{\pi d_0}*360 \tag{4-5}$$

根据所选步进电动机的步距角 $\Delta\theta$ 以及细分数 n，结合每秒步进电动机应转动的角度 θ，可以得到在送丝控制过程中，主控制器每秒应向步进电动机发送的脉冲数 N，见式（4–6）：

$$N=\frac{\theta n}{\Delta\theta} \tag{4-6}$$

（三）人机交互系统

人机交互系统是增材制造系统的必要组成单元，人机交互系统的性能直接影响用户的使用体验。目前挤出成形增材制造装备的人机交互系统广泛采用将显示屏幕与触控面板结合的方式，使显示界面既可以输入数据又可以显示数据。人机交互系统的基本功能为：用户可以通过人机交互界面选择成形文件，预览 SD 卡 /U 盘中存储的成形模型文件，并发送成形指令；在成形开始前，可以通过人机交互系统进行各种成形参数设置；此外，在成形过程中，可以随时通过显示界面查看整个成形装备的状态信息，包括成形进度、成形时间、成形温度、成形模型预览、挤出装置当前坐标位置等所有信息。

人机交互系统需在上位机开发环境中根据控制系统设计的实际需求进行界面配置，完成后保存并生成配置文件，最后将配置文件通过 SD 卡等方式实现配置文件的烧录。

（四）数据存储系统

系统上电后，控制器首先读取存储装备中的成形模型并发送到人机交互界面，用户选择要成形的模型并设置对应的工艺参数，进而完成后续成形工作。目前常见的挤出成形增材制造装备均可提供 SD 卡及 USB 两类接口，可满足不同应用场景下的使用要求。

在进行基于串行外设接口（SPI）总线的 SD 卡数据存储时，首先需要初始化 SPI 总线接口以及相关 I/O 口的配置，然后启动装备的初始化流程，SD 卡初始化是 SPI 总线驱动 SD 卡过程中最重要的一步。所有初始化工作完成后，便可正常实现装备的数据读取或存储操作。

FFF 装备可采用 USB 控制器通过 SPI 通信协议实现对 U 盘内成形模型文件的存储和传输，实现脱机制造。USB 控制器内部包含了所有必要的模拟和数字电路，能够用

于完成基于USB2.0协议规范的USB外设电路搭建。USB控制器应支持通过编程控制主机与USB装备的连接和断开，其串行接口引擎（SIE）可负责底层USB协议，如NRAI编译和编码、填充位操作、循环冗余校验（CRC）生成和校验以及发送错误报告等。

（五）运动控制系统

FFF装备的运动控制系统主要由*X*、*Y*、*Z*（*U*）三轴或四轴步进电动机组成，其中*XYZ*三轴为常见的增材制造系统，带有*U*轴的四轴通常用于具备独立双喷头结构的龙门运动系统。

打印头将材料堆积到成形平台上。当零件成形时，*XY*（*U*）轴运动系统将控制打印头移动至指定位置，*Z*轴运动系统则以离散的、相等的步骤，使成形平台与打印头之间产生相对位置的变化，产生成形层。*Z*轴运动系统的精度控制着零件的切片分辨率和质量。

1. FFF装备的运动控制系统

（1）电动机和驱动器。电动机是运动系统的动力源，常用的包括步进电动机和伺服电动机。它们通常与驱动器相结合，用来精确地控制打印头和成形平台的位置。

（2）导轨和轴承。为了确保运动平稳，打印头和成形平台通常会放置在导轨上，并使用轴承进行支撑。这有助于减少振动和提高成形质量。

（3）控制板。控制板是增材制造装备的中央控制单元，它接收来自计算机或存储介质中的3D模型数据，并将其转化为电动机控制信号。

2. 运动控制原理

FFF装备的运动控制遵循以下基本原理：

（1）G代码。G代码是一种编程语言，它包含了关于打印头和成形平台如何移动的指令。这些指令包括坐标位置、速度、加速度等参数。

（2）分层制造。3D模型通常会被划分成薄薄的水平层，每一层都通过G代码来控制。打印头按照这些层的指令逐层堆叠，最终构建出完整的对象。

（3）坐标系统。运动控制系统使用坐标系来描述打印头和成形平台的位置。通常采用笛卡尔坐标系，有时还会使用极坐标系。

（4）闭环控制。增材制造装备使用闭环控制系统实时纠正误差，以确保成形的精度和质量。

3. G代码到电动机控制的软件流程

（1）G代码生成。切片软件生成G代码，这些代码包括了成形对象的每一层的坐标、速度、温度等运动和成形参数。

（2）G代码解释。增材制造装备控制板上的固件负责解释G代码。它会解析G代码中的每个指令，理解如何控制运动和成形。

（3）动力学计算。控制板的固件会进行动力学计算，考虑到电动机的特性，以决定如何以最佳方式移动打印头。这包括考虑加速度、减速度、最大速度等。

（4）电动机控制。控制板的固件将生成适当的电动机控制信号，以控制各个电动机，包括打印头、成形平台和可能的其他轴。这些信号告诉电动机何时启动、停止、以何种速度和方向移动。

（5）实时监控。在成形过程中，固件通常会进行实时监控，以确保运动控制的准确性。这包括检测过热、位置错误、电动机故障等。

（6）反馈控制。增材制造装备系统包括闭环反馈控制，以确保更高的精度和质量。

（7）完成制造。一旦所有层都被成形完成，控制板会停止电动机，完成制造任务。用户可以取出成形好的对象。

整个软件控制流程确保了从G代码到电动机运动的精确映射，以便在增材制造装备上制造出具有精确尺寸和高质量的对象，这个过程涉及许多复杂的计算和实时控制以确保成形的成功。

温度控制系统、送丝控制系统、人机交互系统、数据存储系统、运动控制系统之间的相互良好协作，为FFF装备提供了稳定输出成形能力，提供了先决条件，所以在进行材料挤出装备的整体集成控制系统设计时，在保证各系统独立功能完整的同时，需要考虑到各系统间功能的协调配合。

二、光固化装备控制系统

立体光固化增材制造装备的控制系统主要包括上位机、核心控制系统、执行机构三大部分。上位机使用工控计算机，主要功能是利用安装的控制系统软件来进行操作命令设置和打印参数的输入、读取成形模型的文件信息、显示扫描图形等。核心控制

系统负责通过USB连接上位机进行通信，接收其命令信息并控制执行机构进行相应的操作，由运动控制板卡和驱动板卡组成，运动控制板卡接收来自上位机的控制指令（文件打开、数模转换、Z轴步进电动机的运动信号等），驱动板卡主要实现运动控制板卡与振镜、激光器等之间的指令传输。执行机构包括激光扫描系统、托板升降系统、真空吸附刮平系统、液位自动调节系统等。

立体光固化增材制造装备的控制系统工作流程为：通过上位机读取需要成形模型的文件，得到轮廓数据信息，在控制软件上设置好成形参数（如成形速度、激光功率等）后开始制造。当控制系统检测到完成一个截面成形后，会控制运动板卡控制Z轴电动机下降一个层厚高度，直到最后模型的所有层片信息完成制造，具体的控制流程如图4–5所示。

（一）控制系统的硬件结构

控制系统的硬件主要由工控机控制系统（上位机）、液位控制系统、涂覆系统、激光扫描系统和功率检测系统组成，包括运动控制板卡、步进电动机、限位开关、振镜扫描头、振镜驱动卡、A/D转换器、电源等。

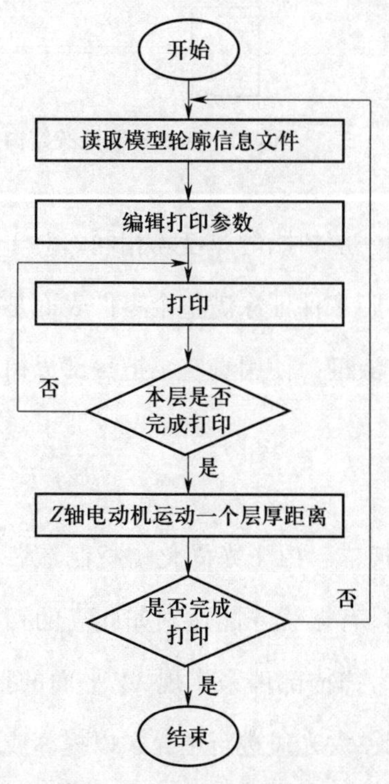

图4–5 立体光固化增材制造装备控制流程图

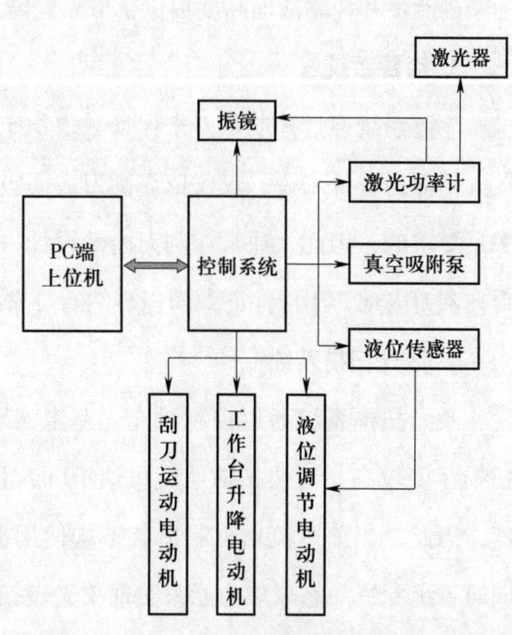

图4–6 光固化增材制造装备硬件结构示意图

1. 工控机控制系统

光固化控制系统可以使用工控机完成上层数据处理和下层设备驱动功能，极大地简化了系统的硬件结构，提高了系统的可靠性和可维护性，通过合理安排软件结构和提高相关算法的运行速度，保证工控机控制系统具有较高的实时性。

2. 液位控制系统

刮刀和液面之间的距离决定了每层树脂的涂覆厚度。由于刮刀需水平运动，因此，导轨的位置使刮刀的下边框只能处在一个固定高度平面上。如果在加工过程中液位控制不准确，将导致每层树脂的厚度发生变化，甚至会因层间粘接不牢而发生剥离，最终导致成形失败。通常采用添加足量树脂始终保持溢流状态的方式来保证液面与刮刀下边框之间的距离，但容易受添加树脂、刮刀运动以及环境温度变化的影响。如图 4–7 所示，系统采用闭环控制方法，在成形过程中，液位传感器实时测量液面位置，如果液面位置与设置值不符，系统控制液位平衡电动机，浮块上下运动，使液面位置达到设定值。液位传感器的精度可达到 3 μm 以内，为精确测量和控制液面高度提供了可靠保障。

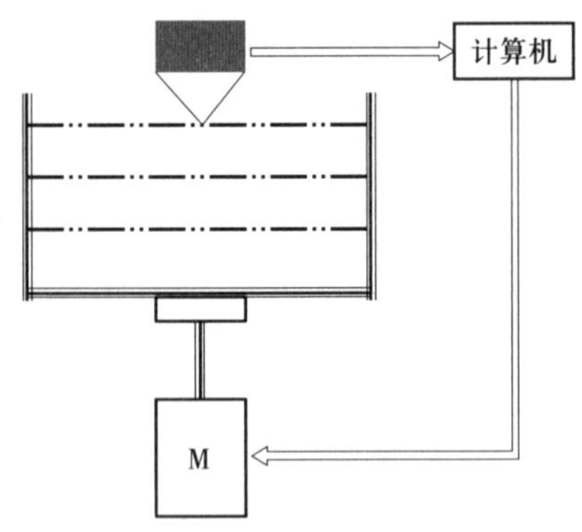

图 4–7　液位控制系统结构

3. 涂覆系统

涂覆系统通过控制刮刀来保证数值稳定，使每一层树脂的厚度均相同。对于具有较大平面的零件来说，仅仅依靠刮刀表面吸附的树脂来保证涂满整个零件表面是不能满足要求的，因此，通常在刮刀内部设计一个真空液槽，使用真空泵把一部分树脂吸附在刮刀内部，用以保证大面积零件的可靠涂覆。

4. 激光扫描系统

激光扫描系统通过控制激光光路来实现二维扫描。由于光固化增材制造装备的扫描速度较高，最快扫描速度可达 10 m/s 以上，只有振镜才能达到如此高的扫描速度，因此，当前主流增材制造装备均使用振镜作为扫描部件来实现 *XY* 平面的扫描。同时系统配置动态聚焦功能来实现小光斑扫描轮廓，大光斑进行填充，以提高成形效率。

5. 功率检测系统

激光器在长时间运行时输出功率都有一定程度的波动。在匀速扫描时，激光功率大的波动会导致成形件固化不均匀、内部应力增大等问题。从能量密度计算公式可以看出，只有保证激光功率和扫描速度的比值为定值时，液面接受的能量密度才是定值。因此，光固化增材制造装备控制系统在进行每一层扫描之前，系统先检测激光器的输出功率，针对特定层后的曝光量，计算振镜的扫描速度并作相应的调整，再进行扫描。此外，功率检测系统也用于成形过程中激光器功率的在线监测，使成形过程可追溯，从而保证整个成形系统的稳定可靠。

（二）控制系统的软件架构

完成立体光固化增材制造装备的硬件系统设计完成后，还需要设计编写成形装备的软件系统来控制整个装备的运动。控制系统软件包括上层交互软件的设计和底层设备驱动程序的设计，采用 VC++ 作为开发工具，在 Windows 操作系统中进行相关的程序开发。光固化增材制造装备控制系统的软件架构如图 4–8 所示。

根据软件功能将控制系统分成三大块：CAD 图像模块、数值控制（NC）工艺模块、网络终端（NT）设备驱动模块。模块与模块之间可以通过特定的方式进行数据交换。在此基础上对每一个模块进行细分，每一个小的模块完成一个相对独立的功能，且每个小模块之间尽量减少相互调用，以便提高系统的可移植性和可扩展性。各模块的功能如下：

（1）CAD 图像模块。包括 STL 文件处理、STL 图像显示、动态仿真、自适应分层、容错切片、光斑补偿和轮廓填充等功能。

（2）NC 工艺模块。其功能是将 CAD 图像模块提供的切片数据同实际硬件进行结合，将图像数据转换为光固化增材制造装备所需的数据结构，并根据工艺要求对加工流程进行合理规划。该模块包括软件滤波、扫描方式设置、功率速度匹配、系统故障检测、液位控制和自适应刮刀等功能。

（3）NT 设备驱动模块。该模块根据 NC 工艺模块提供的数据控制各硬件，以实现加工数据到设备动作的转化，将系统的设计思想转化为具体的加工动作。NT 设备驱动模块包括振镜驱动、信号输入输出和虚拟 PLC 等功能。

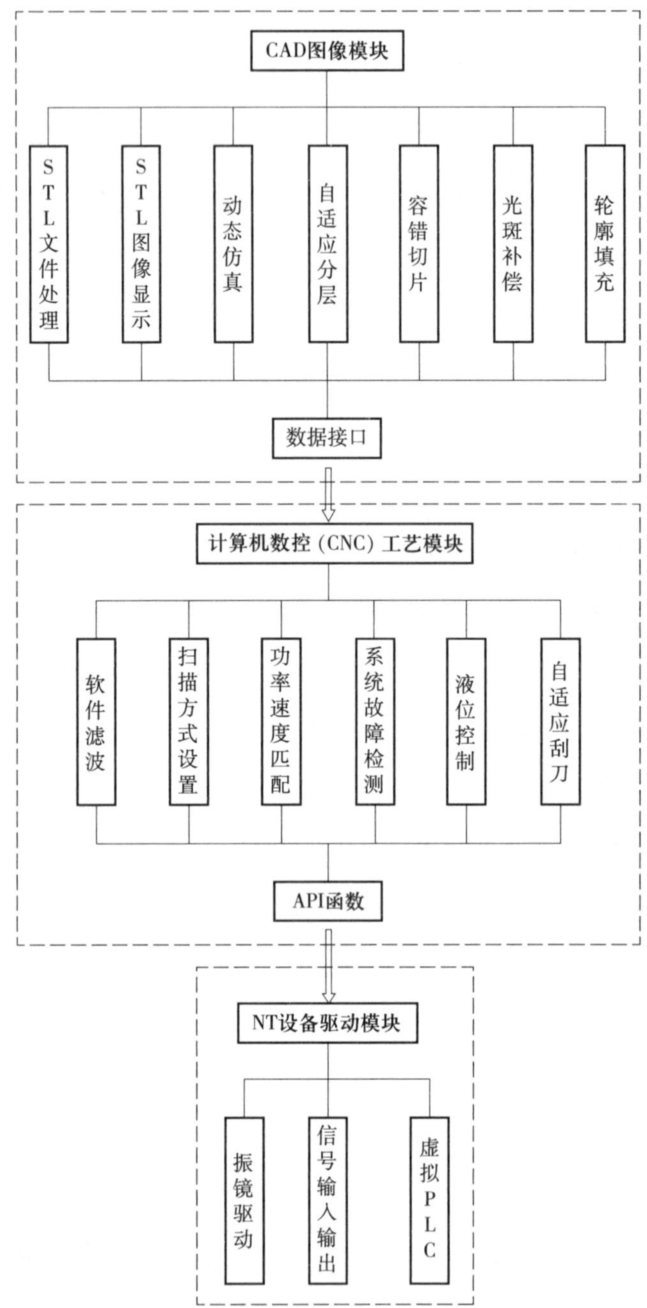

图 4–8　光固化增材制造装备控制系统的软件架构

三、粉末床熔融装备控制系统

本节以送粉缸下送粉式金属粉末床选择性激光熔融装备为例介绍粉末床熔融装备

的整体集成控制系统。

集成控制系统主要包括软件控制系统、粉路循环与铺粉运动控制系统、光学扫描控制系统、建造环境维持系统、循环过滤系统。在控制系统运行中，上位机面向用户负责处理控制系统的人机交互、数据处理、实时控制等；下位机面向装备负责响应与执行指令、监控与反馈状态。

（一）软件控制系统

软件控制系统由工控机通过网线、串口线、控制器局域网（CAN）总线等与其他控制系统相连，通过对数据链的控制与交换实现对装备各个运动部件的控制。

1. 数据处理

用户需要将待制造的成形件包用切片软件支持的格式保存，例如，切片软件用STL格式导入、用WBZ格式导出。用户在上位机中打开切片软件导入该工件包并验证合格后，执行切片指令将工件包沿 Z 方向切分成单层厚度 0.04 ~ 0.1 mm 的若干层。软件将这些图层信息做好路径规划并分配工艺参数后形成执行文件，系统再将执行文件下发至光学扫描控制系统中，由其中的扫描控制卡完成处理数据并控制振镜执行图层对应的位置信息，最终使扫描得到的图形与图层信息一一对应。

2. 装备控制系统

装备控制系统的运动控制由上位机统一协同。上位机通过PLC反馈的信息确认装备是否到达建造环境，从而控制循环过滤系统开启循环风机，并下发供粉及铺粉指令由下位机控制粉路循环与铺粉运动控制系统通过送粉机构输送一定量的粉末，驱使铺粉机构将粉末均匀铺送到成形缸。当铺粉到达后，上位机下发模型的执行文件到光学扫描控制系统进行数据处理与转化，完成后由扫描控制卡控制振镜及激光器执行扫描指令完成单层的扫描。当前层完成扫描后，通过粉路循环与铺粉运动控制系统控制送粉机构再次送粉并控制铺粉机构完成铺粉，然后下发下一层的扫描指令执行，如此循环完成整个工件的建造过程。

（二）粉路循环与铺粉运动控制系统

粉路循环与铺粉运动控制系统的送粉方式分为送粉缸下送粉式和落粉漏斗上落粉式。下送粉通过伺服控制丝杠转角来控制送粉缸活塞的运动量，从而控制粉末层厚度。

上落粉通过伺服驱动辊槽转动来控制粉末下落量。

下送粉式的粉路循环与铺粉运动控制系统主要由刮刀机构、伺服电动机、伺服驱动器、成形缸活塞机构、送粉缸活塞机构等组成，此外在刮刀机构中的铺粉辊行程两端还会安装有位置检测装置。最小铺粉厚度是由刮刀面与成形缸活塞之间的最小间隙决定的，刮刀机构与成形缸活塞的结构设计及运动控制很重要。粉路循环与铺粉运动控制系统一般通过系统软件编程，由上位机下发铺粉指令给到下位机，再由下位机控制各伺服驱动器，进而控制送粉缸活塞的电动机、刮刀电动机、成形缸活塞的电动机等驱动电动机完成一整套铺粉动作。因此，铺粉电动机驱动器是控制系统的关键组成部分，它对伺服电动机的动态特性有较大的影响，同时丝杆及导轨的精度、伺服控制系统的方式也是影响铺粉层厚精度的关键因素之一。

成形缸的活塞在零件成形过程中的运动精度是整个成形件 *Z* 向精度的根本。送粉缸虽然在精度方面没有很高的要求，但是在充足供粉和节约供粉之间必须进行控制算法的优化。零件成形每一层之前都必须经过铺粉，铺粉机构必须进行频繁的往复运动。由于铺粉运动对位置精度没有要求，因此其执行电动机一般采用伺服电动机，通过控制伺服转速来调节铺粉的速度，然后在粉末床两端特定的位置用感应式开关来检测运行位置，同时采用编码器反馈实际运动位置值。在实际运行过程中，成形缸和送粉缸的位置命令是由计算机以总线传输方式发送给伺服驱动器的，指令发送和接收的误差基本上可以忽略不计，但是在传动结构上的误差可能会极大地影响整体精度。铺粉机构的运动信号由下位机收集，位置检测信号由编码器检测采集。

（三）光学扫描控制系统

光学扫描控制系统主要包括激光器、准直镜、振镜、场镜以及扫描控制卡，系统核心是对振镜的扫描控制，一般会选购与振镜配套的控制卡。通过控制卡将工控机与振镜连接，工控机将模型的切片信息做数据处理后转换为位置控制信号传输给控制卡，再由控制卡中的高速数字信号处理器（DSP）或现场可编程门阵列（FPGA）来实现对整个扫描过程中激光的输出与振镜的运动实时协同控制。主要控制动作有激光光闸的开合、实际输出功率的调整、振镜的扫描与跳转等。目前 PC 性能的不断提高，基于 PC 的软件芯片方式逐渐流行起来，在保证扫描系统性能的前提下，在 PC 内即可

实现对振镜式扫描系统的图形插补、模型转换、数据处理以及中断输出的控制，极大地弱化了扫描系统对控制卡的要求。

图形从输入到最终扫描在工作面上需要经过插补运算、模型转换、图形校正以及中断数据处理等流程，最终形成振镜式扫描系统能够接收的位置控制命令。振镜式扫描系统接收控制卡的位置命令，并跟随位置命令的变化在工作面上进行扫描。为了保证扫描系统快速准确地定位，整个系统必须有很好的动态响应性能；同时系统必须是渐近稳定的并且具有一定的稳定裕量。为了达到所需的控制效果，必须对扫描图形进行插补，结合一定的扫描速度、插补周期以及必要的延时，将扫描图形转换成一系列的插补坐标点。插补坐标点经扫描模型转换后形成振镜 X 轴和 Y 轴的机械偏转角度，再经中断控制以一定周期输出来控制扫描系统的运动。

基于 PC 的数控系统的数据处理和运动控制都是在计算机内完成的。在粉末床选择性激光熔融过程中，计算机的数据处理可能会非常复杂，产生的数据量也会非常大并占用大量的系统资源。同时为了实现精确快速扫描，必须保证运动控制的实时性。所以算法的效率及数据容量是必须着重考虑的问题。

1. 插补算法

位置跟随伺服系统是以输入位置控制命令与实际位置的偏差量来调整控制量的。最理想的控制效果是快速无超调地到达目标位置，运动过程往往是一个快速加速、匀速然后快速减速的过程。在进行扫描时，理想的情况是扫描点按照设定的扫描速度在工作面上匀速移动，并且在扫描的起点和终点位置能够精确定位。实际中，扫描路径按照一定的插补周期和插补算法转换成若干微小线段，然后按照设定的扫描中断周期提取扫描点数据，从而使整个扫描变成对许多微小段的扫描，使扫描逼近匀速运动。

插补周期、振镜各个轴的运动速度以及必要的扫描延时是插补算法的主要参数。插补周期是影响系统控制精度的关键因素，插补周期越小，插补形成的微小线段越精细，系统的控制精度越高。但是插补周期的减小会导致插补点的数据量大幅增加，增加系统的运算量。在振镜式扫描系统的控制算法中，插补算法为绝对式插补算法，即每一个插补点的坐标计算都以工作面坐标中心为基准。如图 4–9 所示，设插补周期为 T，以简单的斜率为 k 的直线段扫描为例，每个插补点的坐标可按下式计算：

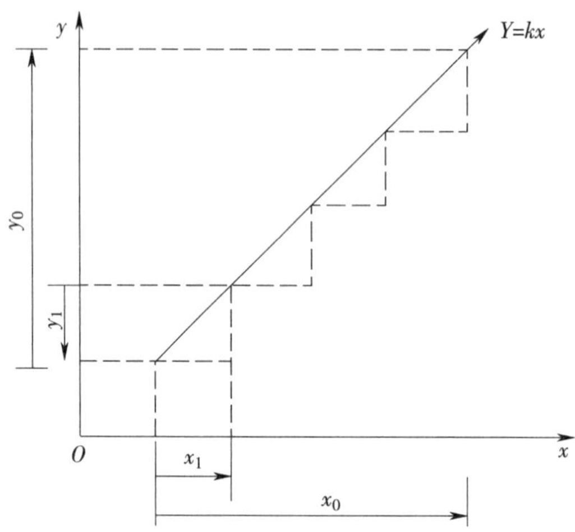

图 4–9　扫描插补示意图

$$x_n = \frac{vnT}{\sqrt{1+k^2}} \tag{4–7}$$

$$y_n = \frac{k \cdot vnT}{\sqrt{1+k^2}} \tag{4–8}$$

对于采用动态聚焦方式的振镜式激光扫描系统，每一个插补点，根据前面的数学模型都可以相应地计算出动态聚焦轴进行离焦误差补偿的插补位置，计算方法如下：

$$Z_n = \sum_{i=0}^{9} Z_i S_i \tag{4–9}$$

实际中的扫描路径可能会更复杂，同时需要考虑的因素较多。振镜式激光扫描的扫描过程主要包括扫描线启停位置的扫描以及匀速阶段的扫描，其中扫描线启停位置的扫描决定了整个扫描的精度和扫描质量。

2. 数据处理

将扫描图形输入计算机后，按照设定的扫描路径规划工艺将其转换成一系列的扫描路径。上层应用程序按照设定的插补周期对这些扫描路径进行插补。如果所扫描图形很大且扫描路径比较复杂，则插补后形成的插补点数量会非常庞大，甚至有可能无法分配足够的系统资源来存储这些插补点数据。同时，在 Windows 操作系统环境下，操作系统应用层程序不具有实时控制性能，只有驱动层才能实时响应系统中断，因此，

必须要通过驱动层的中断例程输出扫描点来保证系统扫描的实时性。一般会在操作系统的应用层和驱动层各建立一个一定大小的缓存区，两个缓存区之间可以传递扫描点数据及工作状态数据。插补点的生成和扫描点的输出是一个异步进行的过程。如图 4–10 和图 4–11 所示，数据处理主要包括以下几个部分：①分别合理地分配应用层插补点存储空间和驱动层数据存储空间；②将扫描路径经过插补后形成的大量插补点依次存储进应用层插补点存储空间；③在应用层和驱动层之间进行数据传输；④在中断例程中提取扫描点数据控制振镜进行扫描。

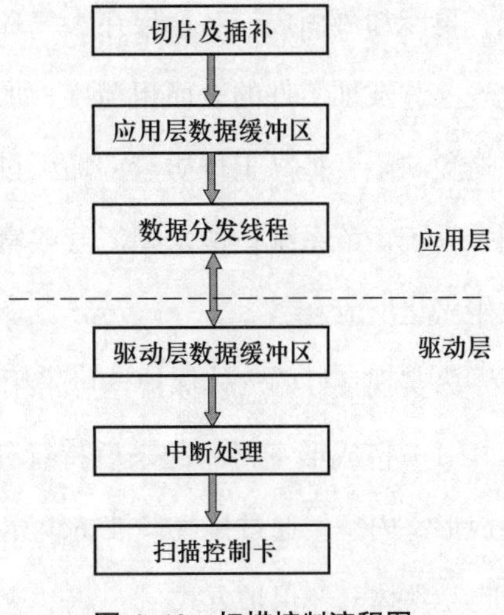

图 4–10　扫描控制流程图

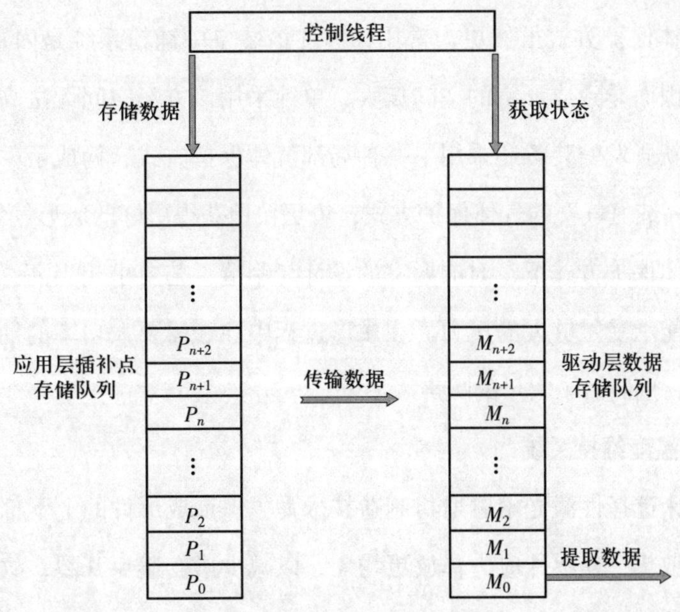

图 4–11　数据处理流程图

（四）建造环境维持系统

建造环境维持系统包括装备内气氛调控系统、成形缸温度维持系统。高分子粉末床激光熔融装备还配置有成形室高温灯预热系统。

1. 装备内气氛调控系统

金属粉末床选择性激光熔融增材制造技术需要用高能量激光束将金属粉末完全熔化，再冷却凝固成形。如果在大气环境下进行烧结，成形件极易被氧化。如果出现氧化现象，被加工件的表面粗糙度、加工精度、机械性能都将受到很大的影响。因此为了避免缺陷，提高工件质量，加工过程要在超低氧含量环境下进行，装备均配置氛围调控系统，该系统一般采用氮气或氩气等惰性气体作为保护气体充入装备内部，防止发生氧化反应。

为实现良好的气体保护，可采用以下两种充气方案：

（1）将成形室密封起来后持续充入保护气体，可通过控制不同阶段充入的流量，将成形室内空气通过排气口被持续充入的保护气体排出，形成内部的超低氧含量环境，这也是整体气体保护方式。

（2）将成形室密封起来后抽真空，再充入保护气体。

第一种气体保护方式虽然更为常用，但在该装备中铺粉系统是内置于成形室的，其占用空间大因而导致成形室的空间偏大，单纯采用该方案空间无法高效地完成气氛调节。因此，新研发的装备还采用了一种局部气体保护方式，构成了“整体充普通氮气结合局部充高纯氮气”的气体保护方式，可更快地获得更好的成形气氛。

第二种气体保护方式下，对成形室的设计与制造工艺要求相当高，保证腔体有足够的密封性，能承受足够大的压力。在成形过程中往往需要大功率的抽真空装备，增大了运行成本，也制造了大量的噪声。

2. 成形缸温度维持系统

金属粉末床选择性激光熔融增材制造技术为了保证成形件的上下部分以及中心和四周部分均匀散热，使零件应力释放更均匀，以减少形变避免开裂，故装备会配置成形缸温度维持系统。

SLM 装备中该系统主要由 PLC、固态加热器、基板加热电阻丝、温度传感器等构成。建造前上位机调用工艺文件中预设的温度条件值开启基板预热，加热线开始升温使加热板温度迅速提升至设置值并保持长时间的稳定，温度传感器将检测基板的实际温度情况并反馈到下位机，下位机实时调整加热线的温度使基板维持在预设值，并在

建造结束后会持续根据工艺的需求将基板温度成梯度降低。

SLS 装备的成形室预热系统主要由 PLC、固态加热器、温度传感器、镀金管构成。控制原理与 SLM 装备相同，不再赘述。

（五）循环过滤系统

激光粉末床熔化过程总是在惰性气氛下进行，以避免金属颗粒（具有高表面积比的非常活跃的金属颗粒）和诸如水汽、轻质元素（即氧气、碳氧化物）等杂质之间的任何可能的相互作用，这可能会影响局部化学成分和所制造的零件的机械性能。

为了限制加工过程中副产品在粉末床上的再沉积，惰性气体的连续流动是必不可少的。这一点至关重要，因为如果风场气流对副产品的清除无效，就会有激光衰减的高风险。由于在激光与粉末的相互作用中形成了金属蒸气烟雾，因此，入射的激光能量可能被部分吸收。

为避免该问题，SLM 装备必须配置循环过滤系统，该系统能有效地收集烟尘并将过滤洁净的气体重新输送进成形室内。最常用的惰性气体是氩气和氮气。氩气密度比空气大，氮气密度比空气小。

循环过滤系统包括 PLC、变频器、循环风机、集尘器、滤芯、旋风分离器、排渣罐、尾气箱、氧含量传感器等。循环过滤系统的主要功能是除尘和收集灰渣。工作腔内氧含量在经过“洗气”后降到 100×10^{-6} 以下，此时传感器将成形室氧含量信号经下位机处理后反馈到上位机，上位机判断开启条件到达后调用风机控制参数并下发开启指令，下位机响应并控制变频器启动风机，装备内风路中的惰性气体在风路中流动并从成形室的出风口流出，此时将带走成形室内的烟尘和灰渣，再从成形室的吸风口吸入形成成形室内的风场环境。混合气体进入旋风分离器后烟尘灰渣等大颗粒落入排渣罐，其余混合气体进入滤芯继续过滤，经过过滤的洁净气体再次进入风机循环，滤芯定期反吹的颗粒物落入集尘器的排渣罐。

四、定向能量沉积装备控制系统

本节以激光送粉和电弧送丝技术为例，对定向能量沉积装备的集成控制系统进行说明。

（一）集成控制系统组成及上位机软件

定向能量沉积装备的主要组成部分包括热源系统、打印头系统、原材料进给系统、成形氛围控制系统、运动控制系统、循环过滤系统、冷却系统和在线监测系统。例如，激光送粉装备和电弧送丝装备系统组成及关键参数分别见表 4–1 和表 4–2。在 DED 成形过程中，通常以在线监测系统提取到的信息为基础，结合所采用的控制方法对热源系统、打印头系统、原材料进给系统和运动控制系统的关键参数进行实时控制，同时成形氛围控制系统和冷却系统作为辅助系统保证成形过程的顺利进行。DED 增材制造装备各组成系统的逻辑控制和数据处理可以通过计算机、工控机或 PLC 等硬件实现。

在线监测系统应该记录成形过程中的主要工艺参数，形成可追溯性文件或工艺数据库。例如，激光送粉类推荐记录的主要参数有激光功率、光斑尺寸、扫描速率、送粉速率、搭接率、沉积层高度、预热温度；电弧送丝类推荐记录的主要参数有电压、电流、扫描速率、送丝速率、搭接率、沉积层高度、预热温度。

表 4–1　激光送粉装备系统组成及关键参数

组成系统	类型	关键参数
激光器	热源系统	激光器类型、激光功率、激光波长、调制方式、斑模式、光束发散角
激光沉积头	打印头系统	粉末输送方式、扫描速率、束斑尺寸
送粉器	原材料进给系统	粉末流量、载粉气流量、压力
全域惰性气体保护	成形氛围控制系统	惰性气体类型、纯度、最低氧 / 水含量、密封性
局部惰性气体保护		惰性气体类型、纯度、气体流速
主运动系统（直线运动）	运动控制系统	定位精度、重复定位精度、最大行程
辅助运动系统（旋转、倾摆）		转速、倾摆角度、定位精度
除尘与纯化	循环过滤系统	过滤等级、使用寿命、风机压力
水冷循环	冷却系统	冷却温度、循环流量、冷却范围
成形过程实时监测	在线监测系统	工艺及装备参数实时记录 / 输出过程异常记录

表 4–2　　电弧送丝装备系统组成及关键参数

组成系统	类型	关键参数
电弧电源	热源系统	焊机类型、电弧工艺类型、电弧电流、电弧电压
焊枪		焊枪类型
送丝机构	原材料进给系统	丝材输送方式、焊丝直径、送丝速率
全域惰性气体保护	成形氛围控制系统	惰性气体类型、纯度、最低氧 / 水含量、密封性
局部惰性气体保护		惰性气体类型、纯度、气体流速
主运动系统（直线运动）	运动控制系统	各轴坐标及进给速度、定位精度、重复定位精度、最大行程
除尘与纯化	循环过滤系统	过滤等级、使用寿命、风机压力
水冷循环	冷却系统	冷却温度、循环流量、冷却范围
成形过程实时监测	在线监测系统	工艺及装备参数实时记录 / 输出过程异常记录

（二）控制方法

由于 DED 成形过程热输入大、热累积严重，因此，过程稳定性和质量一致性难以保证，需要对整个成形过程开展实时控制。结合先进传感技术及人工智能技术的控制方法可以有效提升 DED 增材制造规模化生成的可靠性。

当前，多数 DED 增材制造装备采用的仍然是开环控制方法，这种方法难以保证成形过程的稳定性和质量一致性。将闭环控制的概念引入 DED 成形过程对提高成形质量至关重要。增材制造中比较常见的传统闭环控制方法主要有 PID（比例 – 积分 – 微分）控制方法和利用神经元学习功能提出的 PSD（比例 – 微分 – 求和）控制方法等。PID 控制方法是工业控制中最常用的控制方法之一，因其简单有效，PID 控制方法在 DED 增材制造中也有广泛运用。PID（见图 4–12）、PSD（见图 4–13）等经典控制方法主要适合于被控对象可被准确建模的条件，但在处理具有多参数、非线性、强耦合等特征的 DED 成形过程时，通常难以实现稳定、准确的实时调控。实现对成形过程的在线监测和对相关特征的准确提取后，可靠的控制器设计成为成形过程控制的关键，控制器的性能对成形过程的控制质量有着决定性的影响。传统的闭环控制方法，如 PID 控制方法，其可靠性主要依赖于对系统的准确建模，但 DED

成形是一个具有多参数、强耦合等特征的非线性复杂过程，并且容易受到随机干扰的影响。自适应控制方法可以有效应对 DED 成形过程中的复杂性及不确定性，例如，通过多变量自适应控制器、单神经元自学习控制器可以实现对弧长、熔道宽度的有效控制。此外，不依赖于精准建模的模糊控制也成为提高 DED 成形过程稳定性的选择。将模糊控制和 PID 控制相结合的 Fuzzy-PID 双模控制器（见图 4-14）可以同时利用模糊控制器的柔性和 PID 控制器的准确性，显著提高了 DED 成形过程的稳定性。

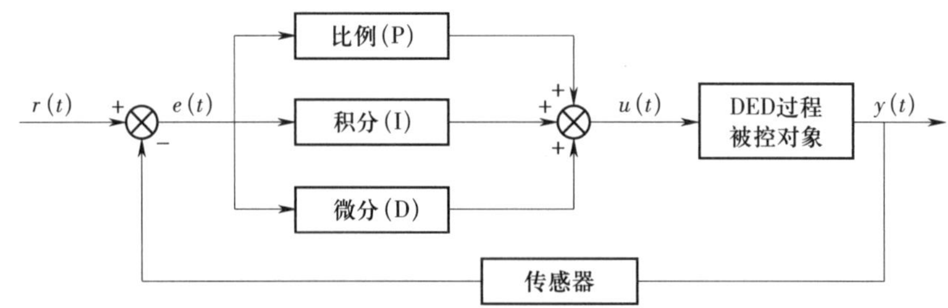

图 4-12　PID 控制原理框图

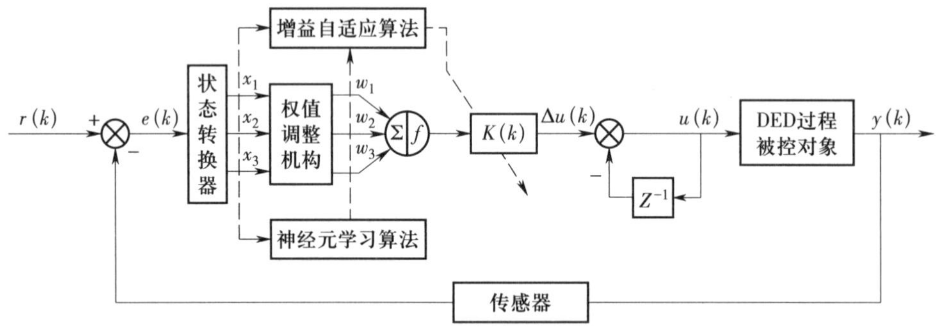

图 4-13　PSD 控制原理框图

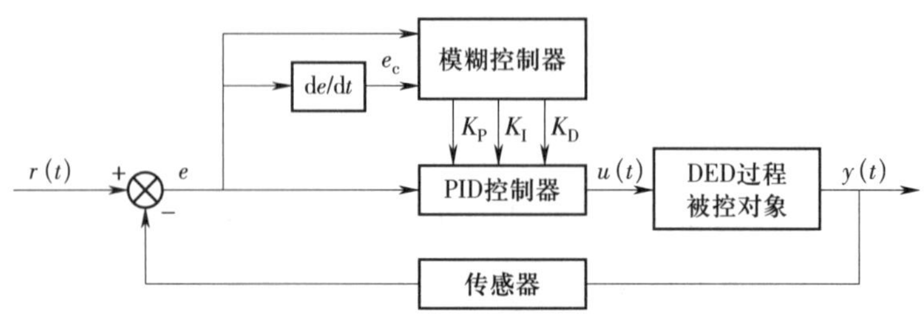

图 4-14　Fuzzy-PID 控制原理框图

第三节　在线监控系统

一、在线监控主要方法

在线监控系统是指在增材制造过程中，通过各种传感器实时采集装备运行状态和工艺参数等数据，经过数据处理和分析后，通过可视化界面向操作人员提供实时监测信息，并在必要时进行反馈控制的一种系统。在增材制造装备中，为了满足不同特征参量的监控需求，通常将在线监控系统作为相对独立的模块引入。通过装备的预留接口，操作人员可以灵活选配在线监控系统模块。

图 4–15 以定向能量沉积装备为例展示了增材制造装备在线监控系统的整体结构。在线监控系统主要包括传感器、数据采集系统、数据分析系统、可视化端口及反馈控制系统等。

（一）传感器选择

在增材制造装备的在线监控系统中，传感器的选择是非常关键的一步，因为它们实时采集数据，并为后续的数据处理和反馈控制提供了重要的数据支持。传感器的选择应该根据增材制造过程中的特点和要求来确定，用以实现包括温度、熔池形状、应力应变、成形缺陷、成形尺寸等参数的监测。根据增材制造的应用场景，现有的在线监控系统主要采用以下传感器：

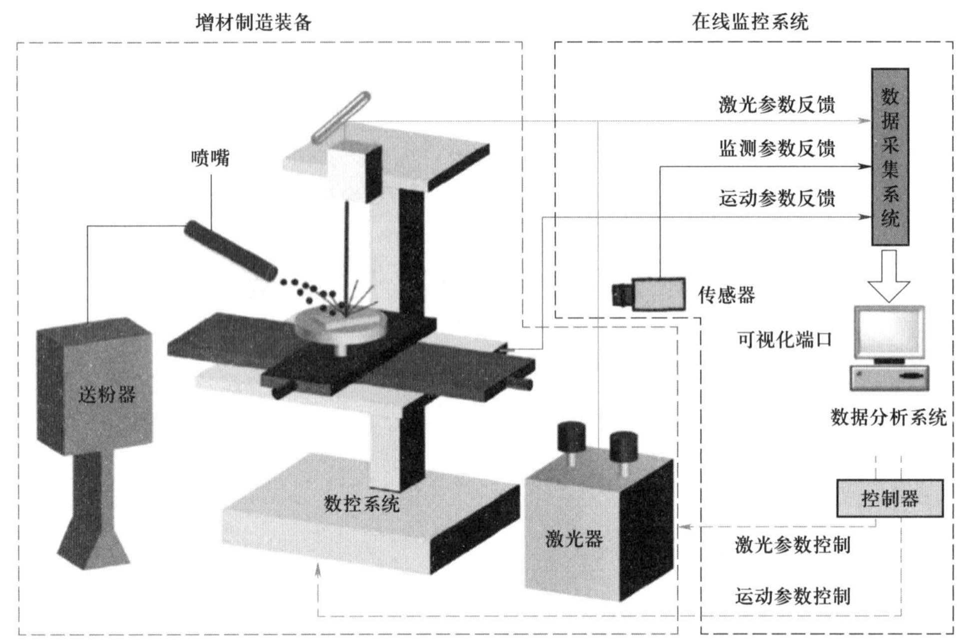

图 4–15 增材制造装备在线监控系统

1. 红外成像相机

红外成像相机是一种基于红外热辐射原理的传感器。红外成像相机基于物体发出的红外辐射能量，使用热敏探测器感测不同温度区域的辐射强度。传感器将这些热辐射信息转换为电信号，并通过图像处理算法生成热图像。热图像显示了目标物体的温度分布，不同颜色代表不同温度区域，从而形成直观的热图。

如图 4–16 所示，通过红外成像相机，可以实时监测熔池的形状和温度。熔池是增材制造过程中的关键区域，其温度和形状直接影响着产品质量。通过红外成像相机的热图像，操作人员可以快速了解熔池的状态，例如，是否均匀、是否存在气孔或裂缝等问题。这有助于及时调整工艺参数，确保熔池的稳定和合适的凝固速率，从而提高产品质量。

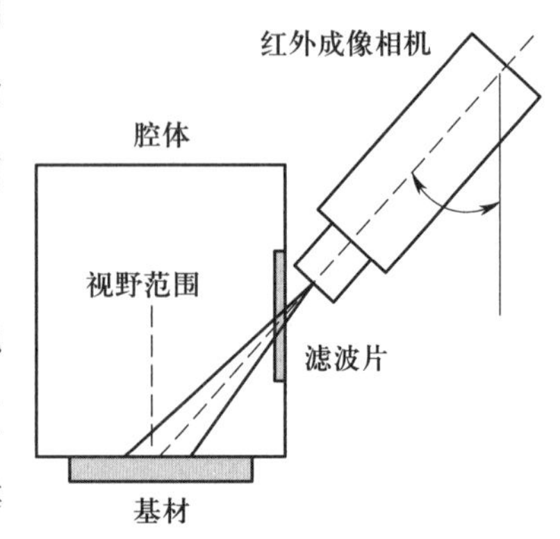

图 4–16 红外成像相机

红外成像相机在增材制造中的应用不仅限于熔池监测。它也可以用于监测整个构件表面的温度分布，以检测构件的温度梯度和热应力，帮助预防裂纹和变形等问题。此外，红外成像相机还可以在增材制造过程中实

时监测材料的凝固行为，优化制造参数，改善结晶微结构，提高构件的力学性能。

2. CCD 相机和 CMOS 相机

CCD 相机与 CMOS 相机均是光电传感器，广泛应用于图像和视频的获取。在增材制造装备的在线监控系统中，CCD 相机与 CMOS 相机作为传感器的一类，有着重要的应用。当光线照射在相机芯片的表面时，光子会激发其中的电子，使得电子产生运动并逐级储存。通过逐级传递和储存电荷，相机可以捕捉光线的强弱和分布，并转换成电信号。经过模拟和数字信号处理，最终生成图像数据。

在增材制造过程中，CCD 相机与 CMOS 相机不仅可以用于监测粉末铺展状态，还可以用于实时监控熔池的形态和温度。如图 4–17 所示，通过设置合适的滤光片，相机能够捕捉到不同材料发出的特定波长的光线，从而反映熔池的温度和形态。通过实时监测熔池的变化，操作人员可以判断熔池的稳定性和形态是否合适，并根据需要调整工艺参数，以保障激光增材制造的稳定性和质量。

3. 动态散斑分析系统

动态散斑分析系统是一种通过摄像机对目标物体进行连续图像采集的技术。光源照射目标物体，产生表面的纹理或特征点。摄像机捕获目标物体在不同时间点的图像。通过图像处理算法，对连续图像进行比较和匹配，得出目标物体在不同时间点的形变和位移情况。

如图 4–18 所示，动态散斑分析系统可以通过对连续图像的处理，得出材料表面的应变和应力分布情况。这对于理解材料的力学性能，检测应力集中区域以及预测潜在

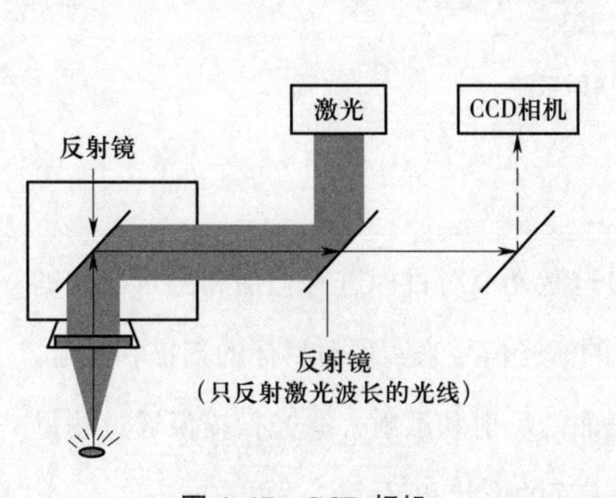

图 4–17　CCD 相机

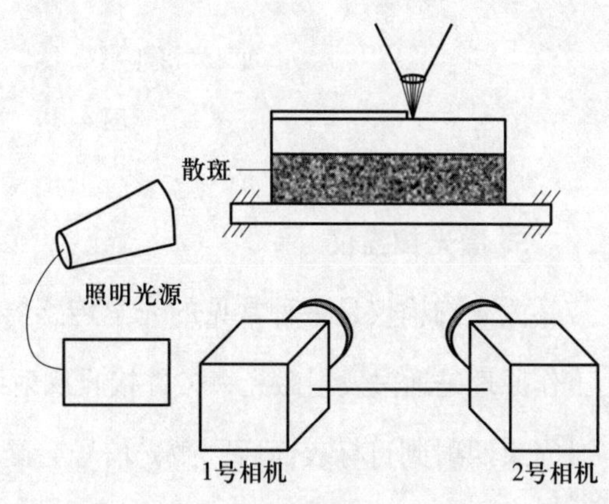

图 4–18　动态散斑分析系统

的断裂和变形问题具有重要意义。通过动态散斑分析系统的应力和应变分析，操作人员可以优化材料选择和工艺参数，从而提高产品的强度和耐久性。这有助于预测零件的最终形态，并进行相应的修正，以保障零件的精度和质量。

4. 同步辐射系统

同步辐射技术是一种高度精密的光源技术，用于产生极强的 X 射线和光束。同步辐射技术利用电子加速器产生高能电子束，将电子束注入强磁场中，产生高度同步的辐射光。这些辐射光包含了广泛的能量范围，从 X 射线到紫外线。通过调整电子束的能量和入射角度，可以获得不同能量的同步辐射，实现对不同材料的穿透和成像。

如图 4–19 所示，在增材制造装备的在线监控系统中，同步辐射技术作为一种先进的无损检测手段，有着广泛的应用。它可以实时监测材料内部的微观结构和缺陷，提供高分辨率和高灵敏度的图像数据，为增材制造过程中的质量控制和缺陷检测提供重要支持。

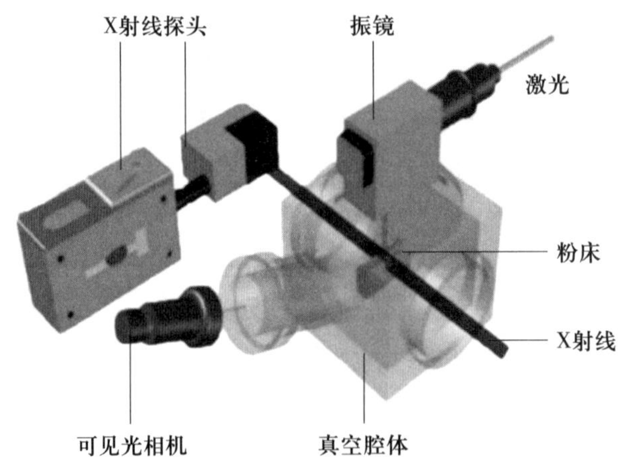

图 4–19　同步辐射系统

5. 激光扫描仪

激光扫描仪是一种常见的光学传感器，通过激光束对目标进行扫描和测量。它的工作原理是通过发射激光束，并接收反射回来的激光信号来实现对目标的扫描和测量。激光束照射到目标表面后，激光信号会受到表面的反射和散射，激光扫描仪通过测量激光信号的时间延迟和角度变化，计算出目标表面的形状和尺寸。

如图 4–20 所示，在增材制造装备的在线监控系统中，激光扫描仪作为一种高精度的测量工具，有着广泛的应用。可以实时扫描和测量零件的尺寸，与设计模型进行对比，判断零件是否符合要求。通过这种方式，可以及时发现尺寸偏差，并采取措施进行调整和修正，以确保零件的尺寸精度。

6. 高速摄影相机

高速摄影相机的工作原理与普通相机类似，但具有更高的帧率和更短的曝光时间。它使用高速快门和特殊的传感器技术，能够捕捉高速运动物体的快速变化。一般高速摄影相机的帧率可达数千到数百万帧每秒，使其能够记录增材制造过程中的瞬间动态。

如图 4–21 所示，高速摄影相机可以实时捕捉激光扫描过程中熔池的形态变化。通过高帧率的拍摄，可以观察熔池的形成、稳定性和形态变化，进一步优化激光扫描的路径和参数，确保熔池的稳定和一致性。此外，高速摄影相机还可以记录颗粒喷射的速度、轨迹和分布，从而优化喷粉系统和控制喷粉过程，提高粉末利用率和成品质量。

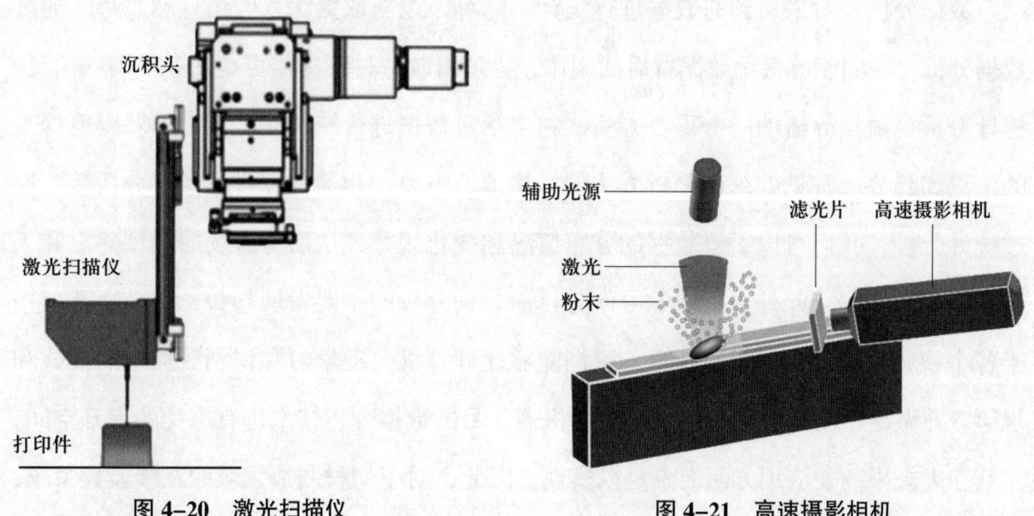

图 4–20　激光扫描仪　　　　图 4–21　高速摄影相机

（二）数据采集

根据监控参数和传感器的选择，操作人员需要进一步确定数据采集参数。这包括确定传感器的布置位置和数量，选择数据采集装备和接口，以及制定数据采集频率和采样率等。在设计好数据采集系统后，需要将传感器和装备安装到增材制造装备中。

根据装备的结构和布局，合理安装传感器，并确保传感器与装备的连接可靠。在开始数据采集前，需要对传感器进行校准。这是确保传感器输出的数据准确和可靠的重要步骤。校准过程包括确定传感器的灵敏度和响应特性，以及与标准装备或实验数据的对比。一旦传感器安装和校准完成，可以开始进行数据采集。数据采集可以通过连续监测、定时采样或事件触发等方式进行。采集的数据可以实时传输到监控系统或存储装备中进行处理或保存。

（三）数据处理与传输

采集到的数据传输至数据采集装备后，需要进行有效的存储。通常操作人员会采用数据采集系统或数据采集卡来进行数据的缓存和存储。这些装备能够高效地处理传感器产生的数据，并将其储存于内存或硬盘中，以备后续的处理和分析。一旦数据被存储下来，接下来的步骤是数据处理与分析。数据处理涉及数据滤波、数据校准、数据对比等过程，去除噪声和不确定性，并确保数据的准确性。

（四）数据分析

数据分析是对采集到的数据进行统计、计算，以获取更深入的信息和趋势。通过数据分析，我们能够揭示数据背后的规律，为增材制造过程提供更全面和准确的信息。统计分析是数据分析的一个重要方法，它包括对数据进行统计和计算，以获得更深入的信息和趋势。常见的统计分析方法包括均值、方差、相关性分析、频率分析等。通过统计分析，我们可以了解数据的分布情况和变化规律，从而为后续的模型建立和工艺优化提供依据。此外，机器学习作为目前数据分析的主要发展趋势，正在逐渐应用于各个领域。通过机器学习技术，我们能够让计算机自动学习和识别数据中的模式和规律，并做出预测和决策。然而，基于机器学习的数据分析技术仍有广泛的提升空间，尤其在大规模商业应用方面尚不足以实现。因此，对于增材制造领域的在线监控系统，目前仍需要结合统计分析和传统数据处理技术，以确保数据分析的准确性和可靠性。

（五）数据可视化

数据分析不仅仅是得出结论，还需要有效地呈现结果。因此，数据可视化十分关键。通过图表的形式展示数据分析结果，使得数据更具可读性和可视化，帮助操作人员更好地理解数据的含义和趋势。通过数据可视化，操作人员可以快速获取关键信息，

了解增材制造装备的运行状态，以及产品质量和工艺参数的实时情况。这种直观的展示方式有助于操作人员迅速判断装备是否正常运行，是否需要进行调整或干预，以及是否符合生产质量的标准。同时，监控系统还可以生成报告，将历史数据进行汇总和分析，从而形成更全面的数据分析和评估。这些报告可以反映装备的性能指标、生产质量的变化趋势，以及工艺参数的优化情况等。通过对历史数据的回顾和分析，操作人员可以更好地了解装备的稳定性和可靠性，从而做出更明智的决策，进一步提高增材制造的效率和产品质量。

（六）反馈控制

反馈控制是在线监控系统中的重要步骤，其主要作用是根据采集到的实时数据对增材制造装备进行控制和调整，以实现装备状态的稳定和生产过程的优化。其目标是根据数据分析的结果，动态调整装备参数，使装备能够自动适应变化的工况和需求，实现高效、稳定的生产过程。数据采集和处理过程提供了反馈控制所需的数据支持。

首先，经过数据处理与分析，得到了装备状态和工艺参数的信息。根据设定的标准和规则，对装备状态进行判断和评估。这些判断结果可能包括装备状态正常、异常或发出警告等不同状态。根据装备状态的判断结果，选择合适的控制策略。控制策略可以采用开关控制、比例控制、积分控制、微分控制等不同方法，具体的选择取决于装备和工艺的要求。控制策略的选择应基于数据分析和工程经验，以确保控制效果稳定可靠。在选择了合适的控制策略后，在线监控系统将根据装备状态和工艺参数的变化，执行相应的控制动作。这些控制动作可以通过控制器直接调整装备参数，也可以通过信号传输给自动化装备进行调整。一旦控制动作执行，在线监控系统会实时监控装备状态和工艺参数的变化。通过实时监控，可以及时了解控制效果，判断是否达到预期的稳定状态。如果控制效果不理想，可以对控制策略进行调整，进一步优化控制过程。在线监控系统中的反馈控制可以是自动化的，也可以是半自动化的。在一些场景下，控制系统可以自动根据预设的规则和算法进行调整，实现自动控制。但在一些复杂情况下，可能需要操作人员的干预和决策，根据实际情况进行手动调整。

二、在线监控应用案例

本节的应用案例以定向能量沉积制造装备在线监控系统为例，详细介绍在线监控系统在定向能量沉积制造装备故障诊断方面的应用案例。

（一）传感器选择

传感器布置如图 4–22 所示。密封舱内置激光器与加工头由光纤连接，金属粉末由送粉器输送至粉管，四路同轴送粉。监测系统由加工头监测模块和舱体环境监测模块两部分构成。加工头监测模块包括保护镜温度监测传感器和加工头喷嘴温度传感器。保护镜温度监测传感器探头直接安装在保护镜装置内部，优点是无须改动加工头机械结构，测量精准，灵敏度高。加工头喷嘴温度传感器直接接触加工头喷嘴，传感器是由 PT100 温度传感器和温度变送器组成，PT100 温度传感器的温度测量范围为 –200 ~ 850 ℃，具有灵敏度高、能耗较小的特点。舱体环境监测模块由气流量传感器、氧含量传感器、水含量传感器组成。气流量传感器监测装备保护气进气管路的气流量大小，氧含量传感器和水含量传感器安装在舱体的顶部，接口使用 KF40 密封接口，保证舱体的密封性。

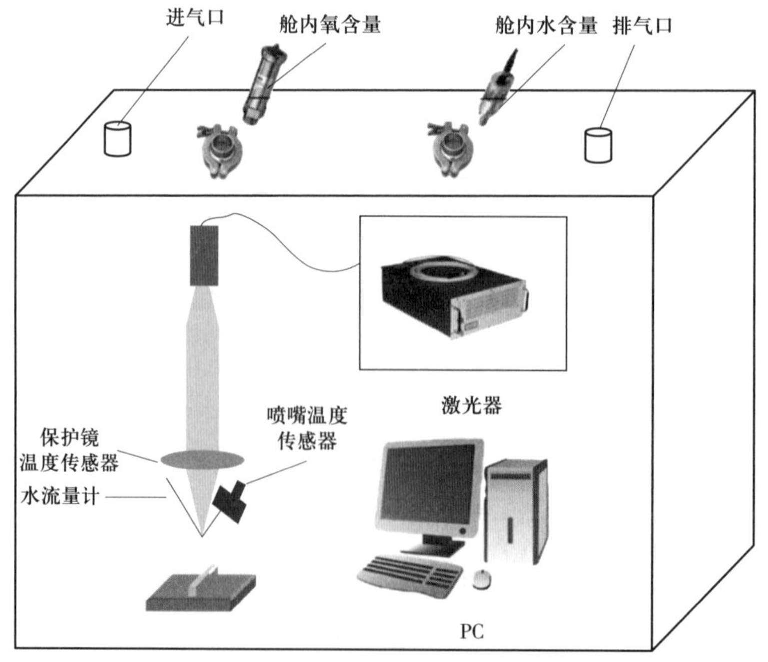

图 4–22　传感器布置

（二）数据采集

数据采集方面，采用微服务架构设计，将数据采集系统划分为三个服务模块：数据源服务、数据采集服务和数据存储服务。数据源服务负责连接各种数据源，例如，数据库、应用程序接口（API）、网页等，提供数据源的相关信息和访问权限，以及数据源的数据格式定义。数据采集服务负责从数据源中采集数据，并进行数据清洗、转换和格式化等处理，最终将处理后的数据传递给数据存储服务。数据存储服务负责将处理后的数据存储到指定的数据存储介质中，例如，关系型数据库、非关系型数据库、文件系统等。

通过微服务架构设计，数据采集系统得到了模块化和解耦合的优化，提高了可伸缩性和可维护性。此外，采用微服务架构还能够支持分布式部署和水平扩展，满足大规模数据采集的需求。在微服务架构中，服务模块之间的通信可以采用多种方式，例如，RESTful API、消息队列、远程过程调用（RPC）等。为了保证数据采集系统的高可用性和容错性，可以采用一些常见的分布式系统技术，例如，负载均衡、故障转移、分布式锁等。

（三）数据处理与传输

系统采用的是 Modbus TCP 通信协议，数据通信测试采用 Modbus TCP 调试助手进行测试。

（四）数据分析

数据分析系统具备多种分析算法供操作人员选择和预定义标准分析配置文件。操作人员可以根据具体需求和研究目的，灵活选择合适的分析算法，以便从大量的数据中提取有用的信息和结论。数据分析的过程会通过复杂的算法和处理，对采集到的数据进行深入解析和计算。这些计算结果包括加工头温度变化趋势、气体流量分析、水氧含量测量等。通过这些数据分析的结果，操作人员可以全面了解装备在增材制造过程中的状态和性能，帮助做出重要的生产决策和质量控制。

（五）数据可视化

采集数据与分析数据通过特定软件实现可视化。操作人员可以查看当前或上次完成的成形操作的监控图像，加载和查看监控结果以进行额外的分析。同时，还可浏览和分类任何监测到的迹象，并生成报告。此外，软件还支持进行各类校正计算，包括几何校正、工艺校正和辐射校准等。在界面上，操作人员可以直观地观察到加工过程中的关键数据，例如，加工头温度变化趋势、气体流量分析、水氧含量测量等。同时，可以对历史数据进行回溯和对比，以便进行装备性能的评估和过程优化。软件还提供多种分析算法，以便操作人员根据不同需求进行数据处理和分析。

（六）反馈控制

系统采用的复杂分析算法包括判定故障的 PCA 模型、处理故障诊断任务的 SVM 模型以及故障预警 XGBoost 模型，这些算法能够对采集到的数据进行深入分析。通过计算，可以得到以表格数据或图像形式显示的分析报告。该报告将详细指出监测所得到的任何可能存在的设备故障。这些故障可能包括加工头温度异常、气体压力异常或舱体内水氧含量偏差等。可以根据报告对监测到的故障进行分类和评估，进一步分析其影响和程度，并进行优化控制。

思考题

1. 简要阐述整体集成控制系统在主要增材制造技术（材料挤出、光固化、粉末床熔融和定向能量沉积）中运用的关键点和难点。

2. 简要说明增材制造装备的运动执行控制系统与常见切削加工（减材制造）装备运动执行系统的主要区别。

3. 试阐述装备整体集成控制系统中人机交互系统的主要功能及设计方法。

4. 给出增材制造装备集成控制软件的主要组成模块及现有的在线监控系统主要采用的传感器类型及其监测对象。

5. 以定向能量沉积装备为例，简述增材制造熔池在线监测系统搭建及在线监测数据处理的主要过程与方法。

第五章
增材制造软件应用与开发

软件是增材制造的灵魂。增材制造是一种由数字模型直接驱动、计算机控制下的全自动加工技术，从 CAD 模型到生成最终数控代码的全过程都是由计算机软件完成的，因此，软件在增材制造系统中占据了重要地位，软件对增材制造效率与成形件质量也有着很大的影响。

- **职业功能：** 开发软件与控制系统。
- **工作内容：** 开发软件部分模块。
- **专业能力要求：** 能根据工艺需求设计三维模型、二维切片、加工路径的数据处理流程；能使用基本的界面设计库、图形渲染库，开发用户交互界面和可视化功能；能进行单一模块程序的测试、维护。
- **相关知识要求：** 增材制造数据处理流程相关知识；增材制造常用工业软件使用方法；增材制造软件支撑库知识，包括界面设计库、图形渲染库、网格模型处理库等。

第一节　增材制造软件数据处理流程

目前，尽管增材制造技术类型及其装备形式多种多样，但是通过对这些不同技术类型的增材制造数据处理软件进行分析，可以发现不同增材制造软件在数据处理流程上具有一定的相似性，并未脱离增材制造技术的本质特征。可将当前增材制造数据处理流程划分为以下几个模块：模型预处理、支撑结构生成、分层切片、路径规划和控制制造等内容，如图 5-1 所示。其中模型预处理和支撑结构生成可统称为模型处理，具体数据处理流程详述如下。

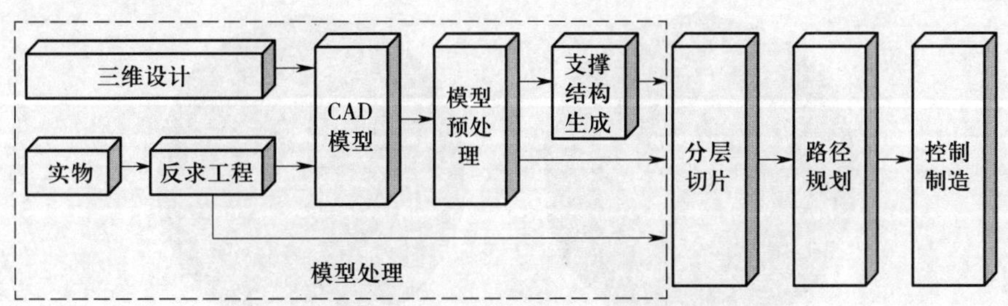

图 5-1　增材制造数据处理流程

一、模型处理

模型处理过程为增材制造数据处理流程的基础，分为以下三个步骤。首先是载入 CAD 模型，有两种载入模式，一种是通过三维设计生成 CAD 模型，另一种是通过实物的反求工程生成 CAD 模型，然后将载入的 CAD 模型转化为增材制造数据模型。其次是对增材制造数据模型的预处理，主要针对结构优化，包括轻量化、模型镂空、点阵结构优化以及拓扑优化等。通过结构优化可以消除模型原始的缺陷，满足增材制造以及应用场景中性能需求的同时节约材料的消耗。最后是基于实际加工的要求，对模型进行基本的几何变换，包括缩放、旋转和平移。针对超大模型的加工，需要对模型进行分割；对于具有悬垂结构零件，还要基于增材制造的加工特性为其设计和添加支撑结构。

（一）模型表达及存储

增材制造几何模型中，模型表达最常见的数据格式为 STL 模型。STL 文件是一种 CAD 系统与增材制造系统之间的数据接口格式，它已经得到广泛的应用，并为绝大多数 CAD 和增材制造厂商所接受，成为增材制造领域中的工业标准。

STL 文件最重要的特点是它的简单性，它不依赖于任何一种三维建模方式，它所做的仅仅只是存放 CAD 模型表面的离散化三角形面片信息，并且对这些三角形面片的存储顺序无任何要求。

如图 5–2 所示，STL 模型的精度直接取决于离散化时三角形的数目。一般而言，在 CAD 系统中输出 STL 文件时，设置的精度越高，STL 模型的三角形数目越多，文件体积越大。

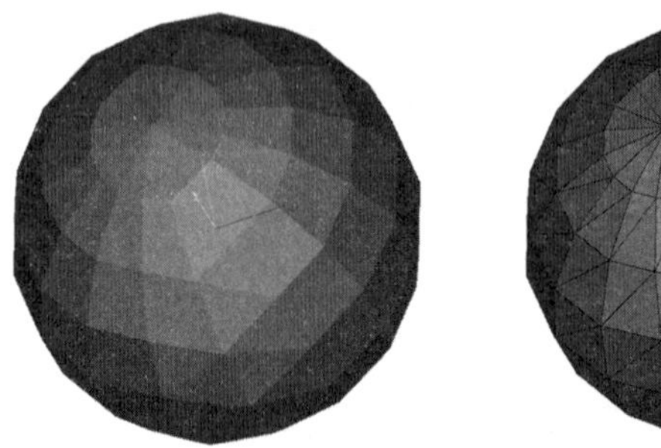
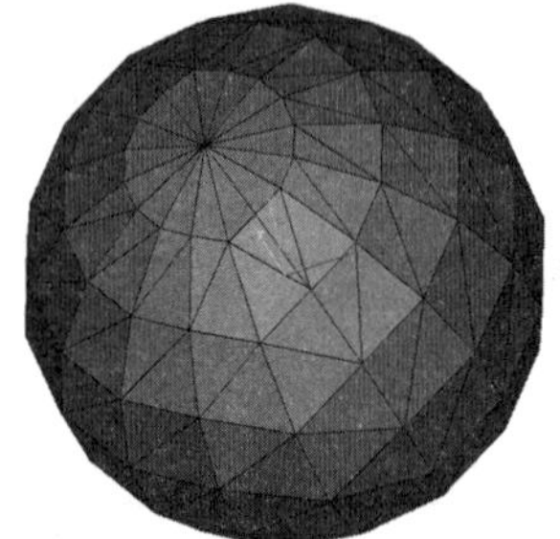

图 5–2　三维模型及其三角化表示

STL 文件有两种格式，即二进制和文本格式。二进制 STL 文件将三角形面片数据的三个顶点坐标（x，y，z）和外法向矢量（l_x，l_y，l_z）均以 32 bit 的单精度浮点数（IEEE 754 标准）存储，每个面片占用 50 B 的存储空间。文本格式 STL 文件则将数据以数字字符串的形式存储，并且中间用关键词分隔开来，平均一个面片需要 150 B 的存储空间，是二进制的 3 倍。

二进制和文本格式的STL文件存储的信息是完全相同的，只是其中二进制STL文件中为每个面片保留了一个16位整型数属性字，一般规定为0，没有特别含义，而文本格式STL文件则可以描述实体名称（solid<part name>），但一般增材制造系统均忽略该信息。

文本格式主要是为了满足人机友好性的要求，它可以让用户通过任何一种文本编辑器来阅读和修改模型数据，但在STL模型动辄包含数十万个三角形面片的今天，已经没有什么实际意义，显示和编辑STL文件通过专门的三维可视化STL工具软件更加合适。文本格式的跨平台性能很好，二进制文件在表达多字节数据时在不同的平台上有潜在的字节顺序问题，但只要STL处理软件严格地遵循STL文件规范，就完全可以避免这个问题的发生。二进制STL文件只有相应文本STL文件的1/3大小，现在主要应用的是二进制STL文件。

STL模型的优点在于其将三维模型离散化输出为三角面片的过程与CAD建模方法无关，格式简单。但STL文件的缺点也是很明显的，主要有如下几点：

（1）数据冗余，文件庞大。高精度的STL文件比原始CAD数据文件大许多倍，存在大量数据冗余，在网络传输时效率很低。

（2）使用小三角形平面来近似三维曲面，存在曲面误差。由于各系统网格化算法不同，误差产生的原因与趋势也各不一样，因此，要想减小误差一般只能采用通过增大STL文件精度等级的方法，这导致文件长度增大，结构更加庞大。

（3）缺乏拓扑信息，容易产生错误，切片算法复杂。各种CAD系统的STL转换器不尽相同，在生成STL文件时，容易产生多种错误，诊断规则复杂，并且修复非常困难，增加了增材制造加工的技术难度与制造成本。STL文件本身并不显示包含三维模型的拓扑信息，增材制造软件在处理STL文件时需要花费很长时间来重构模型拓扑结构，然后才能进行离散分层制造，处理超大型STL文件在系统时间和空间资源上都提出了非常高的要求，增加了软件开发的技术难度与成本。

针对STL模型存在的问题，人们提出了AMF、3MF等新型模型文件格式。

AMF文件格式是由美国材料与试验协会提出的新一代增材制造交换文件格式。它可以表示模型的颜色、表面纹理、材料等信息，采用空间域函数来表述功能梯度材料和微观工艺结构，且支持曲面三角形等高精度的模型描述方法，能以一种低冗余、高效率的方式组织模型的几何数据。

AMF 文件格式是一种基于可扩展标记语言（XML）架构的文件格式。可扩展标记语言通过计算机可理解的标记让计算机之间可以处理包含各种信息的文件，可以用来标记数据并支持用户定义数据的类型，是一种允许用户对自己的标记语言进行定义的源语言。此外，该语言还非常适合提供统一的方法来描述和交换独立于应用程序的结构化数据。可扩展标记语言有着易于读写编辑、扩展性、可压缩性等诸多优点，所以基于该语言的 AMF 文件格式也继承了它的优点。

AMF 文件格式的主要特征如下：

（1）可读性。使用文本格式编码的 XML 形式存储文件，满足人机友好的需要，便于查看和处理。

（2）兼容性。由于 XML 固有的灵活性，存储的内容信息易于扩展，且能保持完好的向下兼容性。

（3）小尺寸。相对于 STL 格式而言，相同大小的模型，文件所占空间更小。

3MF 文件格式是由 3MF 联盟于 2015 年 4 月推出的一种新的增材制造格式。3MF 克服了 STL 文件格式的缺陷与不足，为增材制造服务供应商、增材制造装备商、增材制造平台提供了一种全保真的实体信息交互载体，进一步缩短了 3D 设计与增材制造之间的差距。

3MF 文件格式的特征如下：

（1）完整性。描述一个模型的信息足够完备，包括模型内部信息、颜色信息、材质信息等。

（2）易读性。采用和 XML、ZIP 格式一样的结构，非常易于开发。

（3）简便性。简洁的文件规范描述，易于对 3MF 格式的扩展支持进行开发与验证。

（4）扩展性。采用 XML 的命名空间，支持全局扩展和私有扩展，同时保持兼容性。

（5）开放性。完全不受版权和专利的限制，不需要取得授权。

（二）可加工性变换

增材制造的可加工性变换主要有平移、缩放和旋转三种操作模式。平移是为了将增材制造模型进行合理的排版；缩放是为了模型的大小尺寸能够适应增材制造加工的区域；旋转则是为了让模型的位置能够更好地匹配加工成形的方向，便于实际中的加工制造。在模型处理软件中，对于可加工性变换的表示都以矩阵的形式进行表达。

三维基本几何变换是相对于坐标原点和坐标轴进行的几何变换。为实现可加工性变换的统一表示，引入齐次坐标表示三维空间中的点，这样三维空间中某点的变换可以表示成点的齐次坐标与四阶的三维变换矩阵相乘。以 $[x'\ y'\ z'\ 1]^T$ 表示三维空间中变换后的齐次坐标，$[x\ y\ z\ 1]^T$ 表示三维空间中原始齐次坐标，四阶变换矩阵为基本的几何变换操作。这样的表示方法在可加工性的处理过程中，能够让复杂的几何变换变成简单的数学矩阵形式，便于理解与操作。下面将介绍三种变换的矩阵表达。

1. 平移变换

$$\begin{bmatrix} x' \\ y' \\ z' \\ 1 \end{bmatrix} = \begin{bmatrix} 1 & 0 & 0 & T_x \\ 0 & 1 & 0 & T_y \\ 0 & 0 & 1 & T_z \\ 0 & 0 & 0 & 1 \end{bmatrix} \begin{bmatrix} x \\ y \\ z \\ 1 \end{bmatrix} = \begin{bmatrix} x+T_x \\ y+T_y \\ z+T_z \\ 1 \end{bmatrix}$$

2. 缩放变换

（1）局部缩放变换（模型相对于某一个坐标轴方向缩放）

$$\begin{bmatrix} x' \\ y' \\ z' \\ 1 \end{bmatrix} = \begin{bmatrix} S_x & 0 & 0 & 0 \\ 0 & S_y & 0 & 0 \\ 0 & 0 & S_z & 0 \\ 0 & 0 & 0 & 1 \end{bmatrix} \begin{bmatrix} x \\ y \\ z \\ 1 \end{bmatrix} = \begin{bmatrix} x \cdot S_x \\ y \cdot S_y \\ z \cdot S_z \\ 1 \end{bmatrix}$$

（2）整体缩放变换（模型整体缩放）

$$\begin{bmatrix} x' \\ y' \\ z' \\ 1 \end{bmatrix} = \begin{bmatrix} 1 & 0 & 0 & 0 \\ 0 & 1 & 0 & 0 \\ 0 & 0 & 1 & 0 \\ 0 & 0 & 0 & S \end{bmatrix} \begin{bmatrix} x \\ y \\ z \\ 1 \end{bmatrix} = \begin{bmatrix} x \\ y \\ z \\ S \end{bmatrix}$$

3. 旋转变换

（1）绕 z 轴旋转

$$\begin{bmatrix} x' \\ y' \\ z' \\ 1 \end{bmatrix} = \begin{bmatrix} \cos\theta & \sin\theta & 0 & 0 \\ -\sin\theta & \cos\theta & 0 & 0 \\ 0 & 0 & 1 & 0 \\ 0 & 0 & 0 & 1 \end{bmatrix} \begin{bmatrix} x \\ y \\ z \\ 1 \end{bmatrix} = \begin{bmatrix} x\cos\theta + y\sin\theta \\ y\cos\theta - x\sin\theta \\ z \\ 1 \end{bmatrix}$$

（2）绕 x 轴旋转

$$\begin{bmatrix} x' \\ y' \\ z' \\ 1 \end{bmatrix} = \begin{bmatrix} 1 & 0 & 0 & 0 \\ 0 & \cos\theta & \sin\theta & 0 \\ 0 & -\sin\theta & \cos\theta & 0 \\ 0 & 0 & 0 & 1 \end{bmatrix} \begin{bmatrix} x \\ y \\ z \\ 1 \end{bmatrix} = \begin{bmatrix} x \\ y\cos\theta + z\sin\theta \\ z\cos\theta - y\sin\theta \\ 1 \end{bmatrix}$$

（3）绕 y 轴旋转

$$\begin{bmatrix} x' \\ y' \\ z' \\ 1 \end{bmatrix} = \begin{bmatrix} \cos\theta & 0 & -\sin\theta & 0 \\ 0 & 1 & 0 & 0 \\ \sin\theta & 0 & \cos\theta & 0 \\ 0 & 0 & 0 & 1 \end{bmatrix} \begin{bmatrix} x \\ y \\ z \\ 1 \end{bmatrix} = \begin{bmatrix} x\cos\theta - z\sin\theta \\ y \\ x\sin\theta + z\cos\theta \\ 1 \end{bmatrix}$$

对于复杂的空间变换，则是将三种变换进行组合，例如，对于绕任意轴旋转，首先对物体做平移变换和旋转变换，使得所绕的轴与某一坐标轴重合，然后绕标准的坐标轴按所需角度旋转，最后做逆变换使所绕的轴恢复到原来的位置。下面将举例说明，设旋转任意轴为 $P_1(x_1, y_1, z_1)$,$P_2(x_2, y_2, z_2)$，两点定义的单位矢量为（$\boldsymbol{a}$，$\boldsymbol{b}$，$\boldsymbol{c}$），绕轴旋转角度为 θ，可用以下矩阵实现。

平移 $T(-x_1, -y_1, -z_1,)$ 使得 P_1 点与原点重合：

$$T_1 = \begin{bmatrix} 1 & 0 & 0 & -x_1 \\ 0 & 1 & 0 & -y_1 \\ 0 & 0 & 1 & -z_1 \\ 0 & 0 & 0 & 1 \end{bmatrix}$$

绕 x 轴旋转 α 角，使得轴 P_1P_2 落入 xoz 平面内：

$$T_2 = \begin{bmatrix} 1 & 0 & 0 & 1 \\ 0 & \cos\alpha & \sin\alpha & 0 \\ 0 & -\sin\alpha & \cos\alpha & 0 \\ 0 & 0 & 0 & 1 \end{bmatrix}$$

其中$\cos\alpha=c/\sqrt{c^2+b^2}$，$\sin\alpha=b/\sqrt{c^2+b^2}$。

绕y轴旋转$-\beta$角，使得P_1P_2与z轴重合：

$$T_3=\begin{bmatrix}\cos(-\beta) & 0 & -\sin(-\beta) & 0\\ 0 & 1 & 0 & 0\\ \sin(-\beta) & 0 & \cos(-\beta) & 0\\ 0 & 0 & 0 & 1\end{bmatrix}$$

其中$\cos\beta=\sqrt{c^2+b^2}/\sqrt{c^2+b^2+a^2}$，$\sin\beta=a$。

绕z轴旋转θ角：

$$T_4=\begin{bmatrix}\cos\theta & \sin\theta & 0 & 0\\ -\sin\theta & \cos\theta & 0 & 0\\ 0 & 0 & 1 & 0\\ 0 & 0 & 0 & 1\end{bmatrix}$$

做T_3逆变换；做T_2逆变换；做T_1逆变换。

其组合变换矩阵为：$T=T_1\cdot T_2\cdot T_3\cdot T_4\cdot T_3^{-1}\cdot T_2^{-1}\cdot T_1^{-1}$。

（三）结构优化

结构优化是在一定的约束条件下，通过寻找结构最优的拓扑形态、形状和尺寸，获取最佳的结构性能。结构优化中，主要方法就是结构的轻量化。轻量化是在保证物体各方面性能的前提下，优化模型，减小模型实体体积，以此降低工艺成本。目前，汽车、航空航天领域对于结构轻量化带来的性能工艺优化需求迫切，此外，结构轻量化能够降低材料的使用要求和昂贵材料使用量，显著降低重量的同时节约了成本，因此，结构轻量化对于增材制造技术具有重要意义。

在自然界中存在众多结构轻量化特征的实例，如动物组织、骨骼、桁架结构、蜂窝结构、泡沫结构等。受到这些结构的启发，研究人员通过随机函数、Voronoi图、隐式函数、拓扑优化、体素法等研究方法，对模型进行处理，实现模型结构轻量化。

结构优化还包括点阵结构优化，点阵结构主要包括杆结构（见图5-3）和三周期极小曲面（triply periodic minimal surfaces，TPMS）结构（见图5-4）。体心立方（body-centered cube，BCC）结构和面心立方（face-centered cube，FCC）结构是两种经典的杆结构，在微结构领域得到了广泛的应用。受晶体中原子排列的启发，BCC和FCC结构是通过杆连接拐角、面中心和立方中心的节点来构造的。许多结构都是从BCC和FCC立方结构演化而来的。三周期极小曲面是存在于自然界中的一类结构，在海胆、生物膜、蝴蝶翅鳞和甲虫的外骨骼等中均发现了三周期极小曲面的存在。它是一类特殊的曲面，在三个方向上均具有周期性且无自交的结构。TPMS 结构具有许多优良的性质，如光滑性、实体空腔双连通性质，并具有高比表面积以及良好的力学性能等，研究领域包括机械、材料、物理、化学和医学等。下面是一些简单的 TPMS 结构的方程：

$$\phi_{\mathrm{I}}(x,y,z)=\cos(ax)\sin(by)+\cos(by)\sin(cz)+\cos(cz)\sin(ax)+d$$

$$\phi_{\mathrm{II}}(x,y,z)=\sin(ax)\cos(by)+\sin(by)\sin(cz)+\sin(cz)\sin(ax)+d$$

$$\phi_{\mathrm{III}}(x,y,z)=\cos(ax)+\cos(by)+\cos(cz)+d$$

$$\phi_{\mathrm{IV}}(x,y,z)=\cos(ax)\cos(by)\cos(cz)-\sin(ax)\sin(by)\sin(cz)+d$$

在这些方程中，不等式 $\phi\leqslant 0$ 表示支架内的固体部分，$\phi>0$ 表示孔隙。参数 a、b 和 c 是可调节的，以便分别控制 x、y 和 z 方向上的孔径。参数 d 控制孔隙率。通常，a、b 和 c 的值越大，孔径越小，而孔隙率基于 d 的值线性增大。此外，a、b 和 c 不影响孔隙率，因此，d 是唯一与孔隙率有关的因素。

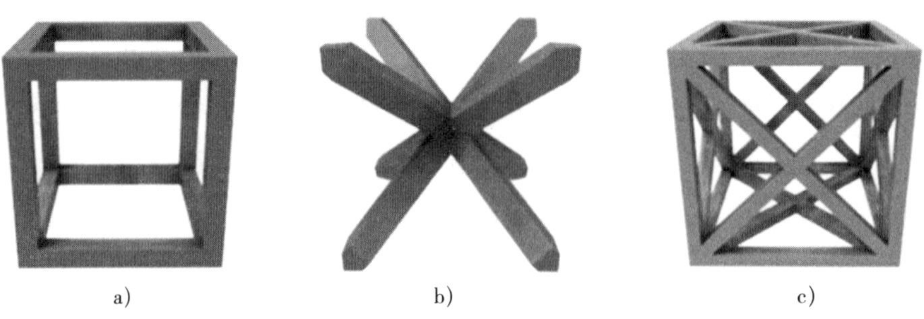

a)　　b)　　c)

图 5-3　杆结构

a）简单立方结构　b）体心立方结构　c）面心立方结构

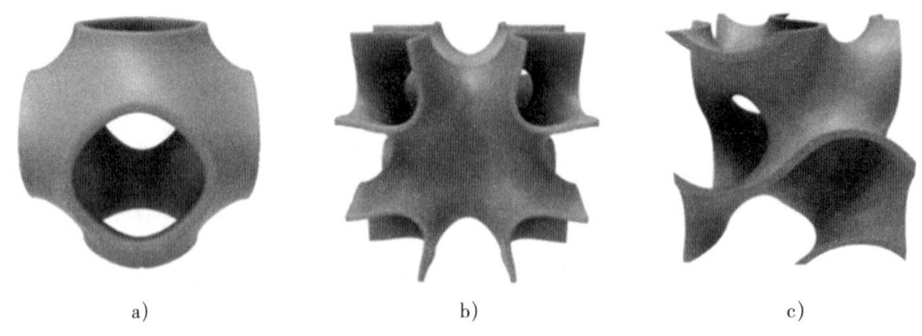

a)　　b)　　c)

图 5-4　TPMS 结构

a）TPMS-P 型曲面　b）TPMS-IWP 型曲面　c）TPMS-G 型曲面

（四）支撑设计

增材制造采用截面逐层堆叠方式来构建物体，对于模型中悬空部位，FFF、数字光处理（DLP）、SLM 等工艺，需要在这些部位下添加支撑结构才能完成正常制造，制造完毕后再将支撑结构去除。除保证增材制造过程正常进行外，在 SLM 工艺中，支撑结构还具有防止应力变形的作用。

在设计模型的支撑结构时，首先，所设计的支撑要有足够的强度，这样才能确保它自身及其所支撑的上部结构能正常成形；其次，支撑结构还应尽可能少，不必要的支撑不仅会增加成形时间，消耗更多材料，同时会带来后处理的问题。当前大多数增材制造装备自带软件所生成的支撑结构通常是垂直连接悬空部分到其下最接近的实体部分，因此这类支撑结构并非最优结构，其材料消耗有很大优化空间。

支撑设计主要涉及两方面工作：支撑区域分析与支撑形状设计。支撑区域分析的任务是在模型上寻找需要支撑的区域，支撑形状设计主要完成在所需区域确定并添加支撑结构形状。

支撑区域识别是添加支撑及支撑优化的基础，不同的增材制造技术对于支撑区域识别的要求也不同。目前，支撑设计主要工作集中在支撑形状设计方面，如杆状、树状等。未来可以探索更少、更稳定的支撑形状，来完成模型的支撑任务。

二、分层切片

进行模型处理之后，因为增材制造的逐层加工特性，需要对处理好的 3D 模型进行分层切片，将其转化为 2D 平面轮廓数据格式。由于对模型数据的切片过程中会产生错误，因此，下面将针对 STL 模型进行错误分析处理以及介绍一种 STL 模型的快速容错切片算法。

（一）STL 文件的一致性规则及错误

虽然 STL 文件是一些离散的三角形网格描述，但它的正确性却依赖于其内部隐含的拓扑关系。按照 STL 文件格式规范，正确的数据模型必须满足如下一致性规则：

（1）相邻两个三角形之间只有一条公共边，即相邻三角形必须共享两个顶点。

（2）每一条组成三角形的边有且只有两个三角形面片与之相连，也就是说每一条边有且仅有两个三角形共享。

此外，三角形面片的法向矢量要求指向实体的外部，其三个顶点排列顺序与外法向矢量之间的关系要符合右手法则。

由于三角形网格拟合实体表面算法本身固有的复杂性，因此，一般 CAD 造型系统输出复杂 STL 文件时都有可能出现或多或少的错误（不满足上述一致性规则），出错 STL 文件的比例可高达 1/7。STL 文件的错误种类很多，比较常见的错误有无效法矢、重叠三角形、裂缝、漏洞、非流形等，如图 5–5 所示。

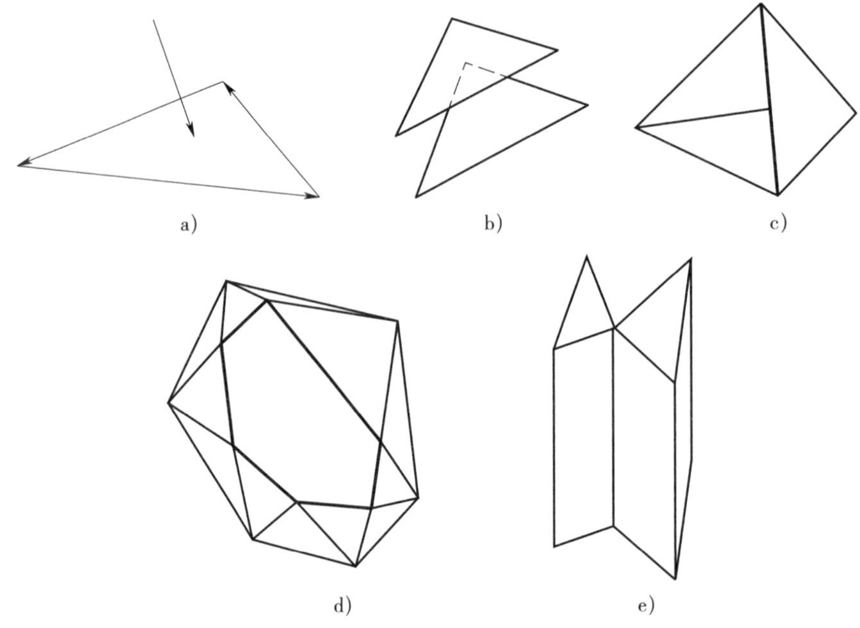

图 5–5　常见的 STL 文件错误

a）无效法矢　b）重叠三角形　c）裂缝　d）漏洞　e）非流形

对无效法矢、重叠三角形等简单错误已经有成熟的处理方法，比较容易识别和纠正这类错误，当前 STL 文件中难以修复的错误主要可分为如下两类：

1. 裂缝、漏洞

STL 文件的绝大多数错误均属于裂缝、漏洞，该类错误源于两种情况：一种是构成边界表示（B–Rep）模型的几块表面之间会有边界拼接误差，表现在三角化网格上就是裂缝；另一种是 CAD 系统在划分表面三角形网格时，由于遍历算法不完善，在某一区域丢失了一个或相邻的一组三角形，从而形成漏洞。裂缝在表现形式上与漏洞一样，即在STL模型上裂缝（漏洞）边界轮廓所包括的边均只有一个三角形面片与之相连，违反了STL文件的一致性规则。

对于某些基于表面造型的CAD系统而言（如Catia），设计人员在造型时有时并没有把模型的几块表面精确地拼接在一起，而是留有一个微小的缝隙，或者是两块表面之间有一个微小的重叠区域，这些情况用肉眼在显示器上往往无法观察出来，甚至能够符合数控加工的要求，但一旦输出成STL文件，就会形成贯穿全局的裂缝，如图5–6所示飞机底部的细长深色区域。由于在Catia中精确拼合几块曲面非常困难，需要设计人员耗费很长时间去调整，因此Catia生成的复杂STL模型一般都含有大量贯穿全局的裂缝错误。

图5–6 Catia生成的飞机STL模型

2. 非流形

与上一种情况相反，在划分三角形网格时，有时一条公共边上也会有多于2个三角形与之相连，这种情况称为多重邻接边。如图5–7所示，造型系统（Pro/E）在分别生成模型的部件1和部件2的三角形网格时，其网格划分都是符合STL文件一致性规则的，但造型系统并没有意识到部件1和部件2在粗白线处是相切的，而粗白线处恰好同时是部件1和部件2的三角形公共边，故在粗白线处将会出现4个三角形共用一条边的情况，即多重邻接边。从几何造型学的角度来说，合法的STL文件所表示的三维形体都应该是正则形体，即形体上的任意一点的足够小的邻域在拓扑上应是一个等价的封闭圆，围绕该点的形体邻域在二维空间中可构成一个单连通域。含有多重邻接边的STL文件所表示的形体为非流形。

非流形的生成有一定的普遍性，特别是Pro/E等基于特征建模的CAD系统，在输出含有相切特征的模型的STL文件时，一般都会出现这种STL文件局部正确、整体不符合一致性规则的错误。

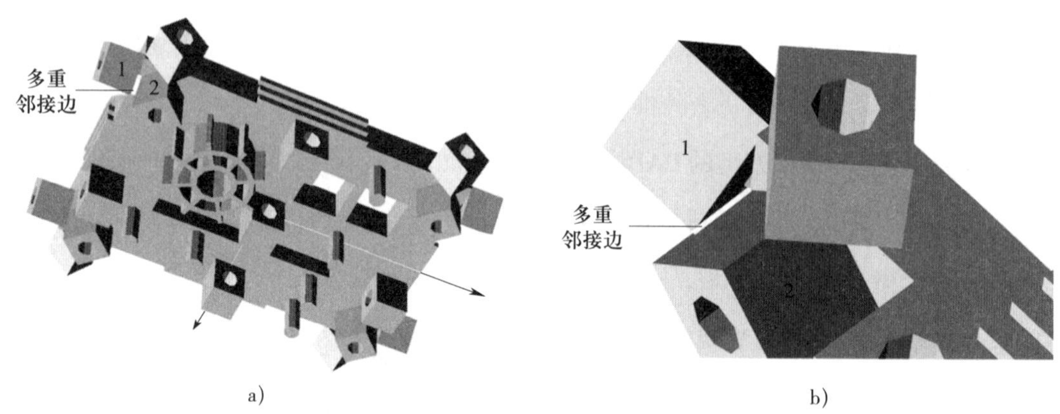

图 5-7　多重邻接边示例

a）模型全图　b）模型局部

（二）STL 文件的错误处理方法

对于 STL 模型的显示而言，小的局部裂缝、漏洞并不影响视觉效果，多重邻接边也不会导致视觉外观的任何变化。但增材制造系统的基本任务是将 STL 模型离散为一层层的二维轮廓切片，再以各种方式填充这些轮廓，生成加工扫描路径。若不能正确处理这些 STL 错误，在切片时就会出现轮廓错误、混乱等异常情况，甚至会导致系统崩溃。图 5-8 为 STL 文件的常规切片输出实例。

目前业界已经推出了一系列 STL 文件修复程序，多数通用增材制造软件（如 Magics、PowerShape 等）也具有强大的 STL 纠错功能。由于技术上的限制，目前多数 STL 纠错程序并不能将 STL 文件所描述的三维拓扑信息还原出一个整体、全局意义上的实体信息模型，也不具有对物理实体领域相关的完备知识和经验，因此，纠错只能停留在比较简单的层次上，无法对复杂错误进行自动纠错，或者虽然能将错误 STL 文件修复纠正成一个“文法”上正确的 STL 文件，但其描述的三维模型却与原始模型大相径庭。对复杂的模型一般只有采用人工交互式的纠错方法，该方法一般在三角形面片级别进行手工的添加、删除或者修改，这是一个冗长、烦琐的过程，失去了增材制造的意义。

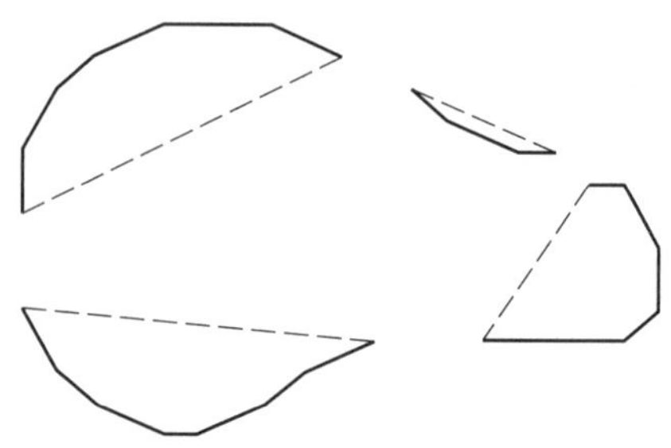

图 5-8　STL 文件的常规切片输出实例

另外一种思路采用降维的思想，基本避开在复杂三维层次上的纠错，但在模型拓扑重构过程中对复杂的STL文件错误（如裂缝、漏洞及非正则形体等）建模，再对STL模型直接切片，利用已建立的错误模型信息可在最大程度上恢复原始正确模型的切片轮廓信息，对切出来的仍然包含错误的切片轮廓，则在二维层次上进行修复，由于二维轮廓信息十分简单，并有闭合性、不相交性等简单的约束条件，特别是对于一般机械零件实体模型而言，其切片轮廓均为简单的直线、圆弧、低次曲线组合而成，因此，能很容易地在二维轮廓信息层次上发现错误，并依照以上多种条件、信息及经验进行去除多余轮廓、在轮廓断点处进行插补等操作，从而得到最终的正确（或接近正确）切片轮廓。该容错切片算法在实践中得到检验，能在无人干预的情况下处理90%以上的有错STL文件。

对于一般STL纠错软件难以处理的裂缝、漏洞、非正则形体等错误，该算法效果非常明显，一般STL文件错误不多，为进行高强度测试，将若干个不同类型的STL模型随机删除了20%的三角形面片之后，再进行容错切片，切片结果仍与原始切片观察不出区别。如图5–9所示，模型Superman原包括约6万个三角形面片，随机删除20%的三角形之后，形成5 000多个漏洞，其中3 000多个为简单的

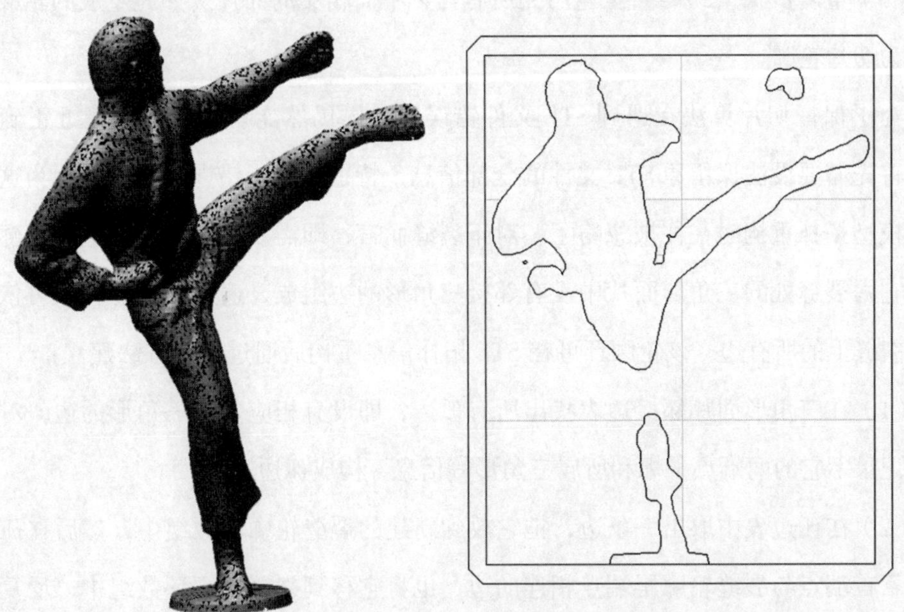

图5–9　Superman容错切片算法切片实例

单三角形漏洞，被自动更正，还剩下约 2 000 个一般漏洞（漏洞包含 3 ~ 12 条边）和 162 个复杂漏洞（漏洞包含 12 条以上的边，极难被一般纠错软件所处理），此时切片算法仍能正常进行切片操作，并且结果与原始切片轮廓基本保持一致。

容错切片最大的优点是它无须人为干预，甚至操作人员不需要知道他所加工的 STL 文件是包含错误的，更不需要启动一个 STL 纠错软件进行各种复杂的纠错操作，这大大降低了操作人员的劳动强度和对 CAD 领域知识的要求。从实际切片效果来看，容错切片输出的实体切片轮廓一般没有失真，和正确 STL 文件切片输出的结果是一致的。

（三）STL 文件的容错切片算法

STL 文件的切片算法很多，下面介绍的是一种快速容错算法，它基于模型拓扑信息，采用遍历与切平面相交的所有三角形的方法来获得切片轮廓，基本算法如下：

（1）建立 STL 模型的拓扑信息，即建立三角形面片的邻接边表，从而对每个三角形面片都能立刻找到它的三个邻接三角形面片。

（2）根据切片的 Z 值首先找到一个与切平面相交的三角形 F1，算出交点的坐标值，再根据邻接边表找到相邻三角形面片并求出交点，依次追踪下去，直至最终回到 F1，从而得到一条封闭的有向轮廓环。

（3）重复步骤（2），直至遍历完所有与 Z 平面相交的面片。如此生成的轮廓环集合即为切片轮廓。

为了保证切片算法在遇到 STL 文件错误的时候仍然能切出正确或接近正确的轮廓，首先需要设法保留原 STL 文件的全部信息，特别是关于错误的信息，因为这类信息在模型拓扑重构时往往被忽略了。对于裂缝而言，即需要建立裂缝的边界轮廓环模型，它由裂缝处的三角形面片中没有邻接三角形的边组成，遍历该轮廓环即可依次找到该裂缝上的所有边。该轮廓环可在 STL 拓扑信息重构后通过如下方法建立：

（1）在三角形面片邻接边表找出所有孤边，即没有相应邻接三角形的边，对各边分别记录下它的两端点坐标和所属三角形等信息，构成孤边表。

（2）在孤边表中取出一条边，把它放到新建的裂缝轮廓环数组中，然后在孤边表中搜索首端点与裂缝轮廓尾端点相连的边，也将它移到裂缝轮廓环数组中，反复搜索直至该裂缝轮廓闭合为止。由此形成一个裂缝的轮廓环模型，然后建立它的各边与邻

接边表之间的双向索引。

（3）重复步骤（2），直至所有孤边都处理完毕。

建立了裂缝模型后，切片时遇到裂缝就不必强行中止了，而可以采用裂缝跟踪技术将切片进程继续下去，如图 5-10 所示。在上文所述的切片算法步骤（2）的切片轮廓追踪过程中，若遇到裂缝轮廓上的某一边，该边在邻接边表上没有相应的邻接边，将无法继续追踪下去，但根据该孤边到裂缝轮廓环模型的索引，就可以找到它所在的裂缝轮廓环，并在该轮廓环上继续跟踪下去，直至找到该轮廓环与切平面相交的另一条孤边，即可计算该孤边与切平面的交点并加到切片轮廓数组中，然后又可以由该孤边到邻接边表的索引追踪到正常的模型表面上，继续进行步骤（2）的切片进程，直至轮廓闭合。

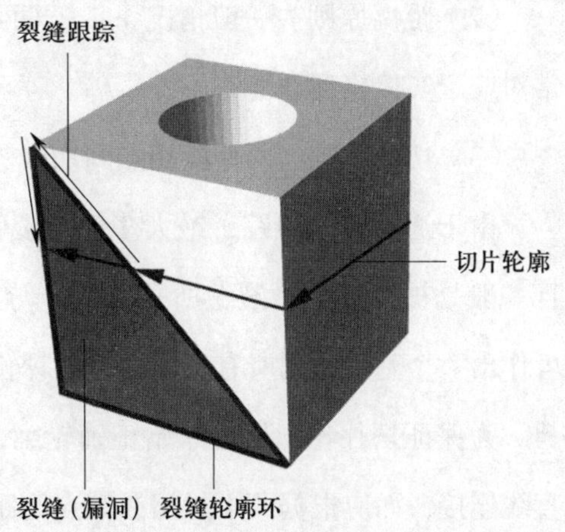

图 5-10　裂缝跟踪技术

随着增材制造技术的逐渐普及，客户提交加工的 STL 文件也在多样化，采用的造型系统和造型方法都各有不同，其中有一些模型根本不符合加工规范，主要是构成模型的各个曲面之间没有完全连接在一起，而是存在一个微小尺寸的缝隙，反映在 STL 文件上就是存在贯穿模型全局的裂缝，即各曲面之间仍然是分离的，没有形成一个闭合表面。对这种模型如果直接采用裂缝跟踪方法将会失效，因为裂缝是贯穿全局的，沿裂缝跟踪曲面的另一边，而不是与该曲面相邻的另一个曲面。这时最有效的方法就是保留轮廓片段，在二维层次上进行修整。具体的方法如下：

在裂缝跟踪生成轮廓环时，对由裂缝跟踪生成的轮廓点作特殊标记，待所有的切片轮廓环都生成完毕后，再将所有裂缝跟踪生成的轮廓线段两端点间的距离及端点处的切线矢量夹角分别与预定门限值进行比较，如果超出，则说明该裂缝跟踪可能是错误的，这时需要将该裂缝跟踪线段删除，将原轮廓环拆分成数个轮廓片段。将整个切片轮廓中的所有片段 C_1、C_2、…、C_n 集中起来，依次计算任意两个片段 C_i、C_j（$i \neq j$）之间不同端点间的联结度评价函数，按联结度高的两片段应联结在一起的原则再对轮廓片段重新进行组合。联结度评价函数根据实体模型的特征不同可有多种不同的形式，一般应遵循以下原则：

（1）不自交原则。若两片段联结在一起生成自交环，则联结度为 0。

（2）距离原则。一般情况下，若两片段端点间距离小，则联结度大，因为该处通常对应于实体模型裂缝。

（3）切矢原则。两片段端点间切线矢量夹角小则联结度大。

由于通过裂缝跟踪，绝大多数断裂轮廓已经被正确联结，剩下的数目比较少，并且一般是被全局细微裂缝所分隔，十分容易识别，因此，其评价函数比较容易实现，可作出一个基本适用所有实体类型的评价函数，实现了完全自动化容错切片。

为保证切片轮廓接近原始正确轮廓，当两片段端点间距较大时，不宜直接用一条直线连接，而应根据两不封闭线端点间距、切线矢量夹角等参数来中间内插 1 ~ 3 个顶点。经过上述二维层次上的修整，即可生成最终的切片轮廓。

三、路径规划

当模型数据被分层切片处理后，得到的只是增材制造过程中逐层加工的轮廓数据，实际加工过程则需要对轮廓进行加工路径规划。对于路径规划技术，目前的填充扫描路径有很多，但大致可以分为以下三种。

（一）基于直线扫描的路径规划方法

在零件制造的过程中，最基本的步骤之一就是选择合适的扫描路径，扫描固化零件的每一个截面。基础直线扫描算法就是将多边形区域用等距的线段进行填充。为了实现区域的高效直线填充，普遍用到了一种经典的算法——活性边表（active edge table，AET）算法。活性边表算法也叫有效边表算法，它是一种基于扫描线的算法，充分利用了扫描线的连贯性和多边形边的连贯性。其基本思想就是用一条扫描线自下而上对多边形进行扫描，对每一个 Y 值处的扫描线求出属于多边形内部的区段，对这些内部区段进行填充。这种算法基本着眼点就是边，可以对多边形实现较为快速的全自动填充。

算法的数据结构设计如下：

1. 边记录

多边形扫描线填充首先应当得到扫描线与边界的交点，假设多边形的某边 l 的斜率为 k，方程为 $y=kx+b$，将其转换成关于自变量 y 的函数：$x=(y-b)/k$。设第 i 条扫描线 y_i 与直线 l 的交点为（x_i，y_i），则第 i+1 条扫描线 y_i+1 与直线 l 的交点 x 坐标是 $x_{i+1}=(y_i+1-b)/k=(y_i-b)/k+1/k=x_i+1/k$。可见当扫描线从 y_i 到 y_i+1 时，x 的变化量是 $m=1/k$，设计边记录的数据结构：该边最高点的 y 坐标 y_{max}，该边最低点的 x 坐标，从 y_i 到 y_i+1 时，x 的变化量是 $m=1/k$，指向下一条边记录的指针，如图 5–11 所示。

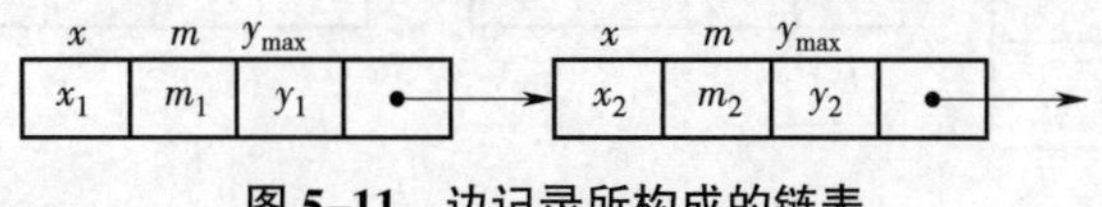

图 5–11　边记录所构成的链表

2. 边表 ET

边表是包含多边形全部边记录的表，它按 y 坐标递增（或递减）的顺序存放多边形的所有边，每个 y 坐标存放一条或几条边记录。当某条扫描线 y_i 遇到多边形边界的新边（以边的最底端为参照）时，则在边表中相应的 y 坐标值处填写一条边记录，当该 y 坐标值处同时有多条边进入时，则将这些边表按最低点的 x 坐标值递增的顺序添加到边记录表中。当没有新边加入时，表中相应的 y 坐标值处内容为空。对于图 5–12 所示的多边形，建立边表的过程如图 5–13 所示。

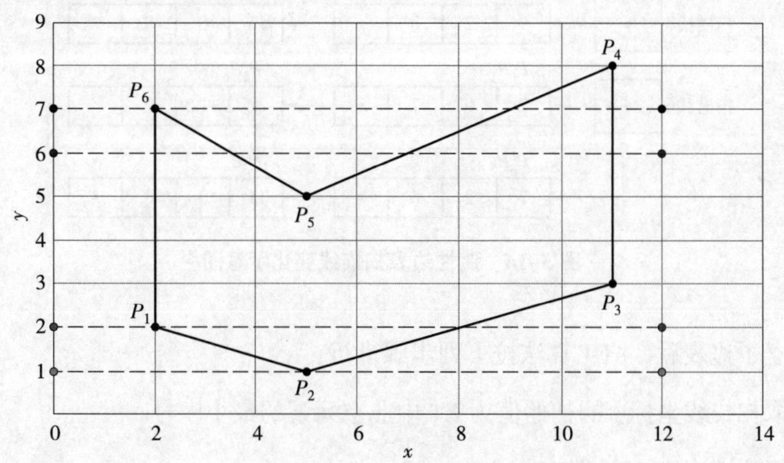

图 5–12　待填充的多边形

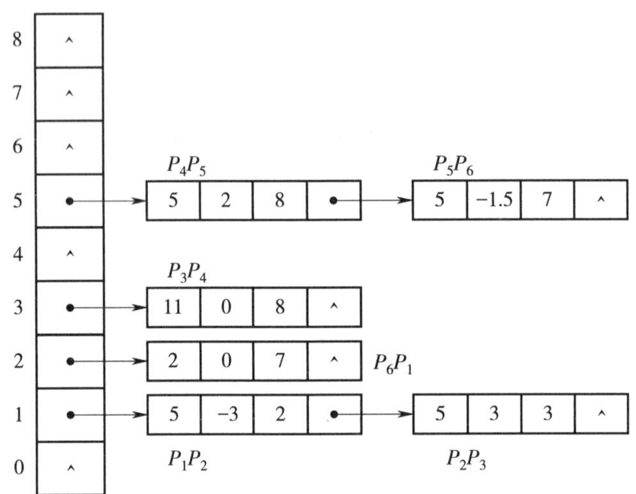

图 5–13　待填充的多边形的边表

特殊情况的处理：与 x 轴平行的边不计入边表。多边形的顶点分为两类：一类是局部极值点如 P_2，P_5，P_4，P_6；另一类是非极值点，如 P_1，P_3。当扫描线与第一类顶点相交时，该顶点视作两个点；与第二类顶点相交时，视为一个点。

3. 活性边表 AET

活性边表是仅为当前扫描线相交的边记录链表，当从一条扫描线变换到另一条扫描线时，活性边表的相关域要随之发生改变，如图 5–14 所示。

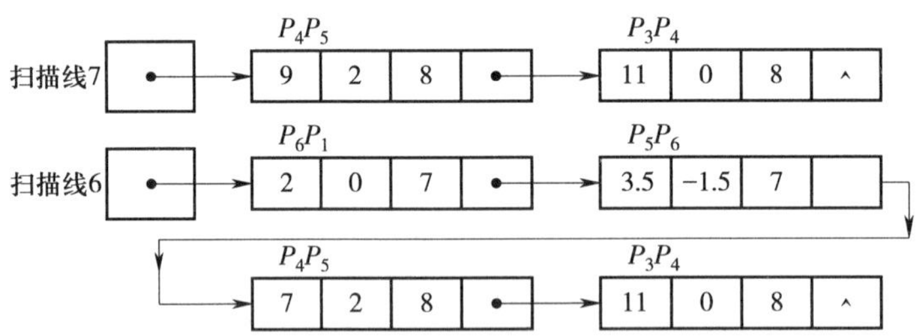

图 5–14　活性边表扫描线变化示意图

当建立了边表后，AET 算法按下列步骤进行：

（1）取扫描线坐标 y 的初始值为 ET 中非空元素的最小序号。

（2）将活性边表 AET 置空。

（3）按从下到上的顺序对坐标值为 y 的扫描线（当前扫描线）执行下列步骤，直到边表 ET 和活性边表 AET 都变成空为止。

（4）如果边表 ET 中的坐标 y 处所对应的元素非空，则取出该元素中的所有的边，并按各边 x 值（当 x 值相等时，按 Δx 值）递增的顺序插入活性边表中。

（5）若对于当前扫描线，活性边表 AET 非空，则将活性边表中的边两两配对（遵循奇进偶出的原则，即奇数向前进位、偶数则舍去），依次对配对的点所构成的线段着色。

（6）将 AET 中满足 $y=y_{max}$ 的边删去。

（7）将 AET 剩下的每一条边的 x 域累加 m。

（8）将当前的扫描线的纵坐标值 y 累加 1。

（二）分区变向扫描方法

分区变向扫描方法是选择性激光烧结中使用最为广泛的一种扫描方法，也是最简单直观的区域填充方法，该填充方法是按照交点的存放顺序直接填充的，考虑到激光的扫描效率，填充过程中对于相邻的两条扫描线采取不同的填充方向。

为了增大层之间的黏结力和防止成形件在同一个方向扫描产生各向异性，在相邻层之间采取相互成一个角度的扫描方法，将不同层的扫描方向夹角设定为 90°，如图 5–15 所示，在分层中将偶数层的扫描线设定为 x 方向，将奇数层的扫描线设定为 y 方向。

逐点扫描采用由点到线、由线到面、由二维到三维的加工方式，逐渐加工出三维零件。由于三维实体内部每点都要被烧结到，因此，烧结体的成形时间和其体积成正

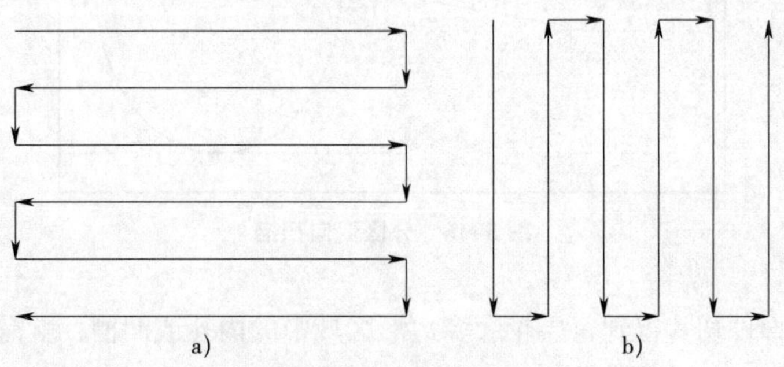

图 5–15　扫描方向的变化方式

a）水平方向　b）垂直方向

比。不同的扫描方式下，以相同的速度扫描同一截面的时间相差很大。在加工型腔薄壁零件时，扫描方式对烧结体的成形效率的影响尤为明显，而激光烧结成形技术主要应用于模具行业，模具零件大多带有复杂的型腔，因而合理规划路径对提高烧结体的成形效率至关重要。

分区变向扫描方法步骤如下：

（1）为提高烧结成形效率和减少烧结体的翘曲变形量，将截面分割成若干个无内孔的扫描子区域，如图 5–16 所示。

（2）区域划分的原则是根据水平扫描线与图形交点变化情况确定。图 5–16 中扫描线在 1 区范围内时与成形件轮廓只有两个交点，当扫描线进入 2 区时，与成形件的交点变成 4，进入 4 区时扫描线交点变成 6，在 7 区交点为 8，11 区变成 6。程序根据扫描线与图形交点的变化把整个区域划分成 16 个不同区域。

（3）区扫描顺序按照先上后下，先左后右进行。即图 5–16 中分区顺序为 1 → 2 → 3 → 4 → 5 → 6 → 7…

（4）扫描子区域内部用直线进行填充，但是相邻两层截面的扫描方向成形件错开一个 α 角，以避免扫描线的收缩应力方向一致，一般情况下，取 α=90°。

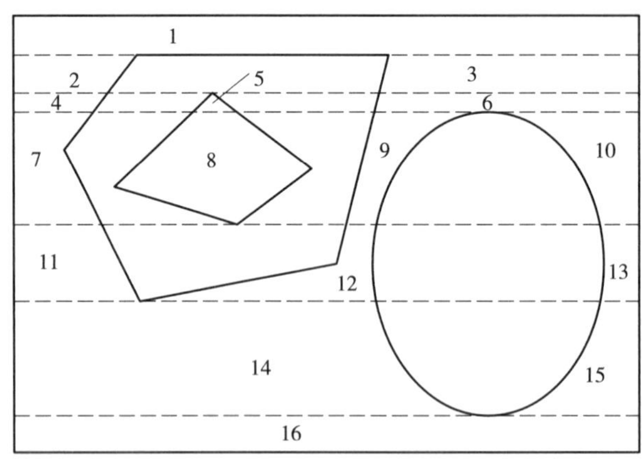

图 5–16　分区变向扫描

要绕开成形件切片得到每层轮廓多边形区域中的内孔或凹槽，就需对扫描区域进行分组。当区域在扫描线方向上发生突变时（如出现内孔或凹槽），扫描线上的填充线段的段数会发生变化，以此作为扫描线分组的判据将所有扫描线进行分组；对于任

意一组扫描线而言，根据填充线段在所属扫描线上所处的位置不同，又可以将组内所有填充线段进行分组，而每组填充线段所对应的子区域在扫描方向上均不含内孔或凹槽。将此区域作为一个连通区域的子扫描区域。

分区变向扫描方法的实现过程为：

（1）由填充线段产生的流程得到了整个区域的扫描线交点，排序后得到配对交点。(P_0, P_1)，(P_2, P_3)，…，(P_{n-1}, P_n) 构成轮廓线和扫描线的相交区间。

（2）扫描线分组。根据分组原则，也就是同一组扫描线上的填充线段的段数相同。

对于序列 $\{C_i,\ 1\leqslant i\leqslant N\}$，关系成立则整个区域内扫描线被分成 m 组，第一条扫描线到 k_i 条为第一组，第 $k_{m-1}+1$ 条扫描线到第 k_m 条扫描线为第 m 组。

$$\left[\begin{array}{ccccccccc} C_1 & = & C_2 & = & \cdots & = & C_{k_1} & \neq & C_{k_1+1} \\ C_{k_1+1} & = & C_{k_1+2} & = & \cdots & = & C_{k_2} & \neq & C_{k_2+1} \\ \vdots & & \vdots & & & & \vdots & & \\ C_{k_{m-1}+1} & = & C_{k_{m-1}+2} & = & \cdots & = & C_{k_m} & \neq & C_{k_m+1} \\ & & k_m & = & N & & & & \end{array}\right]$$

C_i 表示第 i 条扫描线填充线段的段数。

N 表示区域内扫描线的总数。

如图 5-17 所示，图 a 中只有一组扫描线；图 b 中有两组扫描线；图 c 中有三组扫描线。

（3）填充线段分组。对于任意一组扫描线，可以根据填充线段在扫描线的所处位置不同，将组内所有的填充线段进行分组：取出组内每条扫描线为第一组，再取出每条扫描线的第二条填充线作为下一组。重复以上过程，直至所有的填充线段都被遍历。对于任意的填充线段，为了实现相邻层交叉扫描。扫描线序号为偶数的填充线段的终点和起点的位置需要交换一下。

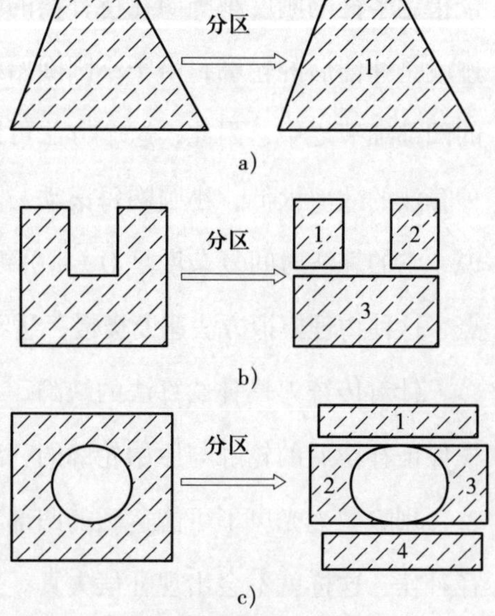

图 5-17 扫描线分组

分区变向扫描方法简单可靠，对于扫描路

径的快速生成有很大的帮助。将连通区域分成若干个扫描子区域，可以完美避开所有的内孔和凹槽，从而大幅度提高成形效率。

（三）基于轮廓的渐进路径规划方法

在增材制造过程中，如果沿着成形件原始轮廓进行成形，则最后得到的成形件的轮廓将比原始轮廓大出一个光斑半径的范围。因此，为了保证最后得到的成形件的轮廓与原始轮廓一致，就必须将原始轮廓向内偏置一个合适的距离。这一过程被称为轮廓偏置，也被称为光斑补偿。

对形状较为复杂的多边形需要进行光斑补偿，在补偿的过程中向内偏置的轮廓线可能会出现自相交的情况。如果在光斑补偿的过程中出现了自相交的情况，必须求出自交点的坐标并去除相应的自交环。因此，自交环的检测和去除是光斑补偿过程中的重要问题。

目前存在三种较为成熟的轮廓偏置技术，它们的原理各不相同。第一种为通过分区的路径生成方法，也即通过 Voronoi 图构造向内收缩的等距线，从而完成轮廓补偿。第二种为通过扫描线求交算法求出初步补偿轮廓中的所有自交点，再通过热点求交技术将可能存在的退化情况（包括多点重合，线段重合等）进行一般化，最后进行无效环去除，从而完成轮廓补偿。第三种是一种增材制造激光光斑半径补偿的算法，用一个指定半径的刚度小圆圈在待补偿的刚性轮廓上做物理滚动，则小圆圈圆心的运动轨迹就是补偿后的轮廓，由于小圆圈始终紧贴着轮廓滚动，并且不会陷入小于圆圈直径的凹部细节之中，因此，这个方法可以保证补偿轮廓与原始轮廓的绝对一致性。但这种算法的效率太低，小圆圈每滚动一步，就要与轮廓上所有线段作碰撞检测，也就是说，它的算法时间复杂度是 O（n^2）级的（n 为轮廓点数），复杂轮廓可含有数万个顶点，这种物理模拟方法速度极慢，达不到实用化要求。

针对传统刀具补偿算法的缺陷，有一种半径补偿算法可以与“刚度小圆圈”法一样保证补偿后的轮廓与原始轮廓的一致性，同时效率相当高。首先对原始轮廓进行修整，剔除激光光斑不可能达到的凹部细节轮廓，再对修整过的轮廓进行传统的刀具半径补偿，这样就不会出现补偿失真。正确的补偿后线段的方向与原始轮廓线段方向应该是相同的（如图 5-18 中的轮廓线段①、④）。若相反，则说明该段轮廓属于激光光

斑，不可能达到的凹部细节轮廓（如图 5-18 中的轮廓线段②、③），应剔除。这种半径补偿算法的实现过程如下：

1. 轮廓环的正方向

如图 5-19 所示，沿着轮廓环的正方向前进时，实体的外部始终处在轮廓环的右方，对于需要将外轮廓扩大、内轮廓缩小的系统，只需进行相当于数控加工系统的右刀补处理。由于 STL 文件中的三角形面片信息包括面片外法向矢量，因此，在增材制造系统的切片过程中很容易确定切片中每个轮廓环的正方向。这使得半径补偿算法不用再判断轮廓环是内环还是外环，轮廓的哪一边是实体外部，而只需沿着环的正方向依次进行处理即可，简化了算法实现，并且提高了处理速度。

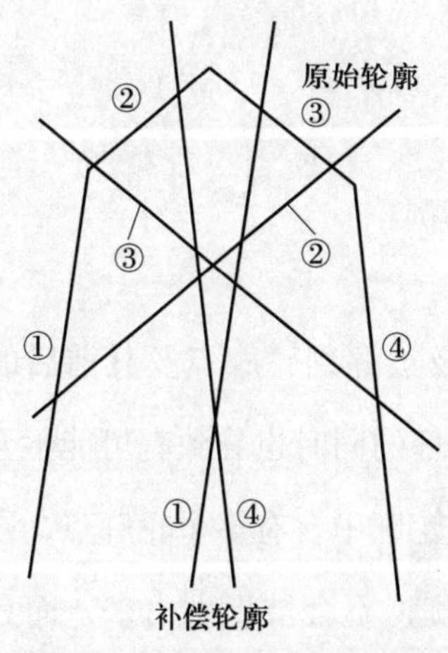

图 5-18　直接补偿出现的失真

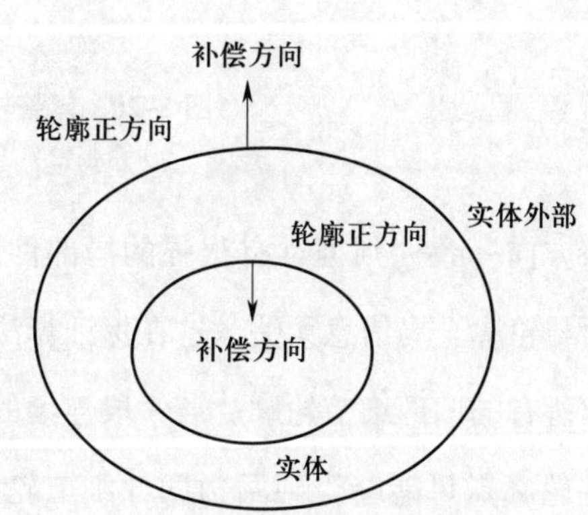

图 5-19　轮廓环的正方向

2. 修整轮廓，剔除凹部细节

首先对每一轮廓线段计算出相应的补偿线段，将该轮廓线段按轮廓环正方向逆时针旋转 90° 即获得半径补偿方向，再将轮廓线沿此方向平移补偿半径的长度，即获得补偿直线，它与前后相邻补偿直线相交即得到补偿线段。然后用上述方向判据来比较补偿线段和原始轮廓线段的方向是否吻合，以此决定这段轮廓线段是否应该被删除。将一整段凹部细节轮廓剔除后，再根据被删除轮廓的特征决定是否需要添加新的轮廓点，以保证对该修整轮廓半径补偿后形状与原始轮廓一致，这里添加的轮廓点本身可能会导致修整轮廓与原始轮廓有较大的出入（见图 5-20a），但这些部分处在半径补偿不可能达到的凹部细节位置，最终补偿后的轮廓与原始轮廓是一致的（见图 5-20b）。

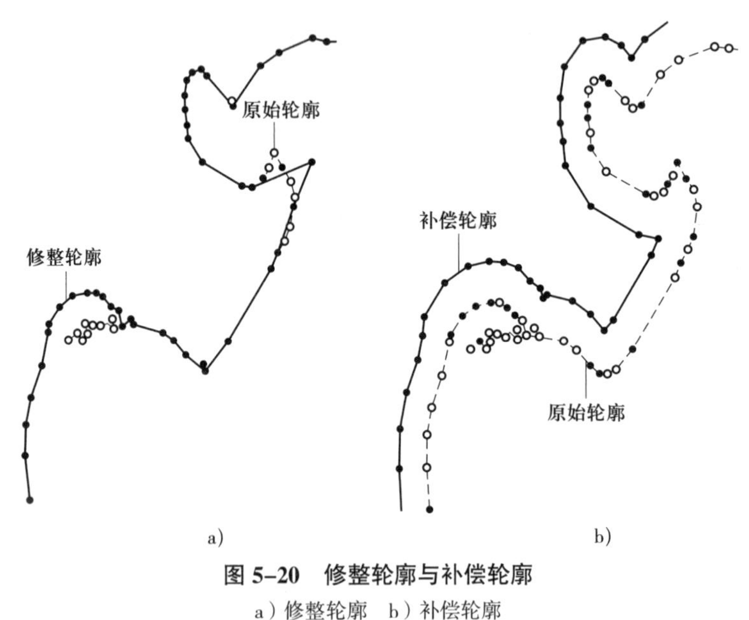

图 5-20　修整轮廓与补偿轮廓

a）修整轮廓　b）补偿轮廓

该方向一致性判据具有很强的局部性，它只涉及被评判轮廓点及其前后的轮廓点，而与轮廓全局信息无关，这在保证算法能快速处理的同时也导致有可能不会一次检查出所有的凹部细节轮廓。若一段连续的凹部细节轮廓中含有多个轮廓点，则中间有一些轮廓点可能会受到两边凹部细节轮廓点的干扰，不会被识别出来，而只有在剔除了两边已经识别出的凹部细节后才会被识别。因此，轮廓修整过程是一个迭代过程，需要用该方向判据对轮廓环进行反复评判并及时剔除已经发现的凹部细节，直至在一次循环中所有轮廓点都不属于凹部细节时，该迭代过程才算结束。对一个小尺寸内轮廓环（尺度小于补偿半径）来说，在每次迭代过程中都会有一部分轮廓会被识别为凹部细节，最终将被全部删除。

在每次进行方向判据测试时，都需要计算对应轮廓线段的补偿线段，这是一个比较费时的计算过程，其实，根据该判据的局部性可知，只有在一个轮廓点两边的轮廓点发生变化时，该点的测试结果才会有可能改变。因此，对每个轮廓点都设置了一个 NeedCalc 的属性，它指示该点在下一次迭代中是否需要再次测试，只在一个轮廓点被删除或被插入的情况下，才设置该点的相邻点的 NeedCalc 属性为真，由此可以完全消除重复计算，大大提高处理速度。

3. 半径补偿

当轮廓修整完毕时，就可以按照标准的数控系统刀具半径补偿算法进行半径补偿。需要根据相邻轮廓线段的夹角和补偿方向来确定相邻补偿线之间的转接方式（缩短型、伸长型和插入型），并由此生成最终补偿轮廓，具体算法在此不再重复。

四、控制制造

作为增材制造数据处理流程中的最后一个环节，控制制造模块解决的问题是利用所输入的加工路径数据并配合所设定的工艺参数数据，通过控制增材制造硬件系统中的激光器、振镜、电动机以及各种传感器等硬件来实现增材制造成形过程中的由点到线、由线到面、由面到体等形式的堆积制造过程。由于不同的增材制造技术其成形原理不同，因此，这一环节内容在不同类型的增材制造装备上的实现差异化较大。在增材制造工艺规划软件中，为了适配不同工艺装备的差异化硬件平台，常规的处理方法是采用硬件抽象的方法，并在增材制造工艺规划软件中实现硬件抽象层，以实现对不同硬件平台的柔性适配。典型的硬件抽象层基本结构如图 5–21 所示。

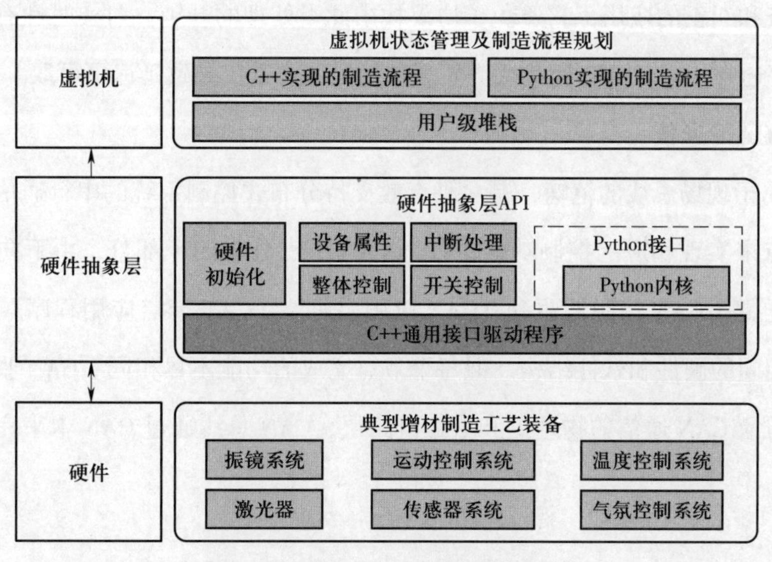

图 5–21　典型的硬件抽象层基本结构

硬件抽象层位于虚拟机（virtual machine，VM）和不同硬件平台之间，它包含与硬件相关的大部分功能，通过特定的上层接口与 VM 进行交互，向上提供底层的硬件信息，并根据上层模块的要求完成对硬件的直接操作。由于引入了硬件抽象层，VM 屏蔽了硬件的多样性，因此，不再直接面对具体的硬件环境，而是面向由硬件抽象层次所代表的逻辑上的硬件环境。硬件抽象层的引入极大地增强了上层模块的通用化和可移植性。

通信模块是针对层与层之间、层内子模块间的交互和信息传输。通常上位机和下位机通信采用串口通信协议，有 RS232 串口、RS485 串口、以太网、USB 等。串口通信是指外围 I/O 装备与计算机之间，通过数据信号线、地线、控制线等，按位进行传输数据的一种通信方式。以下着重介绍以太网通信和控制器局域网（CAN）通信。

（一）以太网通信

运动控制器与上位机之间的通信通过以太网接口，传输层一般采用传输控制协议（TCP）。TCP 是一种可靠传输的协议，它能够保证数据包的可靠性交付，TCP 能够正确处理传输过程中的丢包、传输顺序错乱等异常情况。此外，TCP 还提供拥塞控制用于缓解网络拥堵。在网络负载较高、响应速度要求特别高的场合，也可使用用户数据报协议（UDP），UDP 是一个面向资料包的简单协议。UDP 适用于不需要在程序中执行错误检查和纠正的应用，它避免了协议栈中此类处理的开销。对实时性有较高要求的应用程序通常使用 UDP，因为丢弃资料包比等待或重传导致延迟更可取。

（二）CAN 通信

CAN 属于现场总线的范畴，是一种有效支持分布式控制系统的串行通信网络。首先构建节点来实现相应的控制功能，各个 CAN 节点分为四个部分，由下向上分别为 CAN 节点电路、CAN 控制器驱动、CAN 应用层协议、CAN 节点应用程序。每个 CAN 节点都有相同的硬件和软件结构，但每个节点完成的功能不尽相同。CAN 收发器和控制器分别对应 CAN 通信的物理层和数据链路层，CAN 总线通过 CAN 卡来完成数据的收发。

第二节　增材制造软件开发方法

一、增材制造软件的特点及开发流程

（一）增材制造软件的特点

增材制造软件的特点可以根据不同的环境和系统需求而有所不同，主要有以下特点：

1. 实时性

增材制造软件需要实时地对被控对象进行控制和调节，因此，需要快速地处理和响应各种输入信号，同时根据控制策略进行相应的输出调节。

2. 精确性

增材制造软件需要精确地控制被控对象的运动轨迹和状态，因此，需要具备高精度的计算和控制能力，以便实现精确的闭环控制。

3. 可靠性

增材制造软件需要保证控制的稳定性和可靠性，以保证被控对象的正常运行和安全性，因此，需要具备故障检测和异常处理功能，以便及时发现并处理故障。

4. 可扩展性

增材制造软件需要适应不同的被控对象和控制需求，因此，需要具备可扩展性，以便通过模块化、插件等方式进行功能扩展和定制。

5. 易用性

增材制造软件需要方便用户使用和维护，因此，需要具备易用性和可维护性，以使用户可以快速掌握软件系统的使用方法和进行日常维护。

6. 开放性

增材制造软件需要与其他装备、系统进行通信和数据交换，因此，需要具备开放性，以便支持多种协议和数据格式，以及与其他软件系统进行集成和互联。

7. 安全性

增材制造软件需要保护被控对象和软件系统的安全，因此，需要具备安全性，包括对数据的加密和权限控制等措施，以防止未经授权的访问和使用。

（二）增材制造软件的开发流程

基于上述特点，增材制造软件开发是一项复杂的任务，需要遵循一定的流程以保证开发效率和结果的质量。

1. 需求分析

首先，需要对增材制造软件的需求进行深入理解。这包括软件需要完成的任务、性能要求、运行环境等。通过与项目相关人员（如工程师、操作人员等）密切沟通，确保完全理解并记录下这些需求。

2. 系统设计

根据需求分析的结果，进行系统设计。这包括确定系统的架构、硬件选型、软件模块划分等。在这个阶段，可能需要创建原型系统来验证设计的有效性和可行性。

3. 编程和编码

增材制造软件通常需要使用一种或多种编程语言进行编写。根据设计要求，进行模块化的编程和编码，实现各项功能。

4. 测试

完成编码后，需要对增材制造软件进行严格的测试，以确保其在各种预期的条件下都能正常运行。这包括单元测试、集成测试和系统测试。

5. 验证和确认

在测试通过后，需要在真实的系统环境中对软件进行验证和确认，以确认其满足所有的需求和设计目标。

6. 部署和维护

当增材制造软件被确认合格并满足所有需求后，将其部署到实际系统中。在部署后，可能还需要进行持续的维护和更新，以保证系统的稳定性和性能。

7. 文档编写

在整个开发流程中，需要记录重要的设计决策、实现细节和性能数据。这些信息将被写入软件开发文档，以供未来参考和维护。

以上是基本的增材制造软件开发流程，每个阶段可能还会根据具体项目和需求进行详细的展开和调整。同时，这个流程是一个迭代的过程，随着开发的进行，可能需要对一些阶段进行反复，以实现需求的变更管理和系统的持续优化。

二、增材制造软件开发支撑库

（一）跨平台的 C++ 应用程序开发框架——Qt

Qt 是一个跨平台的 C++ 图形用户界面库，提供给应用程序开发者建立艺术级的图形用户界面所需的所有功能，目前包括 Qt Creator、Qt Designer 快速开发工具、Qt Linguist 国际化工具、Qt Assistant、Qmake 等部分，Qt 支持所有 Linux/UNIX 系统，还支持 Windows 平台。

（1）Qt Creator 是用于 Qt 开发的轻量级跨平台集成开发环境。

（2）Qt Designer 是强大的拖曳式图形化用户界面排版和设计工具，包括可即时预览表单和对话框的创建，与 Qt 版面系统集成，宏大的标准 widgets 集，支持客户定制的 widgets 和对话框，与 Microsoft Visual Studio.NET 无缝集成等功能。

（3）Qt Linguist 一整套工具，支持对 Qt 应用作快捷无误的翻译，是一组能理顺国际化工作流的工具，包括采集所有的用户界面文本并以一个简洁的窗口将其展现给人工译者，从单一应用的二进制程序内部提供同时多语言支持及同时多写入系统等功能。

（4）Qt Assistant 是可定制可重发布的帮助文件和文档阅读器，包括支持超文本标记语言（HTML），简单明快的万维网（Web）浏览器般导航、书签和文档文件连接，全文本关键词查阅以及可定制的特点。

（5）Qmake 跨平台 makefile 生成器，负责读取工程源代码，生成依赖关系树，生成平台相关工程和 makefiles，以及与 Visual Studio 及 Xcode 集成。

Qt 提供了许多基础模块。Qt Core 提供核心的非 Gui 功能，所有模块都需要 Qt Core 模块。Qt Core 模块的类包括了动画框架、定时器、各个容器类、时间日期类、事件、IO、JSON、插件机制、智能指针、图形（矩形、路径等）、线程、XML 等。Qt Gui 提供 Gui 程序的基本功能，包括与窗口系统的集成、事件处理、OpenGL 和 OpenGL ES 集成、2D 图像、字体、拖放等，一般由 Qt 用户界面类内部使用，也可以用于访问底层的 OpenGL ES 图像 API。Qt Gui 模块提供的是所有图形用户界面程序都需要的通用功能。Qt Qml 模块提供了 Qml 的引擎和语言基础。Qt Quick 提供了一个可视化的画布，并包括用于创建和动画化视觉组件，接收用户输入，创建数据模型和视图以及延迟对象实例化的类型。

（二）轻量级用户界面（UI）——ImGui

ImGui 是一个用于 C++ 的无膨胀图形用户界面库。它输出优化的顶点缓冲区，可以随时在支持 3D 管道的应用程序中进行渲染。它快速、可移植、与渲染器无关并且独立（无外部依赖项）。ImGui 旨在实现快速迭代，并使软件开发人员能够创建内容创建工具和可视化 / 调试工具（而不是普通最终用户的 UI）。

ImGui 特别适合集成到游戏引擎（用于工具）、实时 3D 应用程序、全屏应用程序、嵌入式应用程序或操作系统功能非标准的控制台上的任何应用程序。其特点为：

（1）最小化状态同步。

（2）最小化用户侧的状态存储。

（3）最大限度地减少设置和维护。

（4）易于创建动态 UI，反映动态数据集。

（5）易于创建代码驱动和数据驱动的工具。

（6）易于用来创建临时的短期工具和长期的、更复杂的工具。

（7）易于破解和改进。

（8）可移植，最大限度地减少依赖性，在目标（控制台、手机等）上运行。

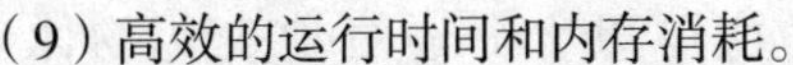

（9）高效的运行时间和内存消耗。

ImGui 的核心独立于一些与平台无关的文件中，可以轻松地在应用程序 / 引擎中编译这些文件。它们是存储库根文件夹中的所有文件（imgui.cpp、imgui.h），不需要特定的构建过程，可以直接将 .cpp 文件添加到现有项目中。

（三）图形渲染库——OpenGL

OpenGL（open graphics library，开放式图形库）是用于渲染 2D、3D 矢量图形的跨语言、跨平台的应用程序接口（API）。这个接口由近 350 个不同的函数调用组成，用来绘制复杂的三维景象，常用于 CAD、虚拟现实、科学可视化程序和电子游戏开发。OpenGL 独立于窗口系统和操作系统，以它为基础开发的应用程序可以十分方便地在各种平台间移植。同时 OpenGL 可以与编程软件紧密接口，便于实现有关计算和图形算法，可保证算法的正确性和可靠性。

OpenGL 的最早版本 OpenGL 1.0 发布于 1992 年 1 月。OpenGL 2.0 版本有了自己的着色语言，也开始有了顶点着色器和片段着色器，导致这个阶段的 OpenGL 出现了固定管线和可编程管线并存的情况。OpenGL 的片段着色器可以输出到帧缓冲的多个渲染目标，同时 OpenGL 的纹理也不再有 2^n 大小的限制。OpenGL 3.0 版本正式把帧缓冲对象划入“核心文件”类；增加了许多 GLSL 函数，尤其是在纹理方面；同时增加了重要的条件渲染。

下面介绍 OpenGL 的主要功能。

（1）建模。OpenGL 除了提供基本的点、线、多边形的绘制函数外，还提供了复杂的三维物体（球、锥、多面体、茶壶等）以及复杂曲线和曲面绘制函数。

（2）变换。OpenGL 的变换包括基本变换和投影变换。基本变换有平移、旋转、变比、镜像四种变换，投影变换有平行投影（又称正射投影）和透视投影两种变换。其变换方法有利于减少算法的运行时间，提高三维图形的显示速度。

（3）颜色模式设置。OpenGL 颜色模式有两种，即 RGBA 模式和颜色索引模式。

（4）光照和材质设置。OpenGL 光有辐射光、环境光、漫反射光和镜面光。材质是用光反射率来表示。场景中物体最终反映到人眼的颜色是光的红绿蓝分量与材质红绿蓝分量的反射率相乘后形成的颜色。

（5）纹理映射。利用 OpenGL 纹理映射功能可以十分逼真地表达物体表面细节。

（6）位图显示和图像增强功能。除了基本的拷贝和像素读写外，还提供融合、反走样和雾的特殊图像效果处理。渲染更具真实感，增强图形显示的效果。

（7）双缓存动画。双缓存即前台缓存和后台缓存，简言之，后台缓存计算场景、生成画面，前台缓存显示后台缓存已画好的画面。

OpenGL 渲染管线是 OpenGL 的核心，如图 5-22 所示，演示了 OpenGL 渲染管线的全流程操作，在用 OpenGL 进行绘制时，首先由顶点着色器对传入的顶点数据进行运算，再通过图元装配，将顶点转换为图元，然后进行光栅化，将图元这种矢量图形转换为栅格化数据，最后将栅格化数据传入片段着色器中进行运算。片段着色器会对栅格化数据中的每一个像素进行运算，并决定像素的颜色，也可以在这个阶段将某些像素丢弃。像素的颜色可以是具体的数值或者是由某种算法计算得到。如果图元有纹理，就必须用纹理来产生图元的二维渲染图像上每个像素的颜色。对于图元在二维屏幕上图像的每个像素来说，都必须从纹理中获得一个颜色值。这一过程被称为纹理过滤，纹理过滤根据不同的过滤方式由一个或多个像素确定最终获得的

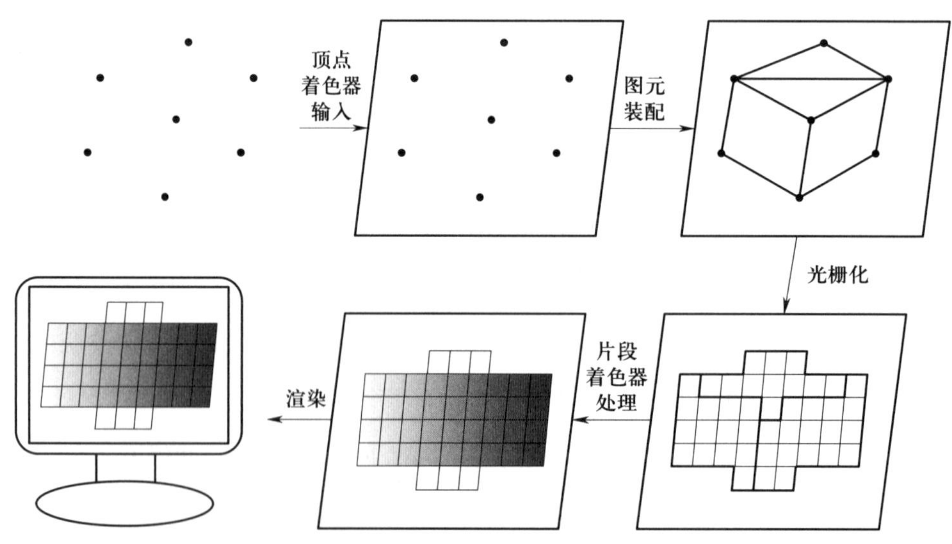

图 5-22　OpenGL 渲染管线

颜色。表示这个像素位置的数据被称为纹理坐标，寻找这个纹理中对应像素位置的方法被称为纹理寻址方式或者纹理环绕方式。没有被丢弃的像素下一步会进入测试阶段。通过了深度测试和模板测试，会和帧缓冲区上的颜色进行混合，决定最终留在屏幕上的是什么颜色。

第三节　增材制造常用工业软件

一、开源软件

（一）Cura

Cura 是一款常用的增材制造模型处理软件。Cura 源代码开源，图形界面简单清晰，容易上手。

其主要特点为：

（1）更灵活的设计。可自定义超过 300 个参数，通过调整成形温度、填充密度等最大限度地适应模型设计。

（2）更快的切片速度。以前需要几小时的切片现在只要几秒。

（3）动态模型准备。不再需要切片按钮，软件会立刻开始为模型进行切片。

（4）实时调整切片参数。因为当改变一个设置时，能看到工具路径重新出现在屏幕上，所以能够快速为所需成形对象找到优化设置。

（5）模型修复。软件会自动修复模型中的主要问题。

（6）模型稳定性保证。软件拥有智能引擎，应对复杂结构和支撑结构时能保证模型稳定性。

（7）多材料。软件从一开始就将多喷头成形纳入设计。

（8）支持多种标准。软件支持多种行业标准文件，包括 STL、OBJ、X3D 以及 3MF 格式。

（9）支持第三方优化配置。通过 CAD 软件插件和第三方材料的优化配置文件来在软件中添加更多的功能。

（10）跨平台。软件用 C++ 编写，支持 Linux、Windows 和 Mac。

（二）Slic3r

Slic3r 是业内专业的增材制造切片软件之一，并且是开源软件，它将 STL 文件转化成 G-code。Slic3r 使用开放源代码，可以跨平台，速度快，使用方法也较为简单。

主要特点如下：

（1）兼容性。支持所有已知的 G 代码语言（Marlin，Repetier，Mach3，LinuxCNC，Machinekit，Smoothie，Makerware，Sailfish）；Slic3r 可输入文件格式包括 STL、OBJ、AMF 和 XML 等，输出 G 代码格式。

（2）灵活调控。许多配置选项允许微调和完全控制。

（3）社区驱动。GitHub 存储库中实时讨论新功能和新问题。

（4）测试完备。代码库中包含超过 1 000 个单元和回归测试，在长期开发过程中不断积累。

（5）模块化。核心库由 C++ 编写，提供精细的 API 和可重用组件。

（6）可嵌入。完整而强大的命令行界面允许从 shell 使用 Slic3r 或将其集成到服务器端应用程序中。

二、其他软件

其他软件主要有 Magics、Netfabb、3DXpert、VoxelDance 软件等。

（一）Magics

Magics 是一款增材制造数据处理软件，包含强大的布尔运算、三角网格简化、光滑处理、碰撞检测等功能。针对存在错误的 STL 文件格式进行快速修复、零件

摆放、添加支撑、切片输出等一系列增材制造数据处理流程，来完成高质量的增材制造。

其主要特点有：

（1）支持多种3D文件格式。Magics支持多种3D文件格式，包括STL、OBJ、PLY等常用格式，同时还支持CAD软件的导入和导出。

（2）自动修复功能。Magics具有强大的自动修复功能，可以检测和修复3D模型中的错误和缺陷，包括孔洞、壁厚、不连续等问题，从而提高成形成功率。

（3）网格编辑功能。Magics还支持网格编辑功能，可以对3D模型进行切割、分离、移动、缩放等操作，使用户可以更精细地编辑和准备3D模型。

（4）支撑结构生成功能。Magics支持自动支撑结构生成功能，可以根据3D模型的形状和大小，自动生成支撑结构，以保证增材制造成功率。

（5）批量处理功能。Magics支持批量处理功能，可以同时处理多个3D模型，提高工作效率。

（6）自定义设置功能。Magics支持各种自定义设置功能，如成形方向、填充密度、支撑结构类型等，可以根据用户的需求进行设置。

（7）高级模块插件功能。Magics还支持各种高级模块插件功能，如材料信息、表面质量、壁厚检查等，可以满足用户更高级的需求。

（二）Netfabb

Netfabb提供了丰富的工具，针对增材制造的模拟分析、修复、支撑设计以及结构优化，对增材制造的数据进行处理。

其核心功能如下：

（1）导入、分析和修复模型。从各种CAD格式导入模型并使用修复工具快速纠正错误。通过调整壁厚、平滑粗糙区域等，为模型增材制造做好准备。

（2）可配置的支撑构建。对需要支撑的区域使用半自动化工具生成支撑结构。

（3）自动封装。使用2D和3D打包算法在构建的体积内以最佳方式放置零件。

（4）全流程自动化。自动执行常见的准备任务，包括导入、分析、修复、打包、切片和路径规划。

（5）结构设计优化。根据零件的载荷和约束，生成针对刚度和重量的拓扑优化形状；自动验证和优化晶格，以满足负载要求并减轻重量。

（三）3DXpert

3DXpert 提供针对增材制造的设计优化、数据处理和工艺编程功能，支持从设计到后期处理的增材制造流程。

它的功能主要包括导入 CAD 格式并确保模型完整性，通过实时分析支撑来定位和修改零件加工方向，使用拓扑优化、晶格设计、隐式建模和有限元分析来轻量化结构，优化切片和计算合理的扫描路径来确保加工质量。

3DXpert 包含以下特点：

（1）优化设计结构。通过创成式设计、隐式结构、晶格设计和拓扑优化，最大限度地发挥增材制造的作用，减轻重量，增强功能性。

（2）保证成形质量。成熟的数据准备和先进的成形仿真功能，提高成形成功率和成品质量。

（3）面向智能制造。考虑增材制造的需求，提供丰富的面向制造的编辑功能；自动化设计和准备，优化大批量生产工作流程。

（4）减少制造成本。灵活的扫描策略设置，优化成形效率并减少材料消耗和后处理。

（四）VoxelDance

VoxelDance 具备增材制造前处理需要的所有功能，包括 CAD 数据导入、STL 文件修复、智能 2D/3D 摆放、生成支撑、切片等，减少了用户增材制造前处理时间，提高了成形成功率。它可用于 DLP、SLS 和 SLM 多种成形技术。

它有以下特点：

（1）合理规划增材制造前处理流程。

（2）将所有的功能模块集成在一个平台上，用户只要一个软件就能完成所有的前处理工作。

（3）智能化功能模块设计，通过它强大的算法库和优化的算法内核，用户可以一键操作，节约增材制造前处理时间，减少人工操作错误。

VoxelDance的智能支撑处理较为成熟，用这种支撑算法生成的支撑点位置准确，减少了手动支撑可能造成的人工错误。它采用类似于建筑结构设计的桁架结构，可在保证结构强度的前提下减少支撑材料。

思考题

1. 增材制造数据处理流程的基础是什么？简述其主要步骤。

2. STL文件的常见错误种类有哪些？

3. 为了对复杂STL模型进行纠错，可以采用什么方法？

4. 对方形薄壁零件应当采用哪种扫描路径？弧形薄壁零件又该如何？

5. 假设要针对某种已知结构的零件进行增材制造软件开发，需要如何实现？简述其开发流程。

6. 常用的增材制造软件开发支撑库都有哪些？分别适用于什么应用条件？

第六章
增材制造专用材料

增材制造专用材料是进行零件增材成形的核心物料，其成分、形态、稳定性是决定增材制造零件实际应用的关键。随着光固化成形、材料挤出成形、粉末床熔融、定向能量沉积等增材制造技术的不断发展，类型丰富的高分子材料、金属材料逐渐在增材制造领域得到应用；为了满足从模具加工、航空航天制造到道桥建筑、健康医疗等广泛场景对增材制造技术发展的需求，陶瓷、生物材料在增材制造领域中的应用也日新月异。本章将结合典型增材制造工艺，按照金属材料和非金属材料两大门类对增材制造专用材料的成分、形态及性能进行介绍，使读者全面掌握增材制造材料的选用、制备和测试方法。

- **职业功能：**研发材料与工艺。
- **工作内容：**制备增材制造专用材料，验证增材制造专用材料工艺特性。
- **专业能力要求：**能根据材料特征（如成分、杂质含量、粉末粒径、丝材直径等）进行材料分类；能根据增材制造专用材料（如光敏树脂、粉材、丝材等）的制备工艺规范进行材料制备；能进行增材制造专用材料的安全使用与管控；能完成增材制造工艺装备与材料类型（如丝材、粉材、液材等）的适用性匹配；能根据工艺过程中材料的表现形式（如铺粉问题、喷头堵塞）评价材料的工艺性；能验证增材制造专用材料的工艺性能。

- **相关知识要求：** 增材制造材料类型、材料物性知识与适用工艺；增材制造专用材料的制备技术，包括原材料的选择、制备方法、材料性能评价等；增材制造专用材料的安全存储和使用方法；专用材料对增材制造工艺的影响机制相关知识；增材制造专用材料的工艺性评价方法；增材制造专用材料表征方法。

第一节　增材制造金属材料

一、增材制造金属材料体系

根据材料成分不同，增材制造金属材料可分为铝合金、高温合金、钛合金、铁合金和其他合金，主要金属材料的优势、应用及代表性合金见表 6–1。

表 6–1　　主要金属材料的优势、应用及代表性合金

种类		优势及应用	代表性合金
铝合金		铝合金具有高的比强度、比刚度等特点，是航空航天、交通运输等领域的关键结构材料；增材制造可以解决传统铸造工艺中暴露出的一些缺陷，满足特殊零件的加工需求，应用于航空航天、汽车等领域	AlSi10Mg AlSi7Mg 铝 – 铜系 2219、2024 铝 – 锌 – 镁系合金
高温合金		高温合金具有较高的高温强度、良好的抗热腐蚀和抗氧化性能，以及良好的塑性和韧性；多用于高性能发动机	铁、镍、钴基金属材料、Inconel 718、Inconel 625
钛合金		钛合金具有重量轻、高比刚度、高比强度和良好的耐蚀性等特点，增材制造能够解决钛合金难熔炼、易污染等难题，在航空航天、化工、核工业、运动器材、医学及医疗器械等领域得到广泛应用	Ti6Al4V 钛 – 铼合金 钛 – 镍合金
铁合金	不锈钢	不锈钢具有高强度、耐高温、耐磨性和耐蚀性等优点，性价比高，适合成形尺寸较大的产品；多用于各种工程机械、零件及模具的成形	304 不锈钢 316 不锈钢
	工具钢、难熔金属	高温下硬度高，高熔点、高密度；多用于高温零部件、生物医学植入物、化学工业	M2、HSS、H13、钽合金、钨合金

（一）铝合金

铝合金具有高激光反射率、高热导率及易氧化性，属于典型的难激光增材制造的材料。其中，Al–Si 系铝合金因具有良好的铸造和焊接性能，可以实现激光增材制造，而传统的 2××× 系和 7××× 系等铝合金在不添加特殊元素改性的情况下，在激光增材制造中大多面临易热裂的问题。

激光增材制造 Al–Si 系合金的微观组织因冷却速率高而被显著细化，一次枝晶间距大大缩小，共晶 Si 相的形态由铸态下的针状转变为纤维状或珊瑚状，分布更加弥散，甚至在快速凝固后的冷却过程中，Si 由过饱和的 α–Al 相中析出，形成纳米 Si 相，这使其强度和塑性往往优于传统铸件。目前得到较广泛应用的增材制造 Al–Si 合金包括 AlSi10Mg 和 AlSi7Mg，其成分及性能见表 6–2、表 6–3。

表 6–2　　典型增材制造铝合金及其成分（wt.%）

材料	Si	Mg	Mn	Fe	Ti	Cu	Zn	Sn	Pb	Ni	Al
AlSi10Mg	9.0 ~ 11.0	0.20 ~ 0.45	≤ 0.45	≤ 0.55	≤ 0.15	≤ 0.10	≤ 0.10	≤ 0.05	≤ 0.05	≤ 0.05	余量
AlSi7Mg	6.5 ~ 7.5	0.20 ~ 0.65	≤ 0.35	≤ 0.55	0.05 ~ 0.25	≤ 0.20	≤ 0.15	≤ 0.05	≤ 0.15	≤ 0.15	余量

表 6–3　　典型增材制造铝合金性能及其与铸件的对比

材料	制造技术	抗拉强度 R_m/MPa	屈服强度 $R_{p0.2}$/MPa	延伸率 A/%
AlSi10Mg	SLM	290 ~ 320	190 ~ 205	12.0 ~ 18.5
	铸件	235	—	2.0
AlSi7Mg	SLM	420 ~ 450	270 ~ 300	4.0 ~ 10.0
	铸件	235	—	4.0

增材制造专用铝合金的研究重点是开发适应激光增材制造技术的高强铝合金。目前，已经涌现出了一批专用铝合金牌号，代表性的增材制造专用铝合金牌号有 Scalmalloy®、A20X、Al250C 和 Amaero Hot Al、7A77.60L 等，以及国内相关自研牌号。这些专用合金具有一些共性特征，即通过添加 Sc、Zr、Ti 等元素，在凝固过程中优先形成 Al_3（Sc、Zr、Ti）颗粒，作为 α–Al 的异质形核核心，促使增材制造条件下的凝

固组织由外延生长柱状晶转化为等轴晶，避免形成长液膜而抑制热裂，从而满足增材制造成形性的要求。此外，通过外加纳米陶瓷增强相或原位陶瓷增强相，可进一步提升增材制造铝合金强度。

目前，激光选区熔化铝合金件在航空航天等领域的轻量化结构及复杂结构中获得了许多应用。例如，国外航空航天企业大规模地生产和使用增材制造铝合金零部件，包括压力容器、歧管、托架、热交换器和其他机身零件；国内企业用增材制造铝合金成形的 C919 登机门铰链臂已成功装机试飞，同样采用金属增材制造技术的火星探测器连接角盒作为重要承力结构件，已搭载于我国自主研制的火星探测器——天问一号。

（二）高温合金

高温合金按基体成分可分为铁基、镍基和钴基三大类。铁基高温合金的制作成本较低，一般在 700 ℃以下的环境中使用；镍基高温合金在 600 ℃以上仍可长期服役，具有优异的综合性能，应用最为广泛；钴基高温合金具有更为优异的抗氧化性能和抗热腐蚀性能，但制作成本较高。高温合金按强化类型可分为固溶强化型、沉淀析出强化型和弥散强化型，其中沉淀析出强化型又分为 γ'强化和 γ''强化两类。沉淀析出强化型高温合金的综合力学性能相比之下最具优势。典型的增材制造铁基及镍基高温合金包括 GH4169、GH3625、GH3536 和 GH3230，其成分及性能见表 6-4、表 6-5。

就不同增材制造技术而言，高温合金的 SLM 研究较多，激光冲击成形（LSF）研究次之，EBM 和 WAAM 研究相对较少。对于上述增材制造技术，固溶强化型高温合金的成形性一般都较好，典型的有 Ni 基 GH3625（IN 625）和 Co-Cr 高温合金等。同样，γ''强化型高温合金，即 Ni 基 GH4169（IN 718）的增材制造成形性也很好。γ'强化型高温合金的增材制造成形性与 γ'体积分数有关，γ'体积分数主要由 Al+Ti 含量决定，γ'体积分数高的镍基高温合金普遍含有较多的 Al 和 Ti 元素，Al 和 Ti 元素的凝固偏析及 $\gamma+\gamma'$低熔点共晶易引起热裂，同时在增材制造冷却过程中析出大量 γ'相，会导致材料塑性变差，极易发生应变时效开裂，因此，γ'体积分数高的高温合金（如 IN738、CM247LC、CMSX-4、Rene88DT、Rene142 等）增材制造，特别是激光增材制造，仍面临巨大的挑战。EBM 技术因具有很高的预热温度，可以减少甚至消除裂纹，因而能够提供更好的成形性。

表 6–4　　典型增材制造高温合金及其成分（wt.%）

材料	Ni	Cr	Mo	Nb	Nb+Ta	Fe	Co	Mn	Al	Si	C
GH4169	50.0 ~ 55.0	17.0 ~ 21.0	2.80 ~ 3.30	4.75 ~ 5.50	4.8 ~ 5.5	余量	≤ 1.0	≤ 0.35	0.3 ~ 0.7	≤ 0.35	≤ 0.08
GH3625	余量	20.0 ~ 23.0	8.0 ~ 10.0	3.15 ~ 4.15	—	≤ 5.0	—	≤ 0.5	≤ 0.4	≤ 0.5	≤ 0.10
GH3536	余量	20.5 ~ 23.0	8.0 ~ 10.0	—	—	17.0 ~ 20.0	0.5 ~ 2.5	≤ 1.0	≤ 0.5	≤ 1.0	0.05 ~ 0.15
GH3230	余量	20.0 ~ 24.0	1.0 ~ 3.0	—	—	≤ 3.0	≤ 5.0	0.3 ~ 1.0	0.2 ~ 0.5	0.25 ~ 0.75	0.05 ~ 0.15

表 6–5　　典型增材制造高温合金性能及其与锻件的对比

材料	制造技术	抗拉强度 R_m/MPa	屈服强度 $R_{p0.2}$/MPa	延伸率 A/%
GH4169	SLM	1 400 ~ 1 500	1 200 ~ 1 300	15.0 ~ 20.0
	锻件	1 280	1 030	12.0
GH3625	SLM	870 ~ 980	430 ~ 550	40.0 ~ 60.0
	锻件	830	410	30.0
GH3536	SLM	700 ~ 740	300 ~ 320	45.0 ~ 55.0
	锻件	690	275	30.0
GH3230	SLM	900 ~ 950	380 ~ 420	40.0 ~ 45.0
	锻件	793	345	40.0

增材制造专用高温合金的设计重点是获得抗开裂的 γ' 体积分数高的合金成分。国外设计出了能够承受超过 900 ℃的增材制造专用镍基高温合金——ABD-850AM 和 ABD-900AM。国内则开发了一款适应增材制造的镍基高温合金——ZK401。与传统镍基高温合金相比，这两款专用高温合金增加了更多的难熔元素 Ta 或 Nb。

目前，尽管高温合金的增材制造仍存在诸多问题，但是迫切的需求正在不断推动其应用。在 GE9X 发动机中应用了 304 个增材制造零件，主要是由 Co-Cr 高温合金制成的部件，包括燃油喷嘴、导流器、燃烧室混合器等。同时，利用增材制造技术制备了镍基高温合金前轴承座，并已应用于 Trent XWB-97 型航空发动机上。利用该技术制造了用于工业燃气轮机的耐高温多晶镍基高温合金燃气涡轮叶片，并且这些叶片已通过满负荷运行测试。

（三）钛合金

钛合金对增材制造技术具有很好的适用性。钛合金增材制造的研究也很广泛，包括高温性能优异的近 α 钛合金（Ti60、TA15、TA19）、综合性能优异的 $\alpha+\beta$ 钛合金（TC4、TC11、TC21）、高强韧的近 β 钛合金（BT22、Ti55531）、低模量的生物医用钛合金、耐摩擦磨损的钛基复合材料等。其中以 Ti6Al4V（TC4）的增材制造研究最多，应用最广泛。表 6-6 和表 6-7 分别给出了典型增材制造钛合金成分及其在不同制造工艺条件下的力学性能数据。

钛的形核率低，而晶体生长速度高，这使得增材制造钛合金在定向热流下特别容易形成外延生长的粗大柱状 β 晶粒组织，晶内的相组织因不同增材技术对应的冷却速率差异而呈明显变化。增材制造钛合金热处理态的力学性能基本都能达到锻件标准，但低周疲劳性能相比锻件偏低。增材制造钛合金典型的粗大柱状 β 晶会导致力学性能的显著各向异性，且沿粗大柱状 β 晶界形成的晶界 α 相平直且长，往往成为裂纹扩展通道，不利于保证钛合金的动载性能。

增材制造钛合金已经在航空航天等领域获得了较多应用。针对激光增材制造大型钛合金构件一体成形，我国建立了包括材料、成形工艺、成套装备和应用技术在内的完整技术体系。在军用飞机钛合金大型整体主承力复杂构件的激光增材制造工艺研究、成形构件一体化检测、工程化装备研发与装机应用等关键技术方面，取得了突破性

表 6–6　　典型增材制造钛合金及其成分（wt.%）

材料	Al	Mo	V	Zr	Si	Fe	C	N	H	O	Ti
TA15	5.5 ~ 7.1	0.5 ~ 2.0	0.8 ~ 2.5	1.5 ~ 2.5	≤ 0.15	≤ 0.25	≤ 0.08	≤ 0.05	≤ 0.15	0.08 ~ 0.15	余量
TC4	5.5 ~ 6.75	—	3.5 ~ 4.5	—	—	≤ 0.30	≤ 0.08	≤ 0.05	≤ 0.15	0.08 ~ 0.15	余量
TC11	5.8 ~ 7.0	2.8 ~ 3.8	—	0.8 ~ 2.0	0.20 ~ 0.35	≤ 0.25	≤ 0.10	≤ 0.05	≤ 0.012	≤ 0.15	余量
TC4 ELI①	5.5 ~ 6.5	—	3.5 ~ 4.5	—	—	≤ 0.25	≤ 0.08	≤ 0.03	≤ 0.12	0.08 ~ 0.13	余量

注：① ELI 代表超低间隙。

表 6–7　　典型增材制造钛合金性能及其与锻件的对比

材料	制造技术	抗拉强度 R_m/MPa	屈服强度 $R_{p0.2}$/MPa	延伸率 A/%
TA15	SLM	1 030 ~ 1 130	950 ~ 1 050	13.5 ~ 18.0
	锻件	930 ~ 1 130	855	10.0
TC4	SLM	960 ~ 1 100	900 ~ 960	12.0 ~ 19.5
	DED	900 ~ 950	800 ~ 850	15.0 ~ 20.0
	锻件	895	825	10.0
TC11	SLM	1 100 ~ 1 160	1 000 ~ 1 100	12.0 ~ 18.0
	锻件	1 030	900	10.0

进展。这些成就标志着在大型整体钛合金复杂构件的激光增材制造研究与应用方面，我国达到了国际领先的水平。

（四）铁合金

铁合金的性能优异、体系丰富、成本低廉，是应用最为广泛的金属材料，也是增材制造研究的重点材料体系。铁合金的增材制造适应性与钛合金相似，也比较优良，几乎适应于所有主流的增材制造技术。典型的增材制造铁合金有奥氏体不锈钢304L和316L，析出硬化不锈钢17–4PH和15–5PH，马氏体不锈钢420和410，马氏体时效钢18Ni300，工具钢H13，以及超高强度钢300M和AerMet100。表6–8和表6–9分别给出了典型增材制造铁合金成分及其在不同制造工艺条件下的力学性能数据。

增材制造铁合金的研究重点在其独特的跨尺度微观组织、丰富的固态相变及独特的力学行为。最具代表性的是激光选区熔化316L不锈钢，具有以晶粒–胞状结构–胞壁位错–胞壁元素偏析–纳米析出相为特征的从毫米到纳米的跨尺度组织结构，亚微米胞状结构的成分偏析引起的晶格错配导致了高密度位错网络的产生，并促进了孪生诱发塑性（TWIP）效应，使材料的强度和塑性相比传统制造技术均获得了显著提升。

增材制造铁合金的零部件已在航空航天、汽车、复杂模具、建筑、能源等领域获得了应用。例如，用于注塑行业的不锈钢模具，具有复杂形状的随形冷却流道，冷却效果好，冷却均匀，可显著提高模具使用寿命、注塑效率和产品质量；不锈钢换热器具有紧凑高效的换热性能，被应用于液化天然气的运输。

（五）其他合金

除了上述应用比较广泛的四类合金外，其他合金的增材制造也有不少研究，包括金属间化合物、难熔金属、铜合金、镁合金、高熵合金、非晶合金等。

EBM技术已成功用于制造金属间化合物TiAl，该材料已应用于航空发动机叶片。使用此技术，成功制备了高性能的Ti–48Al–2Cr–2Nb低压涡轮叶片；同时，也建立了TiAl叶片的EBM生产线，并对其在航空发动机中的应用进行了考核。此外，还采用EBM技术成功制备了无裂纹的Ni_3Al基IC21合金，标志着在该领域的重要进步。

表 6–8 典型增材制造铁合金的牌号及其成分（wt.%）

材料	Cr	Ni	Cu	Nb	Mo	Mn	Si	C	P	S	Fe
304L	18.0 ~ 20.0	9.0 ~ 12.0	—	—	—	≤ 2.0	≤ 1.0	≤ 0.03	≤ 0.035	≤ 0.03	余量
316L	16.0 ~ 18.0	10.0 ~ 14.0	—	—	2.0 ~ 3.0	≤ 2.0	≤ 1.0	≤ 0.03	≤ 0.045	≤ 0.03	余量
15–5PH	14.0 ~ 15.5	3.5 ~ 5.5	2.5 ~ 4.5	0.15 ~ 0.45	—	≤ 1.0	≤ 1.0	≤ 0.07	≤ 0.04	≤ 0.03	余量
17–4PH	15.5 ~ 17.5	3.0 ~ 5.0	3.0 ~ 5.0	0.15 ~ 0.45	—	≤ 1.0	≤ 1.0	≤ 0.07	≤ 0.035	≤ 0.03	余量

表 6–9 典型增材制造铁合金的性能及其与锻件的对比

材料	制造技术	抗拉强度 R_m/MPa	屈服强度 $R_{p0.2}$/MPa	延伸率 A/%
304L	SLM	550 ~ 670	350 ~ 390	53.5 ~ 75.5
	锻件	520	205	40.0
316L	SLM	605 ~ 710	385 ~ 445	45.0 ~ 68.0
	锻件	480	177	40.0
15–5PH	SLM	1 418 ~ 1 434	1 250 ~ 1 300	10.0 ~ 15.0
	锻件	1 310	1 170	10.0
17–4PH	SLM	1 150 ~ 1 250	980 ~ 1 050	10.0 ~ 18.0
	锻件	1 070	1 000	12.0

难熔金属包括钨、钼、钽、铌、锆、铪及其合金，其中纯钽和纯铌材料的增材制造技术相对成熟，但具有室温脆性的钨、钼及其合金，增材制造过程极易发生开裂，通过添加钽、铌、稀土氧化物或碳元素可有效抑制晶界开裂。在应用方面，增材制造个性化定制多孔钽植入体已经开始临床应用；采用EBM技术制备的高致密度纯铌材料在新一代超导射频腔体的制造中展示潜力；SLM制造的钨栅格构件已被用于医疗CT设备。

增材制造铜合金包括CuCrZr、CuNiSi、CuSn10、CuNi、纯铜等，涉及SLM、DED、EBM和WAAM技术，但以SLM技术为主。为了克服铜材料在激光增材制造中高反射性和高导热率带来的挑战，推出了一种“绿色SLM”解决方案，采用绿色激光以增大铜合金粉末的激光吸收率，并提高成品的致密度。此外，还有研究使用短波长蓝/绿激光器开展铜合金的增材制造。通过引入一种绿光版的增材制造技术，使得铜合金在发动机尾喷管和高效换热器的制备中得到了有效应用。

镁合金是最轻的金属结构材料，有较高的比强度和比刚度，在航空航天、汽车等领域应用广泛，同时在生物植入方面应用潜力巨大。镁合金增材制造起步较晚，主要研究的牌号有AZ91D和ZK60，涉及SLM技术和WAAM技术。增材制造镁合金具有更细小的晶粒和更高的溶质固溶度，强度高于传统铸造。

增材制造高熵合金的研究主要集中在CoCrFeMnNi（Cantor）系列合金、Al_xCoCrFeNi系列合金、难熔高熵合金。

增材制造非晶合金包括Ti基、Zr基、Fe基、Cu基等体系。传统加工方法制备的非晶尺寸受限，而增材制造的逐点成形和快冷特点为大尺寸块体非晶制备提供了重要途径。但非晶在增材制造热影响区容易发生晶化，实际获得的往往是非晶复合材料，均匀的单相块体非晶合金制备仍是一个挑战。

二、金属粉末材料

按材料状态不同，金属增材制造专用材料主要分为粉末材料和丝状材料两类原料。其中，粉末材料的应用较为广泛，例如，激光选区熔化、定向能量沉积、电子束熔化成形等技术都采用金属粉末作为原材料。金属丝材主要用作电弧增材制造的原材料。

（一）常用增材制造粉末材料

全球目前主要的增材制造用球形金属粉末代表企业、制备技术以及产能情况见表 6-10。据估计，全球的金属球形粉末产能大于 4 万 t，主要用于热等静压、喷涂等传统粉末冶金行业。

表 6-10 金属粉末主要生产企业及其产能情况

材料种类	代表企业	制备技术	产能 /（t/a）
钛合金	AP&C（加拿大）	等离子雾化	>750
	TLC（德国）	气体雾化	>1 000
	AMA（美国）	气体雾化、等离子雾化	>300
	住友（日本）	气体雾化、等离子旋转电极雾化	>600
	中航迈特	气体雾化	>600
	西北有色金属研究院	等离子旋转电极雾化	>500
铁合金	Höganäs（瑞典）	气体雾化	>5 000
	Sandvik Osprey（瑞典）	气体雾化	>5 000
	爱普生 Atmix（日本）	气体雾化	>3 000
	北京安泰科技	气体雾化	>1 000
镍合金	Carpenter（美国）	气体雾化	>1 000
	住友（日本）	气体雾化	>1 200
	Sandvik Osprey（瑞典）	气体雾化	>2 000
	Erasteel（法国）	气体雾化	>1 000
铝合金	铝业（美国）	气体雾化	>7 000
	ECKA（德国）	气体雾化	>2 000
	LPW（英国）	气体雾化	>5 000
	湖南金天	气体雾化	>8 000

（二）金属粉末的典型制备方法

从目前的发展趋势来看，气体雾化、等离子旋转电极雾化、等离子熔丝雾化和射频等离子球化是目前增材制造金属粉末原料的主流制备技术，见表 6–11。

表 6–11 增材制造用金属粉末制备技术概述

制备技术	使用材料	粒度 / μm	应用技术
气体雾化	非活性金属	<100	粉末床熔化、定向能量沉积
等离子旋转电极雾化	Ti 合金、Ni 合金等	<250	定向能量沉积
等离子熔丝雾化	Ti 合金、难熔金属	<200	粉末床熔化
射频等离子球化	Ti 合金、难熔金属、硬质合金	<150	粉末床熔化、定向能量沉积

1. 气体雾化

气体雾化制粉技术是目前制备球形粉末最常用的方法。其起源于 20 世纪 20 年代，是采用高速惰性气体直接将熔化金属或者合金液体击碎，经冷却凝固后得到粉末的方法。在高速运动的气流和金属液流接触的过程中，既有动量的传递又有热量的交换，气流既提供破碎的能量又是冷却介质。整体连续的液体流受到气流的冲击，在剪应力的作用下分散破碎为尺寸不一的液滴，最终成为粉末材料。气体雾化技术所制备的金属粉末粒度分布宽，可满足注射成形、增材制造、粉末冶金、喷涂、激光熔覆、电弧修复等多种工艺用粉的要求，且粉末纯度高、球形度好、组织均匀，细粉收得率高，中位径（D50）可达 40 ~ 100 μm。

根据熔炼方式的不同，衍生出了多种气体雾化技术，最适合于增材制造用金属粉末制备的技术有真空感应熔炼雾化（vacuum induction gas atomization，VIGA）和电极感应熔炼雾化（electrode induction gas atomization，EIGA），如图 6–1 所示。

在 VIGA 制粉过程中，首先在坩埚中对金属进行熔炼，Fe 基合金、Ni 基合金、Co 基合金、Al 基合金和 Cu 基合金等低活性金属粉末可使用陶瓷坩埚，钛合金等高活性金属在熔化条件下会与陶瓷坩埚剧烈反应造成污染，往往采用水冷铜坩埚。金属充分熔炼并达到预定温度后，经由坩埚下方出口流出时，使用高压气体对熔液进行粉碎，液滴在沉降室下落过程中由于自身表面张力球化凝固形成金属粉末。

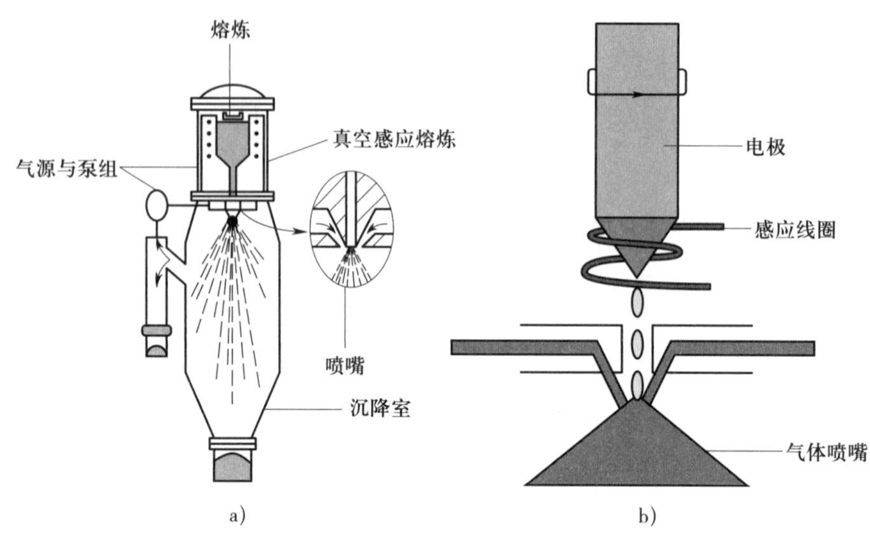

图 6-1　不同气体雾化制粉技术

a）VIGA　b）EIGA

EIGA 制粉过程则是将合金加工成棒料安装在送料装置上，对整个装置进行抽真空并充入保护性惰性气体，棒料以一定的旋转速度和下降速度进入下方感应加热线圈，棒料下端逐渐熔化形成液滴下落，当其经过雾化器时，高速流动的氩气将液滴破碎成微小的液滴，进而凝固形成金属粉末。由于 EIGA 制粉过程中物料不与坩埚接触，因此，适用于制备各种活性金属，例如，Ti、Zr、Nb 等。

气体雾化法具有效率高、产量大的优点，是目前制备增材制造用合金粉末中最成熟的工艺之一。相比于离心雾化法，采用气体雾化法制备的细粉收得率较高、平均粒度较细、夹杂物尺寸小。但是在气体雾化过程中，当气氛控制不良时可能获得较高的粉末氧含量，且当不同尺寸液滴相互碰撞时，容易形成小颗粒依附在大颗粒表面的卫星粉，在一定程度上降低了粉末的品质。

2. 等离子旋转电极雾化

等离子旋转电极雾化工艺（plasma rotating electrode process，PREP）是一种使用大功率等离子枪将高速旋转的棒料端部熔化，使金属液滴在离心力作用下甩出，在表面张力作用下球化并冷却获得金属粉末的方法，所使用的装备如图 6-2 所示。PREP 制备的合金粉末粒度可在 20 ~ 200 μm 的范围内调整，粒径分布窄，球形度高，基本不

存在空心球和卫星粉，粉末夹杂少、洁净度高。在惰性气体介质环境内制粉，PREP 粉末氧增量少，可控制在 50×10^{-6} 以下。

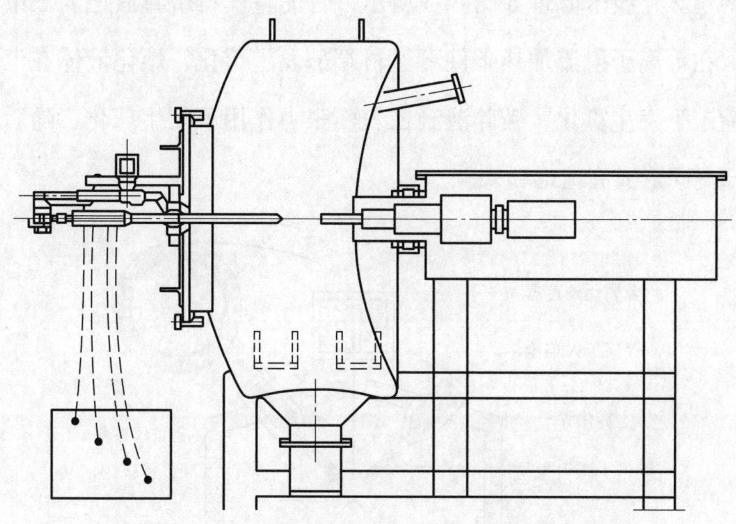

图 6–2　等离子旋转电极雾化工艺制粉装备示意图

PREP 制备的粉末具备以下优势：①粉末粒度分布窄，可减少球化、团聚现象，提高成形件表面粗糙度，粉末的一致性和均匀性可得到保障；②粉末球形度高，流动性好，松装密度高，成形制品致密度更高；③基本不含空心球，可有效抑制卷入性和析出性气孔、裂纹等缺陷；④粉末氧含量低，润湿性好，成形效果好。

PREP 制粉技术的问题在于：受料棒转速与工艺的限制，细粉收得率低，导致细粉生产成本较高。目前，通过改进动密封技术，可使料棒转速达到 30 000 r/min 以上，极大地提升了细粉制备能力。对于钛合金粉末，虽然粒径小于 45 μm 的粉末收得率较低，但粒径为 45 ~ 100 μm 的粉末收得率较高，可适用于 EBM 技术。通过工艺参数的合理匹配提高细粉收得率，结合静电去除夹杂技术可进一步提升粉末的纯净度，对实现粉末批量化生产具有重要意义。

3. 等离子熔丝雾化

等离子熔丝雾化（plasma atomization，PA）是利用等离子热源制备球形粉末的技术，其原理是将金属及其合金、陶瓷材料以丝材、棒料或液流的方式通入汇聚的等离子射流中心，在超声速等离子射流撞击下发生雾化，随后冷却凝固形成球形粉末。随着等离子枪技术的发展，等离子射流速度进一步提高，雾化粉末的中位径由最初的100 ~ 300 μm 降低为 30 ~ 60 μm，能够更好地适应激光和电子束增材制造技术的需求。

等离子熔丝雾化技术原理如图 6–3 所示，首先将丝材矫直后送入三束汇聚的等离子射流中心，在等离子射流加热条件下丝材端部发生熔化，熔化液体在汇聚的超声速等离子射流撞击下发生雾化，破碎液滴在表面张力作用下发生球化，随后在飞出等离子射流后冷却凝固形成高球形粉末。

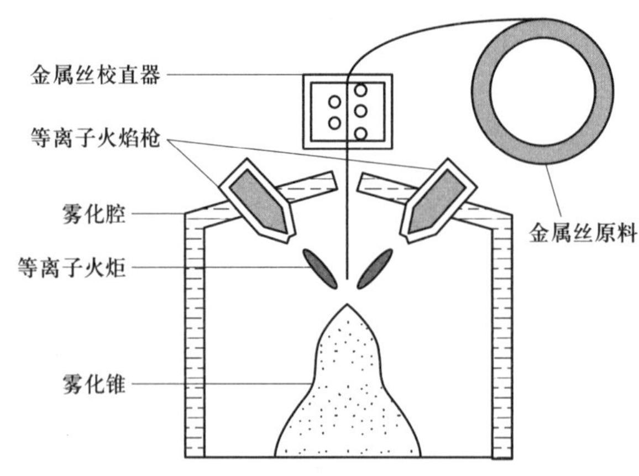

图 6–3　等离子熔丝雾化技术原理

PA 技术采用超声速等离子体雾化粉末，相较于 VIGA 和 EIGA 技术，耗气量非常低，粉末空心缺陷得到明显抑制；另外，破碎雾化液滴在飞出等离子射流前有足够时间球化，因此，等离子雾化粉末具有与 PREP 技术和射频等离子球化（radio frequency plasma spheroidization，RFPS）技术相似的优点，粉末球形度较高，可提供较好的粉末流动性。由于等离子射流具有极高的温度，覆盖所有的金属及其合金熔点范围，因此，等离子雾化技术适用于所有丝材形态的金属及其合金材料。

4. 射频等离子球化

射频等离子球化技术的基本原理为将送入高温射频等离子体中的不规则形状粉末颗粒迅速加热熔化，熔化的颗粒在表面张力作用下球化，并在高速冷却条件下迅速凝固而获得球形粉体，其过程如图 6–4 所示。

等离子炬体积大、能量密度高、无电极污染，所制得的粉末具有纯度和球形度高、粒径分布均匀、流动性好、空心粉少等优点，在制备稀有难熔金属、氧化物、氮化物、

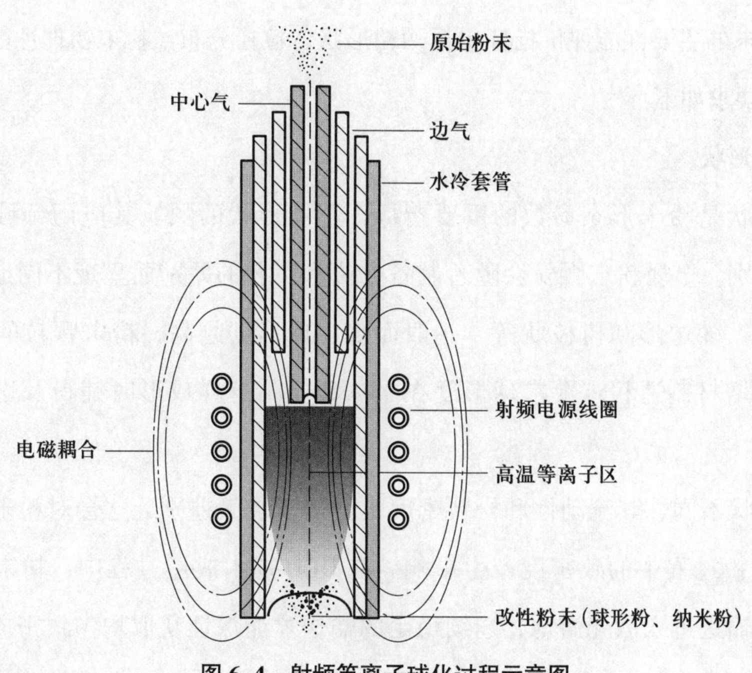

图 6–4　射频等离子球化过程示意图

碳化物等球形粉末方面优势明显。目前已实现 W、Mo、Re、Ta、Ni、Cu 等金属粉末和 SiO_2、ZrO_2、Al_2O_3 等氧化物陶瓷粉末的等离子体技术球化处理。射频等离子球化过程中需根据原料粉体特性，调控送粉率、载气流量、等离子体功率等工艺参数以实现粉体的充分球化。

（三）金属粉末的评价指标

金属增材制造专用粉末材料需要具备纯度高、粒度分布窄、球形度高、氧含量低、流动性好和松装密度高等要求。金属增材制造专用粉末材料的选用一般基于以下因素：能量热源、粉末补给方式、产品尺寸和精密度需求。不同增材制造技术用金属粉末的特点见表 6–12。

表 6–12　　不同增材制造技术用金属粉末的特点

增材制造技术	送粉方法	粉末粒径 /μm	球形度	粒度分布	粉末利用率	成形效率
SLM	预铺粉末	15 ~ 53	高	小	低	低
LDED①	同步送粉	53 ~ 150	中	中	高	高
EBM	预铺粉末	53 ~ 100	高	小	低	低

注：① LDED 代表激光定向能量沉积。

金属粉末的主要性能评价指标包括颗粒形状、粒径分布、粉末物理性能、粉末纯度等。具体要求如下：

1. 颗粒形状

颗粒形状是粉末形态参数的重要指标，不同形状的颗粒其应用领域和性能存在较大的差别。金属粉末颗粒会随着制备方法和工艺的差别而呈现不同形状，如球形、椭球形、多边形和树枝状等。一般而言，球形度越高，粉末颗粒的流动性就越好。金属增材制造粉末要求球形度在98%以上，这样成形时铺粉及送粉更容易进行。

粉末形状不同，其流动性和松装密度也会出现较大差别，这会对粉末输送中的流动性和铺粉过程中的致密度产生影响。在DED技术成形过程中，粉末颗粒一般由载粉气流输送进入激光熔池，连续稳定的输送才能保证获取均匀致密成形件。在增材制造中，一般都先通过铺粉机构铺展成粉末层，平整的粉末层是获得优良成形件的保证，良好的粉末流动性对获得均匀平整的粉末层至关重要。当成形用的粉末中存在较多的卫星粉时，流动性较差，铺粉精度会受到影响，最终影响成形件的质量。

金属粉末的形貌与其制备技术直接相关。图6–5给出了三种不同技术制备的金属粉末形貌：气体雾化粉末多为近球形，表面卫星球较多；旋转雾化与等离子旋转电极雾化粉末表面光滑，但是旋转雾化粉末球形度差，其中哑铃型颗粒较多；等离子旋转电极雾化粉末的球形度和表面质量都更为优异，空心率显著降低，这有利于获得更高的增材成形件致密度。

2. 粒径分布

不同增材制造装备及成形工艺对粉末粒度分布要求不同。目前金属增材制造常用的粉末粒度范围是15 ~ 53 μm（细粉）、53 ~ 105 μm（粗粉），部分场合下可放宽至105 ~ 150 μm。SLM技术的聚焦光斑精细，粉末补给方式为逐层铺粉，适合使用15 ~ 53 μm的粉末；EBM技术的聚焦光斑略粗，更适于熔化粗粉，适合使用53 ~ 105 μm的粗粉；对于同轴送粉型增材制造装备，多采用粒度为53 ~ 150 μm的粉末作为原料。

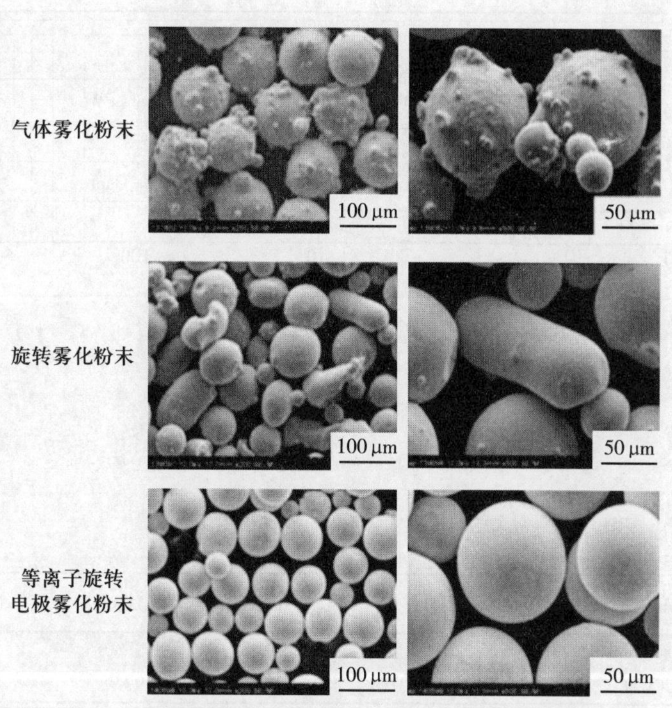

图 6-5　不同制备技术所获得的典型金属粉末形貌

加工过程中发生球化现象的程度随粉末中细粉的比例增大而提高。当粉末粒径过大时，输入的能量无法充分加热粉末，这可能导致粉末熔化不完全，降低成形件的致密度。当粉末粒径增大到一定值时，成形过程将无法有效进行。但是，使用超细粉末材料会增大安全风险，例如，高化学活性的镁合金、铝合金细粉末更容易发生燃烧。

粉末粒度直接决定增材制造最小层高，同时也决定了成形件最小特征尺寸。研究表明，适当的金属粉末粒度分布区间有利于获得高的粉末床铺设密度，这有助于提高成形件的致密度。通过对比研究不同公司提供的 316L 不锈钢粉末的粒度分布及其成形件密度，粒度分布较宽的粉末能够获得较高的粉末松装密度和铺粉密度，成形件内部孔隙少，致密度更高（见图 6-6）。

金属粉末的粒度分布还会影响其对激光束的吸收和散射作用，造成粉末床传热系数、温度分布的差异，进而改变熔池形状并影响增材制造件的组织和表面质量。在激光作用下，大粒径粉末所形成的熔池边缘形状波动大于小粒径粉末，这会造成

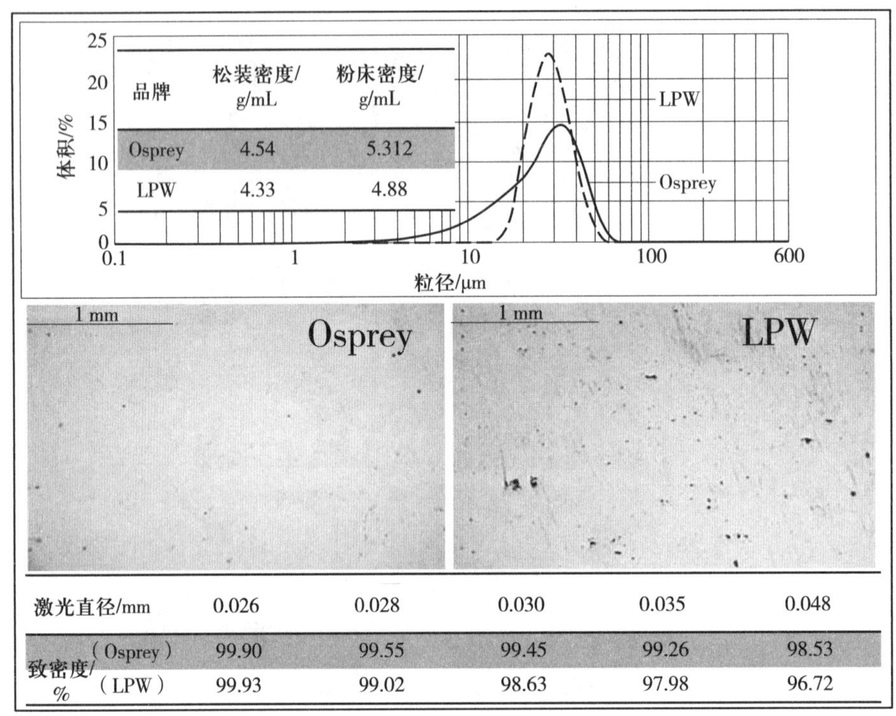

品牌	松装密度/g/mL	粉床密度/g/mL
Osprey	4.54	5.312
LPW	4.33	4.88

激光直径/mm		0.026	0.028	0.030	0.035	0.048
致密度/%	（Osprey）	99.90	99.55	99.45	99.26	98.53
	（LPW）	99.93	99.02	98.63	97.98	96.72

图 6–6　不同粒径分布的 316L 粉末及 SLM 成形样品的致密度

熔池的不连续，从而使得成形件表面粗糙，较小的粉末粒度和较小的粉末床厚度有助于提高成形件表面质量。

一般而言，增材制造技术及工艺参数应当与金属粉末粒度分布相匹配，才能获得优化的增材制造件品质。相较于激光选区熔化，电子束熔化提供了更大的束斑尺寸，能够降低成形过程对粉末粒径分布的敏感性，但电子束熔化成形件因表面易黏附金属粉末，其成形件的表面质量相对较低。

3. 粉末物理性能

增材制造用金属粉末的物理性能包括松装密度、振实密度、流动性等。松装密度是指粉末在松散状态下测得的单位容积质量。粉末的松装密度是一个综合性能，它受粉末粒度、粒度分布、颗粒形状、颗粒内孔隙等因素的影响。球形金属粉末间的搭桥较少，其松装密度普遍高于形状不规则的粉末。粉末的振实密度测量相对比较简单，通常是将一定量的粉末装在一个容器中，通过振动装置振动粉末，使粉末密实化，直至粉末的体积不再减少，粉末的质量除以振实后的体积即得到它的振实密度，振实密度一般比松装密度高 20%～50%。粉末的流动性是粉末填充一定形状容器的能力，粉末流动性的影响因素包括颗粒形状、粒度组合、相对密度和颗粒间的黏附作用等。例如，颗粒尺寸大，形状规则，在粒度组成中细粉比例小，表面吸附水分及气体少，粉末的流动性就好。另外，流动性还与粉末的松装密度有关，一般来说，粉末的松装密度越高，流动性就越好。粉末流动性直接影响成形过程中铺粉的均匀性和送粉过程的稳定性。粉末流动性堆垛测试如图 6–7 所示。

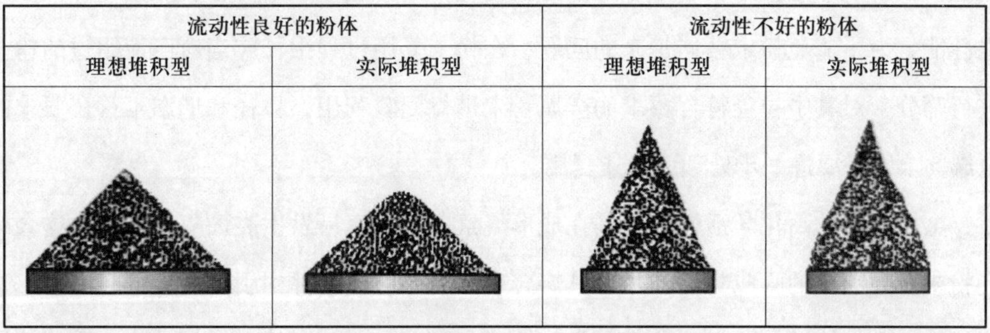

流动性良好的粉体		流动性不好的粉体	
理想堆积型	实际堆积型	理想堆积型	实际堆积型

图 6–7　粉末流动性堆垛测试

4. 粉末纯度

粉末纯度对成形件的质量影响较为显著。一般杂质包括夹杂物和设计成分之外的元素，这主要是在金属粉末的制备过程中由制粉技术和工艺缺陷带入。粉末中的夹杂物对零件力学性能影响机制不同，在 SLM 和 EBM 技术中，杂质可能会与基体元素发生化学反应，使得增材制造无法进行或者改变成形件的属性。N、O 和 H 等常见杂质元素在成形过程中容易和粉末发生相互作用。例如，Ti 合金中的 O 会通过间隙固溶效应使成形件强度和硬度提高，塑性和韧性下降；N 和 Ti 在高温下会发生反应形成脆硬的 TiN 陶瓷相，也会降低钛合金的塑性。因此，必须严格控制增材制造成形气氛中杂质元素的含量，以获取性能优异的成形件。

目前用于金属增材制造的粉末主要通过雾化法制备，粉末具有大的比表面积，容易氧化，在航空航天等特殊应用领域，对粉末氧含量指标的要求更为严格，如高温合金粉末氧含量为 0.006%～0.018%，钛合金粉末氧含量为 0.007%～0.013%，不锈钢粉末氧含量为 0.010%～0.025%。

5. 粉末回收利用

增材制造用粉末高昂的价格是限制其大规模应用的主要因素之一。为了降低生产成本，对粉末的循环使用进行研究具有重要意义。

粉末状态的金属具有高的比表面积，增材制造过程中由于粉末床预热及热影响等因素，粉末进入较高的温度区间，容易发生部分烧结粘连，导致粉末尺寸增大、流动性变差，影响复用粉末的铺设或送进。粉末床密度下降，成形件更容易形成孔洞缺陷；粘连而成的大尺寸粉末在熔池中无法完全熔化，这可能形成熔合不良缺陷，降低成形件性能。为了避免粉末粘连带来的问题，在粉末复用过程中，应当对已使用过的粉末进行筛分，对其中粒径符合要求的金属粉末进行回收利用，粒径和形态不符合要求的金属粉末则需要进一步处理后才能复用。

金属粉末的高化学活性也使其在成形气氛条件下容易发生表面氧化现象，这会改变粉末对高能束的吸收特性，增大其熔合难度，并向成形件中引入更多的氧元素，这都降低了粉末的复用性能。研究发现，即使是在 EBM 技术的高真空环境中，重复使用四次后 Ti–6Al–4V ELI 粉末的氧增量也会明显超标，只能降级为 Ti–6Al–4V 使用。因此严格控制成形腔室的氧含量，有助于避免超限氧增量的不良影响。当粉末氧化程度较为严重时，需要对其进行脱氧处理后方能复用。从合金研发的角度考虑，设计氧含量阈值较高的专用合金，也是增材制造专用合金开发的未来发展方向。

6. 粉末的表征

金属增材制造专用粉末材料主要特性可按表 6–13 中相应标准的规定进行测试。

表 6–13　金属粉末特性的测试标准及案例

测试项目	测试标准	TC4 粉末案例
粉末粒度及分布	GB/T 1480 GB/T 19077	15 ~ 53 μm
形状 / 形态	GB/T 15445.6	球形
松装 / 表观密度	GB/T 1479.1 GB/T 1479.2	≥ 2.2 g/cm^3
振实密度	ISO 3953	≥ 2.7 g/cm^3
氢、氧、氮、碳含量	GB/T 14265	wt.%：H ≤ 0.015；O=0.08 ~ 0.15；N ≤ 0.03；C ≤ 0.08

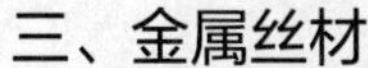

三、金属丝材

（一）常用增材制造金属丝材

丝材是增材制造金属原材料的另一种常用形态，如电弧增材制造（WAAM）技术就主要应用金属丝材作为原料。现阶段，定向能量沉积的丝材主要以钛合金、镍合金、钢和铝合金为主。钛合金丝材是增材制造领域应用最为广泛的一类材料，国外对钛合金丝材加工技术研究报道较多，产品质量好、规格多。我国已成功开发出一种960 MPa 强度级的电子束熔丝沉积用钛合金丝材，该丝材不仅满足了定向能量沉积技术的需求，还赋予了钛合金构件优异的力学性能。

铝合金在电弧增材制造中整体表现出良好的适应性，由于电弧增材制造应力比激光增材制造小，因此，即便是在激光增材制造中极易发生开裂的 2×××系和 7×××系铝合金也能够较为顺利地成形，但丝材原料的制备是铝合金电弧增材制造技术的限制因素。在激光增材制造中表现良好的 Al–Si 系合金就因变形性能较差，不易制备丝材，而难以实现电弧增材制造。

典型的增材制造用金属丝材有 0.8 mm、1.0 mm、1.2 mm、1.6 mm、2.0 mm 等不同直径规格。为了提供良好的增材制造工艺特性，丝材应直径均匀稳定、截面规则圆整、表面平滑光洁，以便于丝材送进。考虑到金属丝材通常以盘卷形式提供，在丝材成形之前需要进行矫直。通过成分调控以及退火处理获得较低的弹性模量，有助于实现丝材矫直，从而改善电弧增材制造工艺特性。

（二）金属丝材典型制备方法

金属丝材一般是由金属盘条拔制而成的，在拉拔成形的过程中，逐渐减小拉模孔径，直至达到需要的直径。经冷拔后成形的丝材，要经退火处理降低硬度，然后用蒸气或其他方法对丝材进行清理、卷绕，按规定尺寸切断，按 5 ~ 25 kg 质量规格包装。部分材质的丝材也可以通过连续铸造 + 拉延成形方式制备。

增材制造丝材的表面应洁净、光滑，无油渍和锈蚀。除不锈钢丝材外，其他丝材表面大多均匀地镀上一层铜或其他惰性金属对其进行保护。增材制造过程中应保证丝材送进顺畅，确保其末端与熔池的可靠定位，这需要依靠盘状丝材造型的允许范围和丝材自然展开时的螺旋线来保证。可以通过剪切一段丝材，在自由状态下观察其形成的螺旋线的直径来判断丝材的送进特性：当螺旋线直径过小时，丝材送进容易受阻；螺旋线直径过大时，丝材送进时前端易摆动漂移，造成成形不良。

将从盘卷上截取的丝材不加拘束地放在平面上，所形成的圆或圆弧的直径即为丝材的松弛直径，丝材翘起的最高点和平面之间的距离称为翘距。可用丝材的松弛直径和翘距定性地判断其弹性和刚度，松弛直径和翘距大的丝材刚度大，送丝比较稳定；松弛直径和翘距小的丝材刚度小，送丝时容易卡丝。丝材的松弛直径和翘距的关系应符合表 6–14 的规定。

表 6–14　　丝材的松弛直径和翘距　　（mm）

丝材直径	盘卷外径	松弛直径	翘距
0.5 ~ 3.2	100	≥ 100	≤（松弛直径）/5
	200	≥ 250	≤（松弛直径）/10
	300	≥ 350	
	≥ 350	≥ 400	

增材制造用金属丝材通常是具有良好焊接性能的一类材料，这可在一定程度上满足增材制造成形工艺要求。目前，金属丝材普遍经冶炼、拉拔等工序制成，由于加工工艺的局限性，对于某些高硬度的材料或特殊合金成分的丝材加工十分困难，甚至有些成分的合金能够冶炼而不能制成丝材，因此其种类和数量受到很大的限制。

（三）金属丝材的评价指标

金属增材制造专用丝材需要满足熔丝增材制造对丝材表面质量和成分的要求，主要评价指标包括丝材直径、圆度、化学成分、表面质量、力学性能、氧含量等。金属丝材的化学成分应在丝材或成形件上取样分析。尺寸及表面质量检验按表 6–15 要求，在同一横截面互相垂直方向测量，测量部位不少于 2 处。不锈钢丝材、铝合金丝材、镍合金丝材检验方法可参照 GB/T 29713、GB/T 10858、GB/T 15620 等规定的要求执行。

表 6–15　　圆形焊丝尺寸及允许偏差　　（mm）

包装形式	焊丝直径	允许偏差
直条[1]	1.6、1.8、2.0、2.4、2.5、2.8、3.0、3.2、4.0、4.8、5.0、6.0、6.4	±0.1
焊丝卷[2]		+0.01 −0.04
直径 100 mm 和 200 mm 焊丝盘	0.8、0.9、1.0、1.2、1.4、1.6	
直径 270 mm 和 300 mm 焊丝盘	0.8、0.9、1.0、1.2、1.4、1.6、2.0、2.4、2.5、2.8、3.0、3.2	

注：①铸造直条填充丝不规定直径偏差。
②当用于手工填充丝时，其直径允许偏差为 ±0.1。

四、增材制造金属材料的储存、使用和安全问题

应采取必要措施防止金属粉末或丝材在使用、储存、运输、筛分、清理等过程中被污染，同时要保证人身安全和金属增材制造装备完好。

（一）储存要求

金属粉末应有效密封在密闭、静电防护且阻燃的容器内，并存放在干燥、阴凉、无腐蚀的环境下，对于易燃易爆的金属粉末，也可采用具有还原特性的液体，如煤油等进行封存。金属丝材应存放在干燥、阴凉、无腐蚀的环境下。

原始粉末应具有粉末供应商提供的检验报告，根据粉末批号分开储存，以便于取用。原始粉末和使用过的粉末均需用特定的容器和方法进行储存，以尽量减少污染。

（二）使用要求

添加原材料前应将增材制造装备及烘干装备内的粉末或丝材清理干净，避免不同牌号或批次的原材料混合造成污染。在金属粉末增材制造过程中，为保证粉末流动性，成形前可对粉末进行烘干，确认符合制造工艺要求。在每次更换粉末时，需核对粉末质量证明文件，对粉末牌号、批号、使用和保存状态及相关指标的检测结果进行记录。

增材成形完成后应将零件在保护气氛或真空环境下冷却到环境温度或者特定温度

再进行清理。粉末清理可采用防静电毛刷、防爆吸尘器、高压气等进行清理。

在金属丝材增材制造过程中，为保证成形质量，应根据制造工艺要求对丝材进行烘干操作。在每次更换丝材时，需核对丝材质量说明书，对丝材牌号、批号及相关检测指标的检测结果进行记录。目视检查丝材表面，表面应无杂质且光滑，无毛刺、划痕、凹坑等缺陷。

（三）人员安全

粉末在使用、储存、清理、筛分时，操作人员应按照《个体防护装备配备规范　第1部分：总则》（GB 39800.1—2020）的规定使用个体防护用品。必要时，建议在使用保护气体的操作场所为操作人员配备呼吸保护装置。

五、增材制造金属材料与工艺的匹配选择

不同的增材制造工艺需要不同的增材制造材料，按照样件的使用需求，进行增材制造专用材料以及配套工艺的选择，对实际工程应用具有重要的价值。

增材制造专用材料在不同的增材制造工艺下表现出不同的特征，不同材料状态及类型以及其适用的增材制造工艺和应用领域见表 6–16。

表 6–16　　增材制造专用金属材料与相关工艺匹配

状态	材料类型		增材制造工艺	应用领域
粉末材料	金属	钛合金	SLM、LDED、EBM	航空航天、医疗
		铝合金	SLM、LDED、SLS、EBM	航空航天、交通运输
		高温合金	SLM、LDED、EBM	航空航天、能源
		钢	SLM、LDED、EBM	交通运输、核工业
		镁合金	SLM、LDED、EBM	航天、医疗、武器
丝材	金属	钛合金	WAAM、EBF①	航空航天
		铝合金	WAAM、EBF	航空航天、汽车
		钢	WAAM、EBF	能源、核工业、汽车
		镁合金	WAAM	航空航天、武器装备

注：① EBF 代表电子束自由成形制造。

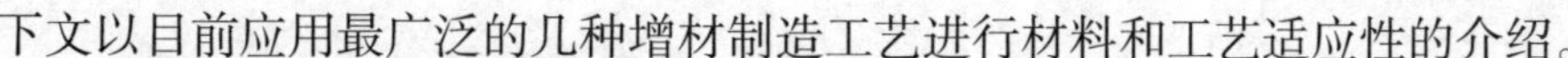

下文以目前应用最广泛的几种增材制造工艺进行材料和工艺适应性的介绍。

（一）激光选区熔化（SLM）

SLM 成形材料主要针对钛合金、高温合金、铝合金粉末。作为 SLM 成形件的基本耗材，并非所有的金属粉末都适合于 SLM 成形，金属粉末需满足粒径小、粒度分布窄、球形度高、流动性好和松装密度高等要求。适合于 SLM 成形的粉末主要是气体雾化球形粉，粒径为 10 ~ 53 μm，该工艺加工层厚为 20 ~ 100 μm，微熔池特征尺寸在 100 μm 左右，成形精度一般为 ±0.1 mm，表面粗糙度为 *Ra*5 ~ 10 μm，可以满足大部分无须装配的金属零件快速制造。SLM 工艺是目前成形精度较高的金属增材制造工艺之一，适合加工形状复杂的零件，尤其是具有复杂内腔结构和具有个性化需求的零件，适合单件或者小批量生产。

（二）激光定向能量沉积（LDED）

激光定向能量沉积工艺成形材料广泛，目前主要包括钛合金、高温合金、钢和难熔合金等，从理论上讲，任何能够吸收激光能量的粉末材料都可以用于激光定向能量沉积工艺。同时，同步送粉的材料送进特点，使得激光定向能量沉积工艺能够用于制造具有结构梯度和功能梯度的复合材料。

若激光定向能量沉积工艺采用的粉末形状不规则，含气量较高，将容易在成形件内部产生气孔。采用规则、无气孔和干燥的球形粉末可以有效避免成形件中出现气孔缺陷。激光定向能量沉积工艺聚焦光斑略粗，在这种大光斑、高功率、低扫描速度的成形条件下，适合使用 53 ~ 150 μm 的粗粉进行成形。激光定向能量沉积工艺由于激光束的能量密度很高，而且激光束与材料之间属于非接触加工，因此，该技术能够加工熔点高、加工性能差的材料，如钨、钼、铂和高温合金等。

（三）电弧增材制造（WAAM）

WAAM 技术以金属丝材为原料，目前常用的金属材料主要有铝合金、钛合金、不锈钢、高强钢、铜合金和镁合金等。金属丝材的化学成分均匀性、尺寸精度、表面粗糙度、丝材垂直度等指标对电弧增材制造过程有重要的影响，金属丝材表面应光滑，无毛刺、划痕、锈蚀、氧化皮等缺陷和杂质。不是所有的焊丝都适用于电弧增材制造，应对焊丝进行送进检测，通过送进能量、送进阻力、松弛直径、翘距等参数来评价丝材的质量。

第二节 增材制造非金属材料

一、增材制造非金属材料体系

按材料状态，增材制造非金属材料可分为液体材料、粉末材料、丝状材料和薄片材料等。目前常用的增材制造非金属材料可分为聚合物、光敏树脂、陶瓷、生物材料等，见表 6–17。

表 6–17 增材制造非金属材料分类

种类	优势及应用	类型
聚合物	主要应用于汽车、航空航天、医疗器械、家电、电子消费行业，它的优点是具有较强的硬度、抗老性、耐冲击性、耐热性	聚乳酸、丙烯腈–丁二烯、聚酰胺（尼龙）
光敏树脂	适合精密材料加工，特别是精密零件、铸模制造业中的大规模应用，可以用于耐高温的防水材料。其优点为高强度、耐高温、防水性能好	自由基光固化树脂 阳离子光固化树脂 混杂型光固化树脂
陶瓷	主要应用于航天航空、汽车、生物等领域，其优点是具有较高的强度、硬度，耐高温、低密度、化学性能好、耐腐性好	Al_2O_3、ZrO_2、SiC、Si_3N_4、TiC、SiO_2、羟基磷灰石、钛酸锆和磷酸钙
生物材料	主要应用于与医学、组织工程结合，可制造出药物、人工器官等用于治疗疾病，其优点为生物相容性好，人体排斥度低	生物玻璃、生物医学高分子材料、生物医学复合材料、生物医学衍生材料

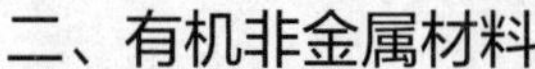

二、有机非金属材料

（一）聚合物

按照材料的应用需求，增材制造用聚合物材料主要分为通用塑料、通用工程塑料、特种工程塑料和溶解性支撑聚合物等，各类材料的主要特点和典型材料如下。

1. 通用塑料

通用塑料可作为一般非结构性材料使用，是经济实惠、经久耐用、被广泛使用的一类塑料，其产量占整个塑料产量的90%以上，包括聚乙烯（PE）、聚丙烯（PP）、聚氯乙烯（PVC）、聚苯乙烯（PS）、聚对苯二甲酸乙二醇酯–1，4–环已烷二甲酯（PETG）、聚乳酸（PLA）、热塑性聚氨酯（TPU）、聚甲基丙烯酸甲酯（PMMA）等。

聚乳酸（PLA）是一种由玉米淀粉制成的可降解环保型聚合物，PLA的成形温度为180～220 ℃，可以在较低温度（低于70 ℃）的支撑平板上有效成形，成形时不产生难闻的气味，具有较好的力学性能、弹性模量及热成形性。它的收缩率极低，即使成形大型零件也不会产生明显翘曲变形，且PLA制品具有半透明结构，更具美感，这使得PLA成为入门增材制造装备最优质、环保的耗材。然而，PLA的缺点也同样明显，PLA具有较高的结晶度，因而材料硬而脆，韧性和冲击强度不如ABS，长时间使用材料性能会下降，制作薄或需要承重的部件时受到限制。

聚对苯二甲酸乙二醇酯–1，4–环已烷二甲酯（PETG）是由对苯二甲酸、乙二醇和1，4–环已烷二甲醇三种单体进行缩聚的产物，具有出众的热成形性、柔韧性与耐候性，热成形周期短、温度低、成品率高。PETG作为一种新型的增材制造材料，兼具PLA和ABS的优点，具有高光泽度、高的柔韧性和透明度，在成形过程中，材料收缩率低、黏结性好、不翘曲、几乎没有气味，这使得PETG在增材制造领域具有更为广阔的应用前景。

热塑性弹性体常温下为高弹态聚合物，具有橡胶类聚合物的高弹性、耐老化、耐油性等优异性能。不同于橡胶材料，热塑性弹性体具有热塑性，因而材料易于加工，可通过挤出、吹塑、注塑等热塑性塑料的加工方式成形，也为 FFF 技术成形软质弹性材料提供了便利。然而，热塑性弹性体具有柔软性，致使弹性体的增材制造工艺与其他材料有所不同，当前常用的增材制造装置在制备弹性体材料方面具有一定的限制。

2. 通用工程塑料

通用工程塑料指的是可以作为结构材料用作工业零件或外壳材料的工业用塑料。这些塑料要求在广泛的温度范围内力学性能优良，具有耐高温高压、韧性好和耐冲击性等性能。ABS、尼龙（PA）、聚碳酸酯（PC）作为通用工程塑料耗材在 FFF 技术中的应用及研究较多。其较高的强度和耐热温度，使其作为 FFF 成形用材料，在承重结构件应用上为一些特殊领域降低成形难度和成本、减少时间、提供便利。

ABS 是最早用于 FFF 技术的材料，目前也是 FFF 成形技术领域应用最广泛的成形件耗材。ABS 成形温度一般为 210 ~ 260 ℃，可在 –40 ~ 85 ℃的温度范围内长期使用，打印时需要底板加热。ABS 具有相当多的优点，包括高抗冲、高耐热、阻燃、绝缘、化学性能稳定和易着色等。其打印产品质量稳定，强度也较为理想。然而，ABS 成形时可能产生强烈的气味，材料遇冷收缩特性明显，需要在成形过程中进行底板加热，在成形较大尺寸模型时，温度调节不当容易产生翘曲、变形、开裂等问题。此外其耐候性较差，紫外线可使之变色。

PA 强度高，同时具有一定的柔韧性，热变形温度比普通材料高很多，收缩率比普通材料小，适合用于代替机械制造中的金属零件。在所有 FFF 热塑性塑料中，PA 具有最佳的 z 轴层压、较高的冲击强度，以及出色的化学抗性。PA 材料作 FFF 成形材料时一般喷头温度为 240 ~ 270 ℃，底板温度为 80 ~ 120 ℃。然而，由于其化学成分的差异，因此，一些品牌允许在低至 220 ℃的温度下制造。此外，用于 SLM 技术的 PA 粉末材料的需求也巨大，种类包括 PA6、PA11、PA12 等。但是 PA 材料容易吸湿，这意味着它们很容易从周围环境中吸收水分。使用吸收了水分的 PA 材料会降低增材制造质量，因此 PA 的储存就变得非常重要，需要特别注意。

PC 丝材具有类似金属的强度，其强度比 ABS 材料高出 60% 左右，翘曲度低且比 ABS 更加柔韧，具有超强的工程材料属性，广泛应用于家电、汽车、航空航天、医疗

器械等领域。然而PC材料着色性能较差，挤出温度（250 ~ 320 ℃）要比PLA和ABS等热塑性聚合物更高。

3. 特种工程塑料

特种工程塑料的热变形温度普遍高于150 ℃，玻璃化转变温度普遍高于250 ℃。在常温下，特种工程塑料与通用工程塑料的使用性能无较大差别，然而在高温领域，通用工程塑料的力学性能丧失，而特种工程塑料仍可以保持力学性能不发生明显变化，因此被广泛应用于航空航天、国防和医疗装备领域。特种工程塑料的成形温度一般为300 ~ 450 ℃，需要专门的耐高温加工器械，且应用领域较通用工程塑料更窄，传统成形方式能耗大、损耗大、需求量少，使得FFF技术在特种工程塑料成形应用上更具优势。

聚醚酰亚胺（PEI）相对于其他芳香族聚酰亚胺而言，是一种成本较低、产量较大的热塑性聚酰亚胺，半透明、琥珀色，具有优异的力学强度，出色的耐热性、环境稳定性和高介电性。这些特性使PEI成为商业材料的很好选择，特别适用于汽车、船舶、飞机、医疗和电子电器等行业。

聚醚醚酮（PEEK）是聚芳醚酮（PAEK）系列的一种，具有优异的耐磨性、生物相容性、化学稳定性以及弹性模量最接近人骨等优点，熔点高达350 ℃。增材制造PEEK特别受医疗领域的关注，其所具备的生物相容性和可消毒性可用于定制医疗植入物的制造，同时航空航天和汽车领域也是增材制造PEEK的常见市场，适合更高的耐磨性和耐温性零部件制造。

聚苯砜（PPSF）具有较高的耐热性、强韧性以及耐化学稳定性，在各种增材制造工程聚合物材料之中性能最佳，通过与碳纤维、石墨的复合处理，PPSF显示出极高的强度，可用于增材制造高承受负荷的制品，能在一定程度上替代金属、陶瓷材料。

4. 溶解性支撑聚合物

FFF技术通过丝材的层层堆积成形零部件，随着层数的增加，当遇到成形件倾斜弧度较大或在距离较远支撑物间悬空搭层时，易出现无支撑的现象（上层截面大于下层截面），导致成形截面发生塌陷，进而降低原型的成形精度，甚至使零件原型不能成形。因此，对于 FFF 成形技术的后续加工，支撑作为基础尤为重要，支撑的状态直接影响成形成败及加工时间。剥离性支撑材料容易剥离，成形件的外形也不会因剥离而损伤。但是当制造结构复杂的零件时，剥离性支撑件会出现被包覆、缠结情况而难以分离，若将其破碎取出容易损伤零件。而溶解性支撑材料可溶于水或者其他溶液中，具有提高接触面质量、保护零件细小特征不受损害的优势。对于零件深处的嵌壁部位，溶解性支撑材料可以方便地剥离。此外，溶解性支撑材料可以帮助 FFF 技术实现其他加工方法无法实现的具有相对运动关系的装配组合件的一体成形。

目前，溶解性支撑材料基本为聚合物，在应用于 FFF 技术前需要加工成直径为 1.75 mm 的丝材，这就要求材料可以热塑加工，具有良好的成丝性。此外，熔化沉积成形溶解性支撑材料还需要满足以下性能要求：

（1）力学性能。支撑材料对力学性能的要求不高，但是为了避免供料辊在牵引和送料过程中发生断丝现象以及避免成形件的翘曲变形，对支撑材料的抗拉强度和抗弯强度仍然有一定要求。

（2）熔体流动性。支撑材料需要经过加热熔化，从喷头中挤出的过程。良好的熔体流动性有利于支撑材料的顺利挤出。熔体流动性较差则会影响成形件的尺寸精度。但是熔体流动速率也不宜过高，以避免流涎现象。

（3）材料的熔化温度。双喷头 FFF 装备中，为避免两个喷头之间的相互影响，支撑材料应具有与成形材料接近的熔化温度。

（4）收缩率。支撑材料的收缩率越小越好，收缩率小的支撑材料可以避免成形件的翘曲变形，保证尺寸精度。

（5）热稳定性。材料的热稳定性是高分子材料耐热降解或老化的性能，支撑材料要与成形材料在支撑面上接触，所以溶解性支撑材料要有一定的热稳定性。

对于溶解性支撑材料，较高的溶解速率有助于减少原型后处理的时间并降低制造成本。溶解性支撑材料的制备和应用需要经历螺杆挤出成形过程和熔化沉积成形过程。分析上述过程的工艺特点可以得知，溶解性支撑材料需要具有良好的热塑成丝性及良好的溶解性，以及一定的力学性能、熔体黏度、化学稳定性、热稳定性等。

目前常用的溶解性支撑材料主要有高抗冲聚苯乙烯（HIPS）和聚乙烯醇（PVA）。HIPS不仅可作为溶解性支撑材料，易溶于D-柠檬烯溶液中，且本身具有较高的力学强度，可单独作为成形材料使用。PVA具有良好的生物相容性，是一种极安全的可生物完全降解的环保材料，PVA在冷水中部分溶解，在80 ℃的水中可完全溶解。

部分增材制造用聚合物力学性能见表6-18。

表6-18 部分增材制造用聚合物力学性能

类型	拉伸强度/MPa	拉伸模量/MPa	弯曲强度/MPa	弯曲模量/MPa	断裂伸长率/%
PLA	46.6	2 636	85.1	3 283	1.9
ABS	33	2 200	58	2 100	6
PA12①	48	1 600	50	1 400	18
PC②	42	1 958	68	1 800	2.5
PEI	81	2 770	144	2 820	3.3
PEEK	98	4 000	125	3 800	45

注：① PA12为聚十二内酰胺。

② PC为聚碳酸酯。

聚合物丝材是FFF技术使用中最主要的材料形式。制备这种丝材涉及几个关键步骤，以确保材料具有适当的物理性质和尺寸，从而保证成形过程的成功和成形件的质量。以下是FFF丝材的主要制备流程：

（1）原材料选择与准备。选择适当的聚合物或复合材料作为基材。原材料常常以颗粒或粉末形式存在，需要保证其干燥，以避免水分对于后续挤出过程或增材制造质量产生负面影响。

（2）挤出过程。用挤出机将原材料融化并经过特定的模具（通常是圆形模具），以形成连续的丝材。挤出速度、模具尺寸、材料温度等参数都需要精确控制，以确保丝材的直径一致并符合标准。

（3）冷却与定型。挤出的热塑性丝材需要迅速冷却，通常通过冷却水槽进行。

冷却过程中要确保丝材保持直线，避免形成波纹或弯曲。某些特殊的丝材可能需要进一步的后处理，如热处理、涂层、表面改性等。

除了丝材制备以外，常见的聚合物粉材的制备工艺流程如下：

（1）原材料选择与准备。根据应用选择适当的聚合物原料。确保原材料的纯度和质量。

（2）微粉制备。通常使用球磨、空气喷射粉碎或冷冻粉碎技术得到细微粉末。这一步骤要确保粉末的粒径分布、形态和具体的表面特性。

（3）粉末分级。使用筛分或气流分类器将粉末按粒径分级。通常优选的粉末粒径范围在 20 ~ 100 μm，最佳粒径取决于特定的 SLM 系统和应用。如需要改进流动性、烧结性能或其他特性，粉末可以进行表面涂层或化学改性，包括添加界面活性剂、涂层纳米颗粒或其他添加剂。

5. 聚合物材料评价指标

（1）对于 FFF 丝材，有多个重要指标可以衡量其性能和适用性：

1）直径公差。丝材的直径需要非常精确和一致，以确保成形过程中的恒定流量。常见的 FFF 丝材直径有 1.75 mm 和 2.85/3.00 mm，公差通常在 ±0.05 mm 或更小。

2）熔融温度。表示丝材开始流动和变软的温度。熔融温度决定了成形的最佳挤出头温度。

3）玻璃化转变温度（T_g）。这是材料由玻璃态转变为高弹态的温度。这个温度对于评估成形件在特定温度下的性能很重要。

4）黏度。在挤出过程中，材料的黏度影响丝材如何流动。黏度与温度和材料的种类有关。

5）湿度吸收。一些材料如尼龙，非常容易吸收湿气，这可能会影响到成形的质量。因此，对于这些材料，储存条件和预处理（如干燥）至关重要。

（2）为了得到高质量的 SLS 成形件，粉末材料的选择和特性至关重要。以下是一些关于 SLS 粉末的关键指标：

1）粒径分布。这是一个非常关键的参数，因为它影响到成品的表面粗糙度、烧结质量以及成形过程的流动性。通常，SLS 粉末的粒径范围在 20 ~ 100 μm，但更常见的范围是 50 ~ 70 μm。

2）流动性。良好的粉末流动性是必需的，以确保每一层粉末都能均匀地铺在建筑平台上。

3）熔融特性。粉末的熔融和结晶特性决定了其烧结能力。这些特性应该与特定的 SLS 设备的激光参数相匹配。

4）热性质。包括熔点、导热性和热膨胀系数等。这些指标影响到如何选择和调整激光参数。

5）再使用能力。经过一次 SLS 过程后未烧结的粉末是否可以再次使用是一个重要的经济和质量因素。有些粉末可以与新粉末混合后再次使用。

（二）光敏树脂

光敏树脂在光作用下能产生物理或化学反应，其中能从液体转变为固体的树脂称为光固化性树脂。它是一种由光引发剂、低聚物以及单体等组成的混合液体，其主要成分有丙烯酸、环氧树脂等，它们决定了光固化产物的物理特性。低聚物的黏度一般很高，所以要将单体作为光聚合性稀释剂加入其中，以改善树脂整体流动性。在固化反应时，单体也与低聚物的分子链反应并硬化。光引发剂能在光能照射下分解，成为全体树脂聚合开始的“火种”。有时为了提高树脂反应时的感光度还要加入增感剂，其作用是扩大被光引发剂吸收的光波长带，以提高光能吸收效率。此外，体系中还要加入消泡剂、稳定剂等。光敏树脂的基本组分及其功能见表 6–19。

表 6–19　　光敏树脂的基本组分及其功能

名称	功能	常用含量 /wt.%	类型
光引发剂	吸收紫外光能，引发聚合反应	≤ 10	自由基型、阳离子型
低聚物	材料的主体决定了固化后材料的主要功能	≥ 40	环氧丙烯酸酯、聚酯丙烯酸酯、聚氨酯丙烯酸酯等
单体	调整黏度并参与固化反应，影响固化膜性能	20 ~ 50	单官能度、双官能度、多官能度
其他	根据不同用途而异	0 ~ 30	

1. 光引发剂

光引发剂是指任何能够吸收辐射能，经过化学变化产生具有引发聚合能力的活性中间体的物质。光引发剂是任何光敏树脂体系都需要的主要组分之一，它对光敏树脂体系的灵敏度（固化速率）起决定作用。相对于单体和低聚物而言，光引发剂在光敏树脂体系中的浓度较低（一般不超过 10%）。在实际应用中，光引发剂本身及其光化学反应的产物均不应该对固化后聚合物材料的化学和物理性能产生不良影响。自由基型光引发剂主要有香豆酮类、安息香类、硫杂蒽酮类、苯乙酮类、苯甲酮类等；阳离子型的光引发剂主要有芳香重氮盐类、芳茂铁盐类和鎓盐等。

2. 低聚物

低聚物又称预聚物，是含有不饱和官能团的低分子聚合物，多数为丙烯酸酯的低聚物。在辐射固化材料的各组分中，低聚物是光敏树脂的主体，它的性能很大程度上决定了固化后材料的性能。一般而言，低聚物分子量越大，固化时体积收缩越小，固化速度越快。但分子量越大，黏度越高，需要更多的单体稀释剂。因此，低聚物的合成或选择无疑是光敏树脂配方设计中重要的一个环节。表 6–20 为常用的光敏树脂低聚物结构和性能。

表 6–20　　常用的光敏树脂低聚物结构和性能

类型	固化速率	抗拉强度	柔性	硬度	耐化学性	抗黄变性
环氧丙烯酸酯	快	高	不好	高	极好	中至不好
聚氨丙烯酸酯	快	可调	好	可调	好	可调
聚酯丙烯酸酯	可调	中	可调	中	好	不好
聚醚丙烯酸酯	可调	低	好	低	不好	好
丙烯酸树脂	快	低	好	低	不好	极好
不饱和聚酯	慢	高	不好	高	不好	不好

3. 单体

单体除了调节体系的黏度以外，还能影响到固化动力学、聚合程度以及生成聚合物的物理性质等。虽然光敏树脂的性质基本上由所用的低聚物决定，但主要的技术安

全问题却必须考虑所用单体的性质。自由基固化工艺所使用的丙烯酸酯、甲基丙烯酸酯和苯乙烯，以及阳离子聚合所使用的环氧化物以及乙烯基醚等都是辐射固化中常用的单体。由于丙烯酸酯具有非常高的反应活性（丙烯酸酯 > 甲基丙烯酸酯 > 烯丙基 > 乙烯基醚），因此，工业中一般使用其衍生物作为单体。单体分为单、双官能团单体和多官能团单体。一般增加单体的官能团会加速固化过程，但同时会对最终转化率带来不利影响，导致聚合物中含有大量残留单体。

4. 光敏树脂分类

自由基型光敏树脂主要包括三种类型：一是环氧丙烯酸酯，二是聚酯丙烯酸酯，三是聚氨酯丙烯酸酯。环氧丙烯酸酯聚合反应速度快，固化后强度比较高，但是脆性大，而且容易黄变。聚酯丙烯酸酯的流平性较好，而且它的固化速度较快。聚氨酯丙烯酸酯具有较好的柔韧性和耐磨性，但缺点是其聚合反应的速度较慢。自由基型光敏树脂的稀释剂要有很好的稀释性能，一般为单官能度和多官能度稀释剂，且官能度最好不要超过 3。该类树脂还包括各种添加剂，例如，消泡剂、阻聚剂、光敏剂、UV 稳定剂、天然色、流平剂等。添加剂中，阻聚剂是一种比较重要的成分。液态树脂生产完成后，需要存放在容器中，如果在存放的过程中发生缓慢聚合沉降，将严重影响树脂的性能，阻聚剂能够保证树脂能够长时间存放，且性能不会发生改变。常用的光敏树脂主要是含有环氧丙烯酸酯的树脂，因为聚氨酯低聚物的分子中有酰胺键，酰胺键的分子极性很大，这就造成了分子间的作用力较大，在使用同种类型和含量的稀释剂的情况下，聚氨酯低聚物的黏度会远远大于环氧丙烯酸酯，且在添加剂相同的情况下，环氧丙烯酸酯的反应速度也快于聚氨酯丙烯酸酯。此外，环氧丙烯酸酯的价格便宜，固化后的模型硬度也较高，而聚氨酯丙烯酸酯固化后较柔韧。因此，在生产机械强度优良的光敏树脂时，环氧丙烯酸酯是较为理想的低聚物。固化后体积收缩率较大是自由基型光敏树脂最大的缺点，会导致成形零件的尺寸精度降低，尤其是在制造一些悬臂和大平面零件时，会造成层间开裂，模型翘曲变形，甚至会导致成形失败。

阳离子型光敏树脂主要有环氧化合物、乙烯基醚两种低聚物。环氧化合物的固化机理是：在阳离子引发剂的作用下，环氧化合物发生聚合反应，低聚物之间的距离会由范德华力的作用距离转变为固化之后的共价单键之间的作用距离，二者之间的距离大大缩短，而且聚合后各分子更加有序地排列，这就使得树脂聚合后体积会明显收缩。此外，环氧化合物上的环打开后形成新的结构单元，尺寸也发生改变，其尺寸是大于单体分子的。聚合后的材料体积变化受两个因素影响，一是分子的有序排列导致固化后体积收缩，二是新结构的形成导致固化后体积变大，二者综合的结果是使环氧化合物固化后的体积收缩率减小甚至为零，内应力也相应变小，成形件的翘曲变形也小，力学性能优异。由于乙烯基醚类树脂固化速度比较慢，不能满足光敏树脂对固化速度的要求，因此应用比较少，不如环氧化合物广泛。自由基型光敏树脂的固化体积收缩率一般为 5%～7%，而阳离子型的环氧树脂固化体积收缩率为 2%～3%，所以阳离子型树脂的产品成形精度高。除此之外，氧气对自由基树脂有聚合作用，而对环氧化合物树脂没有影响。阳离子树脂的黏度较低，成形件的强度高，力学性能好，一般可直接用于注塑模具。如果想要得到性能较好的阳离子树脂，最关键的因素是要正确选择光引发剂的类型，因为光引发剂能够影响树脂反应的固化交联速度以及紫外光的穿透深度。最初研究人员使用的是重氮盐阳离子光引发剂，它的缺点是在发生光解反应时会有氮气产生，影响实体模型的成形，会在成形件中产生气泡和针眼，影响产品的表面质量和力学性能。为了解决这个问题，科研人员又研发了两种新型阳离子引发剂：碘鎓盐和硫鎓盐。这两种光引发剂的最大吸收光谱在远紫外区，为了提高对光源的吸收，还需要加入一些增感剂，与光引发剂组成复合引发剂。阳离子型光敏树脂有很多优点，非常适合用于 VPP 增材制造中，但是其各种组成成分的价格高，使得光敏树脂的生产成本高，阻碍了阳离子型光敏树脂的大规模工业化应用。降低阳离子型光引发剂的生产成本，研发新型的低成本的光引发剂，是实现其大规模使用的前提。光敏树脂增材制造成形件部分力学性能见表 6–21。

5. 光敏树脂材料的评价指标

目前，评价非金属增材制造专用光敏树脂材料的指标主要有临界曝光量、透射深度、黏度、固化收缩率和力学性能等。

表 6–21　　光敏树脂增材制造成形件部分力学性能

类型	拉伸强度 / MPa	拉伸模量 / MPa	弯曲强度 / MPa	弯曲模量 / MPa	断裂伸长率 / %	冲击强度 / (J/m)
自由基型	69	3 480	105	3 240	20	69
阳离子型	38 ~ 42	1 940 ~ 2 250	73 ~ 76	1 940 ~ 2 250	10 ~ 22	23 ~ 51
混杂型	45.7	2 460	68.9	2 250	8	23.5

临界曝光量、透射深度为光敏树脂的光敏性质。临界曝光量是使光敏树脂发生凝胶时的最低能量，主要受光引发剂的影响。透射深度是光敏树脂中光的能量密度衰减到入射能量密度的 $1/e$（e 为欧拉数）时的深度。透射深度主要影响成形过程中的分层厚度，如果分层厚度大于透射深度时，相邻的固化层不能很好地黏接在一起，无法制作完整的具有较好力学性能的零件；如果设定的分层厚度太小，相邻固化层虽然能黏接起来，但是成形件的 Z 轴方向误差大。

光敏树脂的固化收缩率过大，会影响成形件的成形精度，同时也会产生较大的内应力，引起制品翘曲、开裂等现象。黏度是光敏树脂一个很重要的指标，当黏度过高时，需要很高的压力才能使其从喷头喷出，能耗高；而当黏度过低时，则容易形成拖尾、漏液和飞溅。固化后制品的力学性能也是光敏树脂的一个重要的评价指标，这主要受基体低聚物树脂的种类影响，其次是受活性稀释剂的种类及用量的影响，这需要反复地试验和调整，直到其满足使用要求。

（三）复合材料

随着增材制造技术的进步，复合材料在增材制造应用中的关注度日益增加。复合材料由两种或多种不同材料结合而成，旨在将各个组分的优势结合在一起，实现高于单一材料的综合性能。在增材制造中，这种结合往往涉及高性能的基体材料与增强材料，如纤维或微纳米颗粒。

传统的复合材料制造技术，如手糊层压和树脂注入，虽然已经存在了很长时间，但其复杂性、高成本和低效率限制了复杂结构和高度定制化产品的生产。与此相反，增材制造提供了一种在微观尺度上精确控制复合材料结构的方法，使得部件的性能可以进行高度定制和优化。

碳纤维增强的热塑性塑料（CFRTP）是最受关注的复合材料之一。这种复合材料结合了碳纤维的高强度、轻质和刚度优势，以及热塑性塑料（如 PA 或 PEEK）的加工和成形能力。在对部件的轻量化和高性能有严格要求的航空航天领域，CFRTP 材料已实现了众多成功应用，展现出了其在降低重量、提高燃油效率等方面的优势。

然而，复合材料在增材制造中的应用并不仅限于 CFRTP。玻璃纤维增强聚合物（GFRP）提供了与碳纤维相似的机械性能，但在经济性上具有更大的优势。对于那些不需要极端性能，但仍需要强度和刚度的应用，例如，一些消费品和非结构性组件，GFRP 是一个有吸引力的选择。

在纳米技术的推动下，纳米增强复合材料开始受到工业界和学术界的广泛关注。通过在复合材料中加入纳米尺度的增强材料，如纳米黏土、碳纳米管或石墨烯，其机械性能、热性能和电性能均得到了显著提高。

（四）水凝胶生物材料

生物增材制造以细胞、生物材料和生长因子等为原材料，按照所设计的仿生三维结构进行成形，因此也被称为活细胞增材制造。该技术可以精确控制 3D 微观结构和细胞的空间分布，可用于构建具有复杂微结构和生理功能的体外仿生组织和器官，近年来被广泛应用于组织器官的修复再生和体外生理 / 病理模型模拟。其中，载细胞的原材料被称为生物墨水，负载细胞的生物材料也是生物墨水的核心组分。生物材料通过为细胞提供机械支撑并调节其生理活动而发挥细胞外基质（ECM）的作用，需要综合考虑成形条件和组织结构的功能要求。理想的生物材料应具有优异的成形性、力学性能、生物相容性和降解性，且在成形过程中保证细胞不受损害。目前能够负载活细胞进行增材制造的生物材料主要是水凝胶类材料。

水凝胶有与细胞外基质相似的含水量和拓扑结构，被广泛地应用于细胞培养、组织工程和再生医学等方面的研究，是理想的细胞载体材料。化学交联的高分子水凝胶是最早，也是最广泛研究的水凝胶体系，其力学强度高、稳定性好及制备成本低，已经成为广泛应用的组织工程材料。然而，共价交联的稳定结构不易直接成形，同时也限制了内部细胞增殖和迁移。此外，化学交联反应本身以及产物较难降解的性质也限制了其在生物医学中的应用。依赖于超分子相互作用及其他非共价键交联的

物理水凝胶后续得到了发展，其良好的刺激响应性、触变性和自愈合性为水凝胶的成形及细胞的迁移提供了条件，但其在生理条件下的稳定性一般较差。结合不同交联机理的互穿网络、互补网络等多网络水凝胶，有望解决单一组分 / 网络水凝胶的不足。

海藻酸钠是一种源于海藻细胞壁的天然多糖，是生物增材制造中最常用的天然材料。通常情况下，海藻酸钠会在多价阳离子，如 Ca^{2+}、Ba^{2+} 的存在下发生交联，进而形成水凝胶。其力学性能取决于聚合物的浓度和分子量，以及阳离子种类和浓度。海藻酸钠水凝胶具有低成本、低免疫性、低毒性等优势，可以在室温下快速形成稳定的、可降解的水凝胶，具有较高的成形分辨率，在生物医学领域有广泛的应用前景。但是其生物惰性导致细胞黏附性较差，不利于细胞的增殖和分化，一般情况下可通过修饰精氨酸－甘氨酸－天冬氨酸（RGD）基团增强细胞黏附性。此外，海藻酸钠水凝胶的形成需要钙离子等多价阳离子的参与，可能影响体内细胞之间的离子通道的通信，限制了其在体内的应用。

胶原蛋白是人体中最丰富的结构蛋白，主要位于结缔组织的细胞外基质中。胶原蛋白的类型有很多，最常用的是 I 型胶原蛋白，它是一种具有三螺旋结构的多肽。胶原蛋白是一种可生物降解的蛋白质，生物毒性较低，其中的 RGD 序列可以有效促进细胞的黏附和迁移。但是胶原蛋白的成胶时间较长，在 37 ℃下要 30 min 才能成胶，且成胶后机械性能较差，不利于成形结构的稳定。同时，胶原蛋白在低温下是液体状态，提高温度或把溶液调为中性才能形成纤维结构，增加了操作的复杂性。

明胶是由动物结缔组织中的胶原部分水解而成的产物，性质稳定，细胞亲和性好，是一种优异的生物水凝胶材料。但是明胶的力学强度随温度变化过于敏感，在 37 ℃是液体状态，限制了其作为组织工程材料的应用，通常需要通过化学交联或酶交联使其进一步稳定。醛类经常被用于连接明胶赖氨酸上的 α－氨基，碳二亚胺也被用于活化羧酸基团并加速其与氨基缩合形成酰胺键。化学交联法的试剂通常都具有一定毒性，相比而言，酶交联法具有更好的生物相容性。通过改性明胶得到具有可控光交联特性的明胶基水凝胶是一个常用策略。

普朗尼克 F127 是一种人工合成的三嵌段共聚物，由两段聚乙二醇和一段聚丙二醇构成，是生物增材制造中最常用的人工合成材料。普朗尼克 F127 具有优异的机械强度和剪切变稀性能，一般通过挤出式生物增材制造进行成形，分辨率很高，常用于精细结构的制造；普朗尼克 F127 还具有温度响应性，室温下可以迅速成胶，低温条件下又可以很快转变为溶液状态，故而常被用来形成血管结构。但是普朗尼克 F127 的生物相容性较差，无法用于细胞的长时间培养。

聚乙二醇（PEG）属于人工合成高分子，不仅分子结构易于调控、具有双亲性、免疫原性极低，且生物相容性很高，可以在 PEG 端基修饰丙烯酸、甲基丙烯酸、乙烯、降冰片烯等基团。PEG 光敏衍生物中应用最广泛的是聚乙二醇二丙烯酸酯（PEGDA）、聚乙二醇二甲基丙烯酸酯（PEGDMA）和接枝了上述基团的多臂 PEG 等。此外，PEG 对细胞和各类蛋白质均无黏附性，利用这一特性可构建搭载各类生长因子和细胞的成分可控的空白水凝胶模块，进而对细胞黏附、增殖和分化等进行研究。

在生物增材制造中，作为关键因素之一的生物材料，要同时具备良好的增材制造性能、力学强度、生物相容性和降解性。目前很多天然水凝胶材料和合成水凝胶材料都已经被开发，但是很难有一种材料能把所有优势整合。虽然通过材料复合可以在一定程度上解决该问题，但它与天然的细胞外基质还有很大的差距。此外，生物体内的许多组织和器官都具有特定的功能和响应性，因此，还需要通过合理的分子设计和化学反应将功能基团引入水凝胶网络中，使其能够更好地模拟体内器官。目前生物增材制造的出现为生物医学领域提供了一种新的技术手段，同时也为水凝胶性能的研究提供了新的评价方法。虽然生物材料增材制造的技术在不断成熟，但是利用增材制造方式实现生物材料的产业应用还面临着不少难题。首先，亟待解决的是生物材料制造精度的提高，如实现毛细血管这种细微结构的成形；其次，可用于增材制造技术的生物材料选择较少，并且技术层面主要是挤出式和光固化技术；最后，对生物墨水在材料中的取向控制仍有待加强，需提高生物材料的微观结构控制的精度。随着技术的进步和新材料的开发，未来生物增材制造将朝着精准化、个性化和功能化的目标不断发展。

三、无机非金属材料

增材制造技术因其独特而优越的成形能力受到材料研究领域的重点关注。由于高分子材料的增材制造体系相对简单以及航空航天领域对增材制造金属复杂零件具有迫切需求，因此，高分子和金属材料的增材制造技术研究较多并相对比较成熟。无机非金属材料的增材制造技术研究起步较晚，高分子和金属材料的增材制造技术并不能直接移植到无机非金属材料的制造中，特别是陶瓷材料本身的物理、化学性质加大了增材制造中应用的难度。但是陶瓷材料力学、热学等方面的显著优势和在高端科技领域的不可替代性使得陶瓷材料在非金属增材制造用材料中占据着重要的地位。

增材制造陶瓷材料的原材料涵盖广阔，用于传统成形工艺的陶瓷原料几乎都可以应用于增材制造成形工艺，包括传统的氧化和非氧化物陶瓷，例如，SiO_2 和 SiC 等。由于生物工程的发展，对陶瓷生物支架的需求越来越多，要求也越来越高，例如，陶瓷生物支架的个性化和可控的复杂内部结构，增材制造成形工艺可以提供较为理想的解决方案。此外，增材制造成形工艺的制品往往具有粗糙的表面质量，这在精细工业陶瓷领域是不理想的，而在生物工程领域，粗糙的表面更有利于细胞的附着和生长。所以，增材制造生物陶瓷的研究越来越受到科学家的重视，包括羟基磷灰石（HA）和磷酸三钙（TCP）等。除了传统工业陶瓷和生物陶瓷，还有一类新型特种陶瓷——有机高分子陶瓷材料，如聚碳硅烷、聚氮硅烷、聚硅烷等。

增材制造陶瓷材料种类繁多、体系复杂，一般地，根据增材制造成形工艺对陶瓷原料形态要求的不同，将增材制造陶瓷材料分为以下四类。

（1）粉体材料。其适用的增材制造成形技术有喷射黏结剂（BJ）、SLS 和 SLM 等技术。不同的技术和不同的原料组分对粉体的性能要求都不一样，一般都要求粉体粒度分布均匀，具有较好的流动性。

（2）浆体材料（膏体材料）。其适用的增材制造成形技术有喷墨印刷（IJP）、VPP 和 DLP 等技术。浆料是由陶瓷粉末、分散剂和其他外加剂组成，陶瓷粉末一般要求粒径小于 1 μm，具有较窄的粒径分布，不发生团聚，以及良好的流动性。IJP 技术所用的陶瓷浆料，准确地说应为“陶瓷墨水”，因为其固相含量较低，25 ℃的黏度一般都小于 30 mPa · s; 而 VPP 和 DLP 所用的陶瓷浆料固相含量一般要达到 40%～60%（体积分数），VPP 所用陶瓷膏体，一般要求固相含量达到 45%～65%，黏度小于 15 Pa · s，并具有剪切变稀的性质。

（3）线材。其适用的增材制造成形技术主要为 FFF 技术。由于陶瓷丝材要经过高温喷头熔化，因此对原料要求较高，除了满足基本的成形要求外，还要求原料具有一定的弯曲强度、抗压强度、拉伸强度和硬度。另外，为了保证最终零件的尺寸精度，还要求线材陶瓷材料熔化后具有一定的黏度和流动性，以及较小的收缩。

（4）片材。其适用的增材制造成形技术为薄材叠层快速成形（LOM）技术。片材陶瓷厚度一般为几十微米，由陶瓷粉末材料经过流延成形获得。

陶瓷材料增材制造成形技术特点对比见表 6–22。

表 6–22　　陶瓷材料增材制造成形技术特点对比

项目	LOM	FFF	BJ	IJP	VPP	SLS	SLM
原料形态	片材	线材	粉末	浆料	浆料	粉末	粉末
支撑结构	不需要	需要	不需要	不需要	需要	不需要	不需要
尺寸精度	低	高	高	低	高	高	高
表面质量	差	好	差	差	好	差	差
工艺成本	低	低	低	高	高	高	高

无论是浆料、膏料、线材还是片材，陶瓷粉末都是其中最为重要的组成部分，所以具有高纯度、高均匀性、高精细度以及高分散性的精细陶瓷粉末的制备是原料制备中最为关键的一步。目前常用的陶瓷粉末制备方法有三大类：固相法、液相法和气相法。固相法包括盐类直接热分解法、高温自蔓延合成法（固－气反应）和水热法（固－液反应）三种。陶瓷粉末的液相制备法（液－液法，即湿化学法），主要用于氧化物陶瓷粉末的制备，包括溶剂蒸发法、化学共沉淀法和溶胶－凝胶（Sol-

Gel）法。气相法（气－气反应）制备陶瓷粉末主要包括三种方法，即：①气相沉积法，由于不同组分的蒸气压不同，所以制备多组分复合粉末困难；②气相分解法，所需组分均存在于同一起始原料中，经气相分解反应即可制得所需粉末，然而化学均匀性难以得到保证；③气相反应法，经等离子或激光直接加热，使气体组分之间发生反应得到所需的陶瓷粉末。它们的共同优点是粉末颗粒很细，且无硬团聚，可制备多种陶瓷粉末；共同缺点是制备多组分复合粉末的难度大，装备投资大，制粉成本高。

1. 陶瓷粉末的评价指标

增材制造专用陶瓷粉末需要具有成分控制精确、致密度高、球形度好、颗粒尺寸小且粒度分布范围窄、分散性好、流动性好等特性。陶瓷粉末的评价指标可按表 6–23 中相应标准的规定进行测试。

表 6–23　增材制造专用陶瓷粉末的测试项目及标准

测试项目	测试标准	测试项目	测试标准
粉末粒度及分布	JC/T 2176 GB/T 19077	松装 / 表观密度	ISO 18753 ISO 23145–2
形状 / 形态	GB/T 15445.6	振实密度	ISO 23145–1
比表面积	GB/T 19587	流动性	ISO 14629

2. 陶瓷浆材的评价指标

增材制造专用陶瓷浆材的主要性能评价指标包括固相含量、密度、黏度、粒度、表面张力、流变曲线等。其中，陶瓷浆料的固相含量是陶瓷成形前控制产品质量的关键指标。活性物质、导电剂、黏结剂等固体物质占整个浆料质量的百分比称为浆料的固相含量，一般情况下的固相含量在 40%～70%。粒度是检测浆料均匀性的一项重要指标，均匀度即浆料在空间分布上的一致性，颗粒团聚严重的样品均匀度通常较差。理论上，粒度越小越好。粒度小且分散好的浆料，固体颗粒能够被更好地润湿。

四、其他材料

除了聚合物材料和陶瓷材料之外，还存有很多适用于增材制造技术的原材料，随着增材制造技术的发展将逐步应用于各领域。目前较为流行的增材制造材料还包括覆膜砂、农作物秸秆、石膏、混凝土、人造骨粉、细胞生物原料以及砂糖等。覆膜砂是一种以热固性树脂（如酚醛树脂）为原料，在其中添加一定量的锆砂和石英砂，进而制备得到的材料，通过激光烧结增材制造技术可以得到以覆膜砂为原料的增材制造成品，另外也可通过铸造砂型制备覆膜砂金属器件。农作物秸秆是农业生产中产量较大的废弃物，作为可再生资源，农作物秸秆的再利用也引起了科研人员的广泛关注，有望在未来得到进一步的发展。

五、增材制造非金属材料的储存、使用和安全问题

应采取必要措施防止粉末或浆料在使用、储存、运输、筛分（粉末）、清理等过程中被污染，同时要保证人身安全。

（一）制备要求

增材制造用丝材制备过程中，导致危险事故发生的主要因素包括人、机器、环境以及管理等因素。其中人作为生产过程的核心，在操作过程中应时刻保持专注，避免带病上岗、疲劳上岗等情况，同时遵守操作规程，做到不直接接触高温部件、材料，不湿手触碰电源开关等；在生产前、中、后期应注意保护设备，避免异物进入料筒、低温启动设备以及冷却水溅出触电等安全隐患；在丝材生产过程中会伴随噪声、高温、有毒有害气体等，应避免上述因素对人员、设备安全造成损害，且需注意生产环境安全整洁，防止发生火灾等险情；企业、实验室等组织应对工作人员进行专业的上岗培训，严格执行安全管理相关制度，制定完善的应急处理预案，保证生产过程在严格的监察制度与完善的安全保障下进行。

增材制造用粉材在生产制备过程中除了上述丝材制备的共性问题外，由于粉末粒径较小，易残留在成形后零部件表面，因此，操作人员还应注意佩戴防护用具，避免吸入粉末材料，保护人员健康安全。此外，由于部分粉末材料易燃烧，因此，在生产过程中

还需采取避免明火、充入惰性气体等保护措施，防止粉末燃烧爆炸，保证生产安全。

（二）储存要求

陶瓷粉末应具有粉末供应商提供的符合标准的检验报告，并且应根据粉末批号分开储存，以便于制备粉末料和原材料。原始粉末和使用过的粉末均需用特定的容器和方法进行储存，以尽量减少污染（包括批次间的交叉污染）。对于环境敏感型塑料还应避免与环境中的致敏物接触。所有粉末均应按粉末供应商的要求进行储存。

光敏树脂需要密封保存在容器内，避免阳光直射，还要控制在厂家建议的温度范围内；容器的顶部需要一定的空气防止树脂凝胶化，因此不要把里面的树脂灌满；不要把用过的、未固化的树脂倒回干净的树脂瓶中；光敏树脂不使用时回收到瓶子并置于阴凉通风的地方，防止与阳光接触或者被灰尘沾染。

（三）使用要求

原材料添加前应将增材制造装备及烘干装备内的粉末清理干净，避免不同牌号或批次的原材料混合造成污染。为保证粉末流动性，成形前可对粉末进行烘干等操作，确认符合制造工艺要求。在每次更换粉末时，需核对粉末质量证明文件，对粉末牌号、批号、粉末使用和保存状态及相关检测指标的检测结果进行记录。增材制造完成后宜将零件在保护气氛或真空环境下冷却到环境温度或者特定温度再进行清理。粉末清理可采用防静电毛刷、防爆吸尘器、高压气等进行。

粉末在使用、储存、清理、筛分时，操作人员应按照《个体防护装备配备规范　第1部分：总则》（GB 39800.1—2020）的规定使用个体防护用品。必要时，建议在使用保护气体的操作场所为操作人员配备呼吸保护装置。

光敏树脂使用前需先轻微摇晃，切忌大力摇晃导致大量气泡产生影响成形进程。眼睛和皮肤切勿直接接触光敏树脂，若引起皮肤过敏或是不适，马上用清水冲洗，如情况严重应立即就医。

六、增材制造非金属材料与工艺的匹配选择

增材制造专用材料在不同的增材制造技术下表现出不同的特征，不同材料适用的增材制造技术及其应用领域见表6-24。

表 6-24　　增材制造专用非金属材料与相关技术匹配

状态	材料类型	增材制造技术	应用领域
粉材 丝材	塑料	SLS	汽车、教育、医疗
	陶瓷	SLS	航空航天、医疗
	塑料	FFF	消费品、教育文创
液体	光敏树脂	VPP、DLP	汽车、消费品、医疗
	陶瓷	VPP、DLP、DIW①、BJ	航空航天、交通运输

注：① DIW 为直写成型技术。

下文以目前应用最广泛的几种增材制造技术进行材料和工艺适应性的介绍。

（一）激光选区烧结

激光选区烧结增材制造技术应用较广，针对具体的工艺方案，对于成形材料的要求也不同。用于激光选区烧结增材制造技术的材料是各种粉末，如金属、陶瓷、石蜡以及聚合物的粉末等，近年来更多地采用复合粉末，激光选区烧结增材制造技术采用的粉末粒度一般在 50 ~ 125 μm。

从理论上讲，所有受热后能相互黏结的粉末或表面覆有热塑性黏结剂的粉末都能作为激光选区烧结增材制造的材料。但 SLS 成形效果良好的粉末材料应满足以下要求：具有良好的烧结成形性能，具有良好的热塑（固）性、适度的导热性、较窄的“软化 – 固化”温度范围，经激光烧结后要有足够的黏结强度。

（二）光固化增材制造

光固化成形对光敏树脂材料的要求：成形材料易于固化，且成形后具有一定的黏结强度；成形材料的黏度不能太高，以保证加工层平整并减少液体流平时间；成形材料本身的热影响区小，收缩应力小；成形材料对光有一定的透过深度，以获得具有一定固化深度的层片。

思考题

1. 金属材料增材制造从材料制备到成形过程中需要注意哪些问题？
2. 可用于增材制造的粉末材料应具有哪些特点？

3. 从材料的角度思考可通过哪些途径提升增材制造零部件的力学性能。

4. 什么材料适合作为增材制造的支撑结构材料?

5. 总结金属材料、有机非金属材料和无机非金属材料的优点、缺点以及应用领域。

第七章
综合实训

实训一　增材制造装备整体结构设计实训

实训目标：实现激光粉末床熔融装备典型结构设计。本实训针对 SLM 装备典型结构成形尺寸变更的要求，对装备的成形室结构进行设计改造。以小型 SLM 设备为例，其原有成形室结构及设计改造后结构如图 7–1 所示，本节将从该结构的各个组成部分设计进行解剖分析与详细介绍。

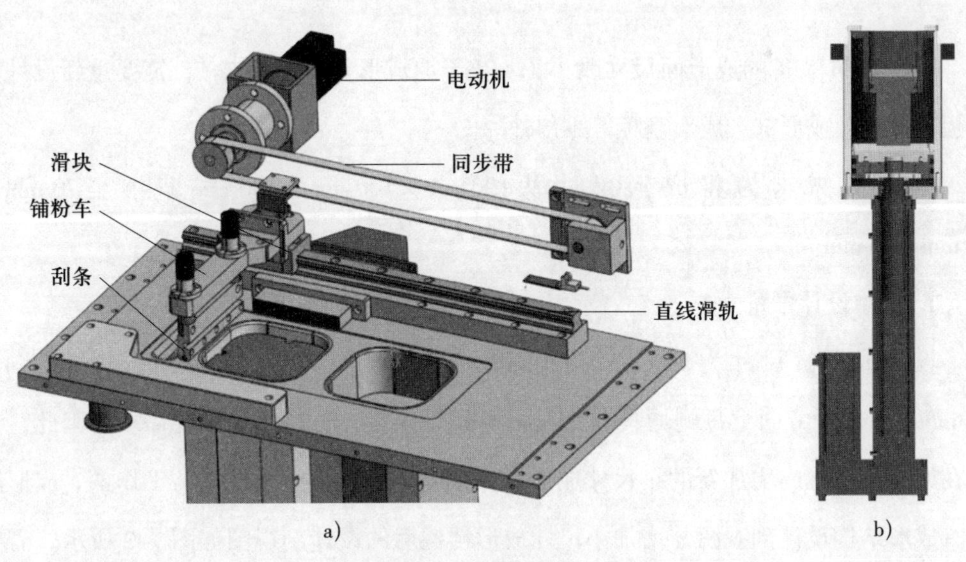

图 7–1　成形室设计图

a）设备原有成形结构设计图　b）尺寸更改后结构设计剖视图

一、实训背景

在实际科研与生产中，客户将遇到多样化的成形尺寸需求。因此，确保设备的灵活性或多功能性，不仅可以提高设备的使用率，还可以为客户带来更大的生产效益。随着 SLM 装备的发展，模块化设计日渐成熟，装备的成形尺寸设计也更为便捷、灵活。对成形尺寸的更改主要有缩小成形尺寸和扩大成形尺寸两种。如当需要减少贵重材料、定制化实验材料的用量时，将考虑缩小成形尺寸；当有小批量大尺寸成形件的制造需求时，将考虑扩大成形尺寸。

本实训所使用的装备主要技术指标如下：成形尺寸为 100 mm × 100 mm × 100 mm，成形缸尺寸为 120 mm × 120 mm × 210 mm，铺粉层厚范围为 0.02 ~ 0.2 mm，零件尺寸精度为 0.1 mm，激光扫描极限速度为 7.8 m/s，供料方式为双缸单向供粉，供电电源及耗电功率为 220 V/3 kW，以及装备外形尺寸为 735 mm × 920 mm × 1 780 mm。

二、成形尺寸设计案例

若将 SLM 装备的成形面尺寸改小（不小于原成形幅面的 50%），需要重新设计转接板、活塞、成形缸、成形基板等零部件。

本案例需求为将成形尺寸从 100 mm × 100 mm × 100 mm 缩小至 70 mm × 70 mm × 50 mm。

1. 整体设计思路

设备成形缸尺寸为 120 mm × 120 mm × 210 mm，目标尺寸为 70 mm × 70 mm × 50 mm，在水平方向上每侧均具有 25 mm 的设计余量，可以满足装配需求。因此，考虑在原有成形缸内增加新的小尺寸成形缸体，以降低尺寸更改成本与工作量。成形缸原有成形结构设计剖视图与增加小尺寸成形结构后的设计剖视图如图 7–2 所示。需要注意的是，这种在原有成形缸内安装新的小尺寸成形缸的方式通常适用于临时材料开发测试、贵金属成形等需求，在长期使用过程中可能会存在稳定性不足、精度下降等问题。

若每侧设计余量小于 5 mm，则较难满足在原有缸体内增加新的小尺寸缸体的

装配要求。若客户出于设备、材料运营成本等因素的考虑有长期加工小尺寸成形件的需求，更适合根据装备的原有安装孔位重新设计符合目标尺寸的成形缸、供料缸与刮刀等结构，并将原有结构替换以提高在长期使用过程中结构的可靠性与稳定性。

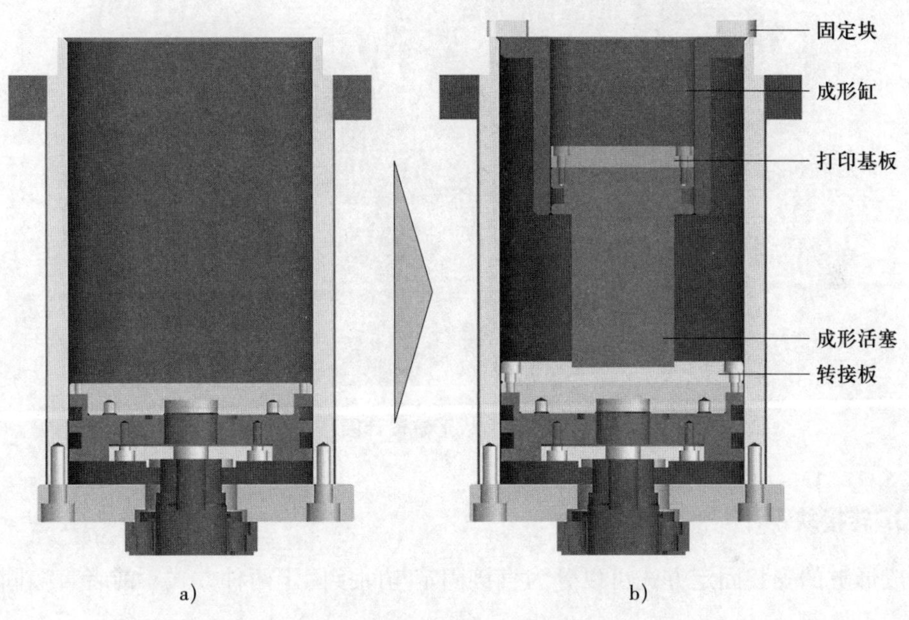

图 7–2　成形缸设计剖视图

a）原有成形结构设计剖视图　b）增加小尺寸成形结构后的设计剖视图

2. 成形缸设计

成形缸设计主要考虑的因素有固定方式、加工方式、装配复杂程度、强度、成形尺寸等。

成形缸的设计方式可以分为一体式与分体式两种。对于成形尺寸较大的缸体，采用分体式设计可以降低加工成本及加工难度，但会增加装配成本。对于成形尺寸较小的缸体，采用分体式设计会因装配关系繁多而带来设计与加工上的困难。采用一体式设计不仅可以降低装配成本，还能提高缸体的精度。本案例中成形缸目标尺寸为 70 mm × 70 mm × 50 mm，可采用一体式设计，如图 7–3 所示。

成形缸缸体设计过程中需要考虑成形过程中的粉末铺覆问题。本案例中，成形缸缸体顶部设计有一个平面以覆盖原有成形缸，避免在粉末铺覆过程中粉末从缸体及原有成形缸间隙掉落而造成成形层粉末不足的问题。本案例中，选择间隙距离为0.5 mm。

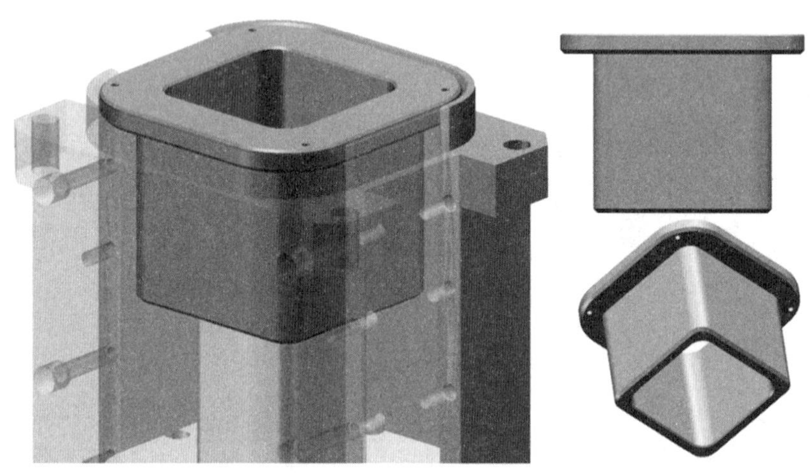

图 7–3　成形缸设计图

3. 转接块设计

成形缸的安装固定方式可以分为直接固定与间接固定两种方式。前者直接固定于原装备上，后者通过转接块连接固定。两种固定方式的选择取决于缸体尺寸、使用强度以及原有设备的设计余量。直接固定方式可以减少装配关系，提高装配效率与精度，但是同样可能因为结构与功能之间的限制增加设计难度、加工难度、加工成本。本案例中，若采用直接固定设计并保持刮刀铺粉平面高度不变，则会增加缸体的复杂程度，从而增加加工成本。

因此，在综合考量加工成本、使用强度等因素后，采用转接块固定的间接固定方式，如图 7–4 所示，通过 4 个转接块将成形缸固定于原设备上。转接块分别与成形缸及原设备通过 M4 螺栓连接，并将装配关系中沉头通孔部分均设计于转接块上以减少加工工序及成本。

4. 成形活塞

成形活塞的设计需要考虑可加工性、加工成本及装配关系。其主要结构为活塞杆与活塞头，两者可以设计为分体式或一体式。当活塞头尺寸较大时，采用分体

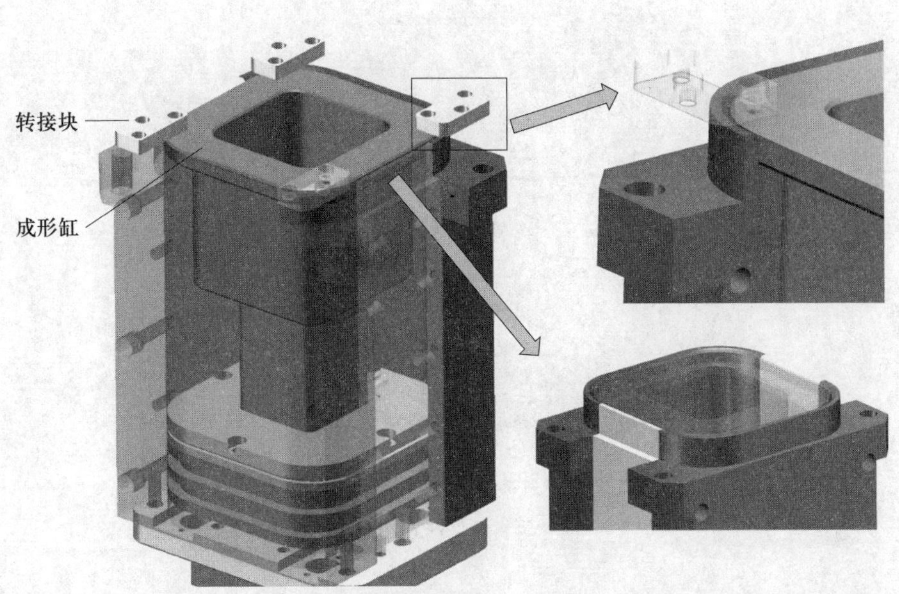

图 7–4　转接块设计图

式设计，可以减少加工活塞杆时的材料消耗，降低成本，同时也可以降低对加工设备的要求。当活塞头尺寸和活塞杆长度尺寸较小时，采用一体式设计可以在不显著增加成本的前提下，减小设计工作量与装配误差。在本案例中，成形结构的行程为 50 mm，在考量成形行程、清粉行程及安全余量后将活塞杆长度设定在 70 mm。活塞杆长度在加工中心加工范围内，因此，本案例中小活塞采用一体式设计。对于一体式设计的活塞杆，适当增加其横向尺寸不仅可以减小加工量，还能提高其与转接板连接的稳定性。本案例中，活塞杆的长度设定在 50 mm，如图 7–5 所示。

5. 转接板设计

将更改尺寸后的成形基板与原有升降装置相连接需要通过以下几个部件：基台、转接板、小活塞、固定螺钉等。成形平台通过转接板与设备原有基台连接。其中，固定孔位选择基台上原有的用于基板连接的螺纹孔。通过以上几个部件组合连接在一起，如图 7–6 所示。

成形活塞与转接板之间采用螺栓连接。其中，对成形活塞与转接板的装配与加工难度进行考量后，选择在转接板处设计沉头通孔，在成形活塞底部加工螺纹孔。转接板处的沉头通孔尺寸既需要考虑加工误差，还需要考虑装配时零件的定位精度。过小

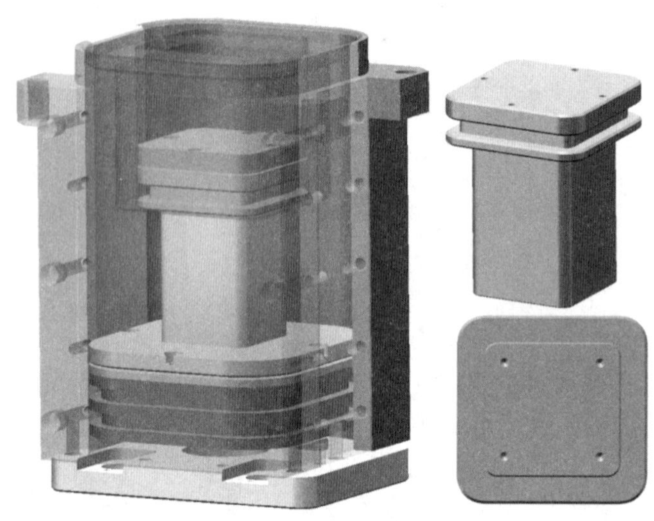

图 7–5　成形活塞设计图

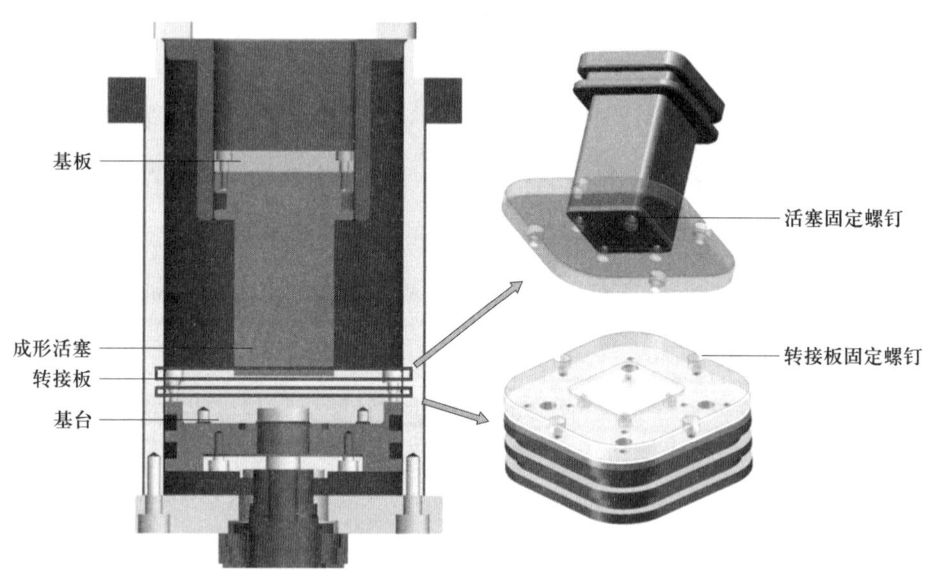

图 7–6　基板与原有升降装置连接关系设计图

的间隙会导致加工容错空间小，容易装配失败。过大的间隙会使转接板与成形活塞的居中度变差，不利于成形活塞与缸体的配合运动。对于孔位，选择 M4 的螺栓及直径为 4.5 mm 的沉头通孔。

6. 铺粉车

对于成形尺寸变小后的成形区域，虽然原有大成形尺寸下的铺粉车可以满足小尺寸成形区域的粉末铺覆需求，但刮刀的尺寸还取决于转接块在铺粉方向上是否有入侵铺粉车的行走路径，在高度方向是否大于机加工件距离铺粉平面的高度。若转接块在高度方向高于机加工件距离铺粉平面的高度，则可以将硅胶材质的铺粉刮条裁短以满足避位要求。在本案例中，转接块在高度方向高于机加工件距离铺粉平面的高度，因此，还需要对刮刀干涉区域进行铣削机加工，避免发生碰撞。

三、成形缸运动精度检测

（一）铺粉车对成形腔体底板的平行度测试

测试工具：千分表，万向磁性表座，游标卡尺。

测量方法：将万向磁性表座及千分表固定在铺粉车上，定量移动铺粉车，每次移动 10 mm，记录数据。若走完行程后总测量值的极限偏差大于 20 μm，则需在滑台安装接触面上垫入垫片进行调整，直至极限偏差在允许范围内为止。铺粉车对成形腔体底板的平行度测试记录表见表 7–1。

表 7–1　铺粉车对成形腔体底板的平行度测试记录表

测试位置 /mm	0	10	20	30	40	50	60	70	极限偏差 /μm
外侧（读数）									
内侧（读数）									
检测结果：（合格√）				检测员 / 日期					
备注：									

注：行程范围内要求极限偏差 <20 μm。

（二）成形轴与成形缸壁平行度测试

测试工具：万向磁性表座，千分表。

测试方法：将万向磁性表座与千分表固定在电缸上方，调整好固定位置，设定运动轴的运动速度为 1 mm/s，定量运动 30 mm，记录好读数。若测出两个相对方向在上升或者下降时的读数趋势相同（增大或减小），则缸壁垂直度存在问题，需要进一步检查；若通过读数判断电缸朝同一方向倾斜，则在电缸与缸体底板的安装接触面之间垫入垫片进行调整，并重新测量，直至测量值的极限偏差达到要求。成形轴与成形缸壁平行度测试记录表见表 7–2。

表 7–2　　成形轴与成形缸壁平行度测试记录表

测试位置 / mm	0	30	60	90	120	150	180	210	240	极限偏差 / μm
X+（读数）										
X–（读数）										
Y+（读数）										
Y–（读数）										
	备注：位置中 0 mm 表示缸体最高位置									
检测结果：（合格√）			检测员 / 日期					审核员 / 日期		
备注：										

注：要求全行程范围极限偏差 <50 μm。

实训二　增材制造装备拆装实训

实训目标：本节实训将对一款简易型桌面熔丝制造（FFF）装备的组装过程进行阐述，组装范围包括打印头组件、X 轴、Z 轴框架、Y 轴以及底座、总装。

一、增材制造装备拆装实训涉及的知识点和能力要求

1. 装备结构和组成

了解增材制造装备的整体结构和组成部件，包括外壳、电子元件、传动系统、加热系统等。

2. 工作原理和功能

理解增材制造装备的工作原理和各个部件的功能，包括材料供给、熔化和喷射、加热控制等。

3. 操作规程和安全要求

熟悉装备的操作规程和安全要求，包括操作步骤、个人防护措施、装备维护等。

4. 工具和材料

了解拆装过程中所需的工具和材料，如扳手、螺丝刀、润滑剂等，并学会正确使用和选择这些工具和材料。

5. 拆卸和组装技巧

掌握拆卸和组装的基本技能，包括正确使用工具、解除连接螺栓、拆卸外壳、安装关键组件等。

6. 部件清洁和维护

了解装备部件的清洁和维护方法，包括清除污垢和灰尘、检查磨损和损坏等。

7. 排除故障和调试

具备排除故障和调试的能力，能够分析装备故障原因并采取适当的纠正措施，以确保装备正常运行。

8. 安全意识和风险评估

具备安全意识，并能识别和评估拆装过程中的潜在风险，采取相应的预防措施和应急措施。

二、实训内容

为使操作者更准确地了解 FFF 装备中各功能模块的构造和作用，提高 FFF 装备的设计组装能力，下面将组装桌面级的 FFF 装备。FFF 装备组装完成后的效果如图 7–7 所示。

（一）打印头组件安装

打印头组件是 FFF 装备的核心部件，热塑性高分子耗材的挤出、加温、熔融、冷却都由打印头组件控制，一套设计合理、装配精确的打印头组件，是一台先进 FFF 装备的必备要素，也是成形质量的保障。打印头组件的主要材料清单见表 7–3。打印头组件部分零件图如图 7–8 所示。

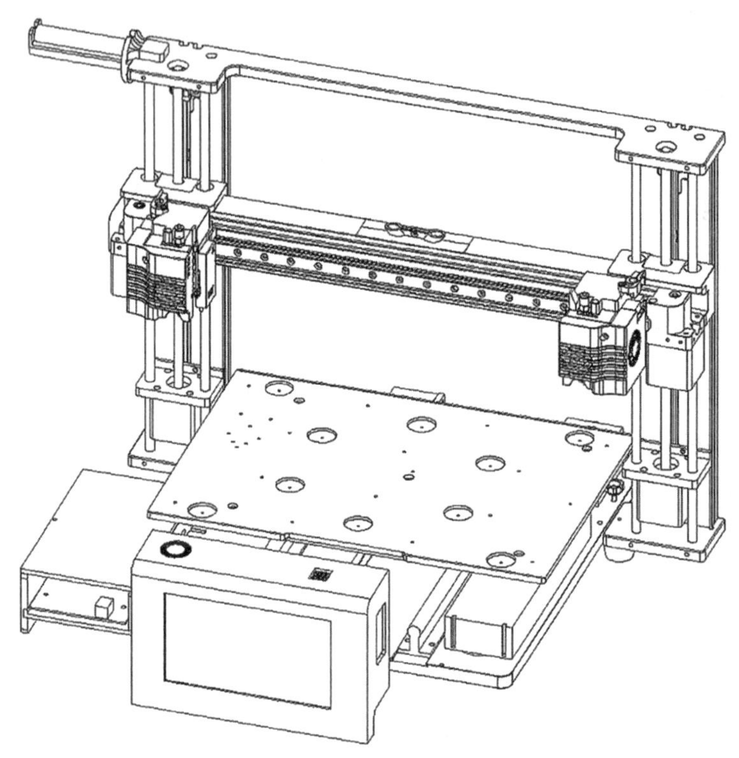

图 7–7 组装完成效果

表 7–3 打印头组件的主要材料清单

名称	数量	名称	数量
打印线扣	1	吹料风扇	1
电磁铁组件	1	大齿轮	1
摆臂	1	小齿轮	1
热端组件	1	电路盖线	1
软料嘴	1	挤出机电动机	1
散热片	1	挤出机连接片	1
吹料风扇嘴	1	挤出机挤丝压紧轮	1
电动机散热风扇	1		

组装打印头组件的主要步骤如图 7–9 所示。

（1）热端组件的组装：将软料嘴、散热片安装在一起，然后与热端组件一起放入治具，使用螺钉紧固，然后将组装好的部分在治具上反复装卸两次，确保插拔顺畅，无阻断现象。之后放在工作台上备用。

（2）电动机组件的组装：将电动机装入治具中，把小齿轮上的顶丝对准电动机轴上的平面，使用塞尺调整两者之间的间隙，并拧紧顶丝。

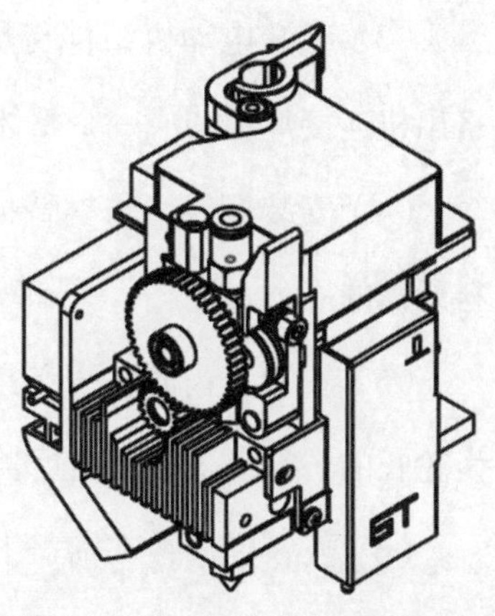

图 7–8　打印头组件部分零件图

①　②　③　④

⑥　⑤

温度传感器　加热棒

机头小板

挤出机吹料风扇

电动机　电动机散热风扇

⑦　⑧

图 7–9　组装打印头组件的主要步骤

（3）组装电动机组件与热端组件：将电动机组件、热端组件放在治具上，并通过挤出机连接片组装成一个整体。

（4）安装摆臂：将摆臂插入摆臂转轴，使用弹簧和螺钉将摆臂顶紧，提供夹持材料所需的压力。

（5）安装大齿轮并安装前盖：在大齿轮两侧安装两个垫片，然后安装轴承；将大齿轮长的一端插入挤出机后盖左侧的轴承孔内，并压到底，之后装上前盖。

（6）安装风扇：在前盖上安装电动机散热风扇，前盖侧面安装挤出机吹料风扇。

（7）安装机头小板、接线并安装上盖：将机头小板凸起处插入挤出机连接片的孔内，进行定位，然后拧紧螺钉。将机头小板依次接线，并安装上盖。

（8）自检：检查安装步骤是否正确、物料安装是否到位。

（二）*X* 轴安装

X 轴是 FFF 装备中负责承载打印头组件的轴，同时为打印头组件提供稳定的 *X* 轴往复运动保障，*X* 轴的主要材料清单见表 7–4。*X* 轴组装图如图 7–10 所示。

表 7–4　　*X* 轴的主要材料清单

名称	数量	名称	数量
导轨 + 滑块	1	*X* 轴限位开关	2
X 轴横梁	1	从动轮	2
X 轴滑块连接块	2	主动轮	2
X 轴皮带扣	4	*X* 轴电动机	2

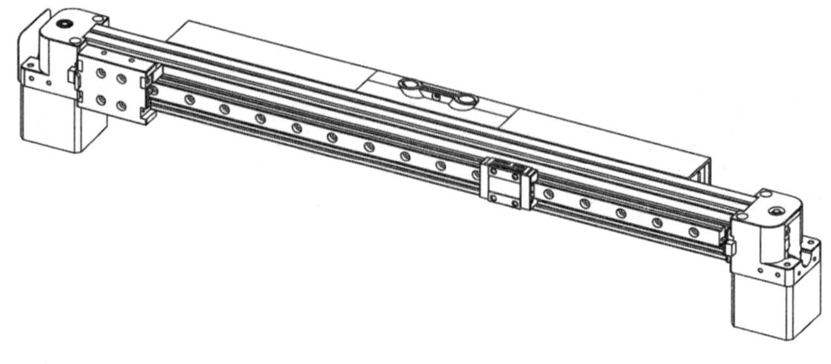

图 7–10　*X* 轴组装图

组装 X 轴的主要步骤：

（1）安装导轨 + 滑块与 X 轴横梁：将定位钉卡在导轨两端，然后将导轨卡在 X 轴横梁上，从中间到两边依次拧紧螺钉。

（2）安装从动轮、主动轮和 X 轴电动机：依次将主动轮、尼龙套、从动轮放入治具，并套在 X 轴电动机轴上。

（3）组装 X 轴横梁与 X 轴电动机：将左、右电动机插入 X 轴横梁两端的模块中，并用螺钉紧固。

（4）穿 X 轴同步带：将同步带依次穿过从动轮、滑块、主动轮，另一侧的安装方向相反，并通过皮带扣将皮带固定。

（5）安装 X 轴分线板：将 X 轴组件旋转 180°，背面朝上，将分线板固定。

（6）自检：检查安装步骤是否正确、物料安装是否到位。

X 轴组装主要步骤示意图如图 7–11 所示。

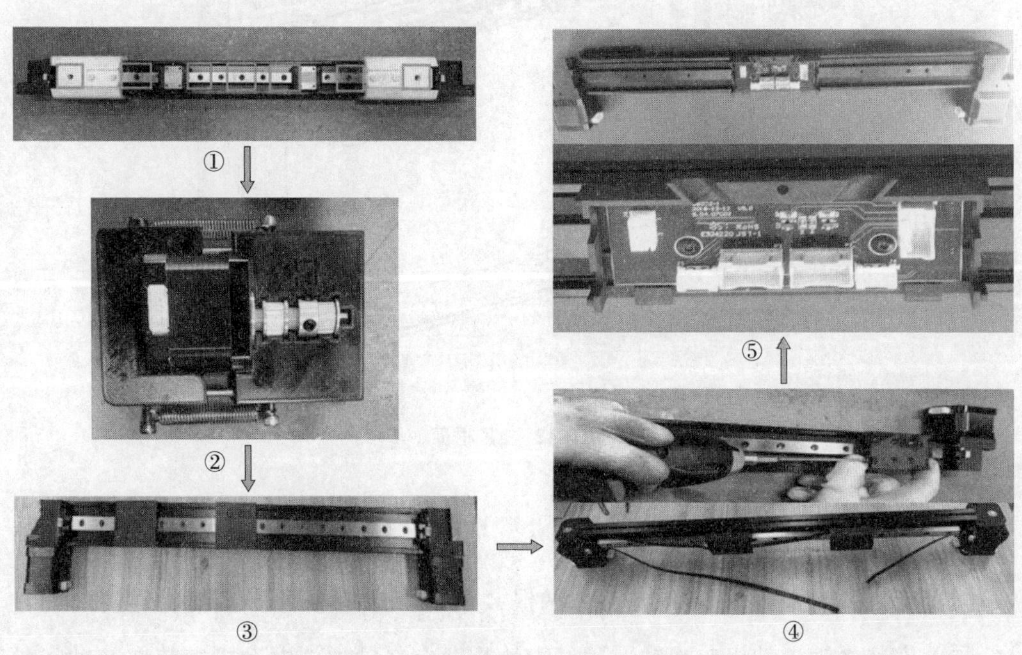

图 7–11　X 轴组装主要步骤示意图

（三）Z 轴框架安装

Z 轴框架为 X 轴两端提供了安装区域，同时 Z 轴电动机驱动丝杆使得 X 轴可以上下移动，为成形时 *Z* 向的升降提供动力。*Z* 轴框架的主要材料清单见表 7–5。

表 7–5　　*Z* 轴框架的主要材料清单

名称	数量	名称	数量
Z 轴电动机	2	直线轴承	4
Z 轴竖梁	2	*Z* 轴滑块	2
光轴	4	*Z* 轴限位开关	1

Z 轴框架和 *X* 轴共同组成了 *XZ* 框架，如图 7–12 所示。

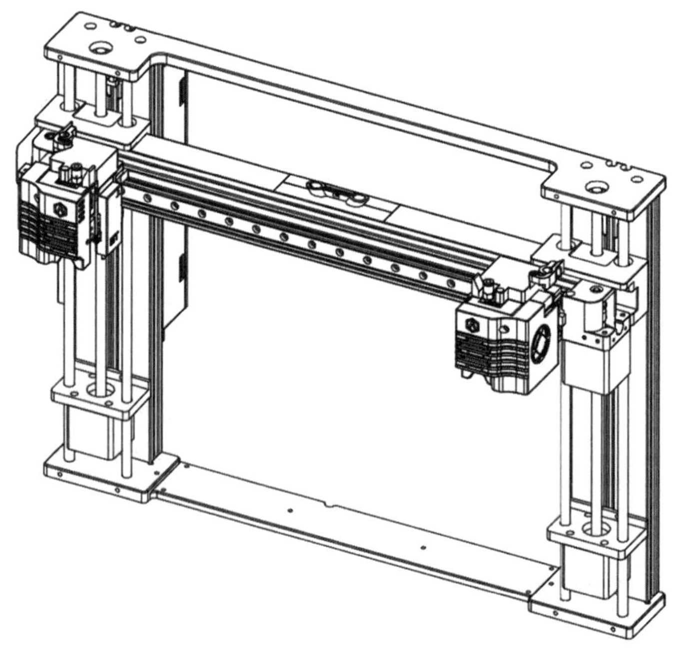

图 7–12　*XZ* 框架

组装 *Z* 轴框架的主要步骤：

（1）安装 *Z* 轴竖梁：在治具中嵌入两根 *Z* 轴竖梁，中间用下块与螺钉连接。

（2）安装 *Z* 轴电动机、光轴：通过中块将两个 *Z* 轴丝杆电动机安装在 *Z* 轴竖梁上，然后将四根光轴穿过中块的孔，通过螺钉紧固在下块上。

（3）安装加长直线轴承、*Z* 轴滑块：将加长直线轴承装入治具中，通过螺钉与 *Z* 轴滑块锁紧，然后分别套入左、右侧光轴。

（4）安装限位开关：将限位开关固定在 Z 轴竖梁上，安装上块，并通过螺钉锁紧。

（5）自检：检查安装步骤是否正确、物料安装是否到位。

Z 轴组装主要步骤示意图如图 7–13 所示。

图 7–13 Z 轴组装主要步骤示意图

（四）Y 轴及底座安装

Y 轴是成形平台安装座的承载轴，主要承托成形平台和模型的重量，并通过步进电动机、同步轮、同步带为 Y 轴的运动提供动力；底座为整个设备的安装载体，为各个部件提供了统一的安装基准，并通过自重，为设备的稳定运转提供了稳定性。Y 轴及底座安装的主要材料清单见表 7–6。Y 轴及底座如图 7–14 所示。

表 7–6 Y 轴及底座安装的主要材料清单

名称	数量	名称	数量
圆磁铁	10	Y 轴皮带扣	1
铝基板	1	Y 轴电动机组件	1
硅胶加热板	1	从动轮	1
拖链	1	带轮座	1
Y 轴同步带	2	底座垫高片	2

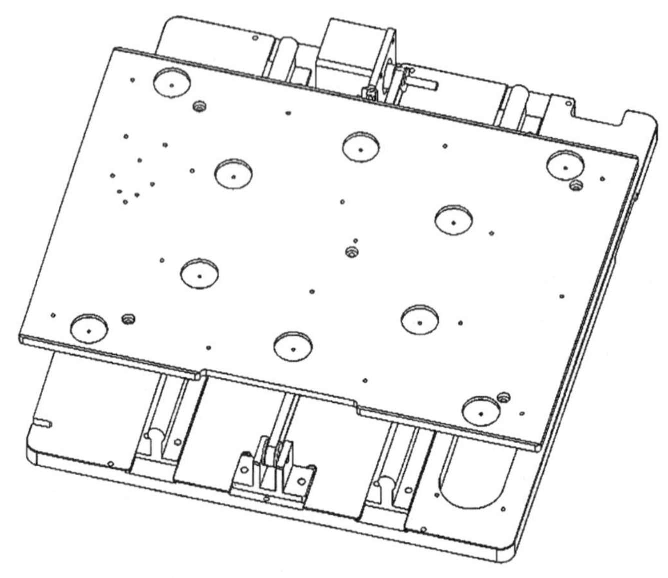

图 7–14　*Y* 轴及底座

组装 *Y* 轴及底座的主要步骤：

（1）安装 *Y* 轴电动机组件：将一套 *Y* 轴电动机组件固定在底座上，并梳理接线，确保运动时不要和 *Y* 轴产生干涉。

（2）安装底座垫高片：取两个底座垫高片，安装在 *Y* 轴光轴的滑块上，并通过连接片固定。

（3）安装 *Y* 轴同步带：将皮带穿过 *Y* 轴电动机组件的同步轮，并穿过带轮座的同步轮，然后将带轮座固定在底座上，通过螺钉锁紧压块，固定皮带。

（4）安装平台调整座：将平台调整座安装在底座垫高片上，并通过螺钉锁紧。

（5）安装铝基板：取一块铝基板，将 10 个圆磁铁依次放入沉孔，使得圆磁铁不得高于铝基板，并用螺钉锁紧。

（6）安装硅胶加热板：180° 反转铝基板，用硅胶加热板的孔位，对准铝基板的孔位，并安装测温头，然后按照顺序将螺钉拧紧。

（7）固定接线柱：将硅胶加热板接线柱固定在安装孔内。

（8）自检：检查安装步骤是否正确、物料安装是否到位。

Y 轴组装主要步骤示意图如图 7–15 所示。

图 7–15　*Y* 轴组装主要步骤示意图

（五）总装

至此，打印头组件、*X* 轴、*Z* 轴框架、*Y* 轴以及底座均已安装完毕，在图 7–16 中所示孔位，通过螺钉紧固，就完成了 FFF 装备的组装。

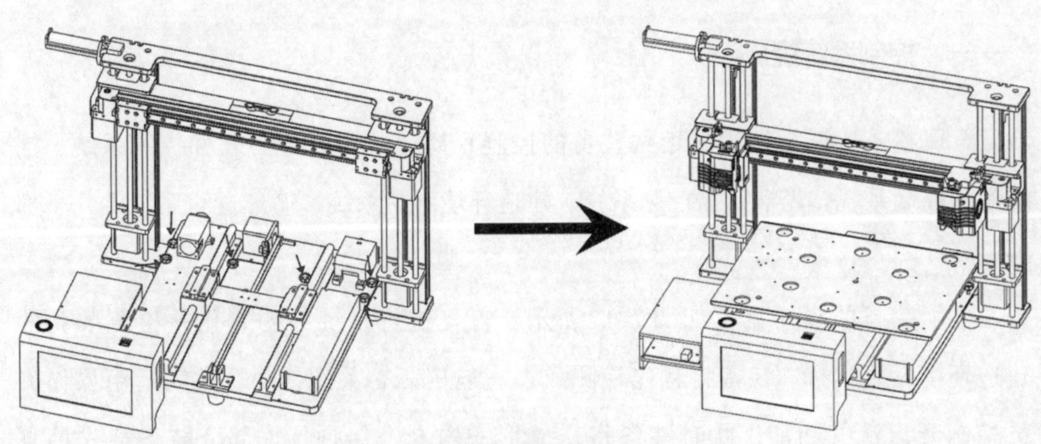

图 7–16　FFF 装备总装

实训三　增材制造装备控制系统设计实训

实训目标：金属粉末床选择性激光熔融增材制造是一种成熟的金属增材制造技术，广泛应用于各种领域。金属粉末床选择性激光熔融增材制造装备的控制系统是一个典型的光机电一体化装备，通过对该控制系统的设计实训，掌握增材制造装备控制系统的基本设计思路与方法。

一、控制系统组成

金属粉末床选择性激光熔融装备的控制系统通常可以分为软件控制系统、铺粉运动控制系统、光学扫描控制系统、建造环境维持系统、循环过滤系统等几个部分。

整个装备的操作流程如图 7–17 所示。首先进行系统的初始化并检测装备的建造环境是否达标。装备将首先检测成形室舱门是否关闭，确认关闭后由操作人员控制开启洗气功能，此时装备将往成形室内充入保护气（部分装备会先抽真空再充入保护气），与此同时操作人员可以开启基板加热功能并控制成形缸升降台和铺粉辊在内的运动机构归零位。当装备检测到氧气含量达标后，系统将自动控制循环过滤系统启动并检测管路中风速情况。当成形室内建立起工艺所需的气体环境，最后由 PLC 控制电动机、激光以及振镜进行增材制造，直至加工完成。

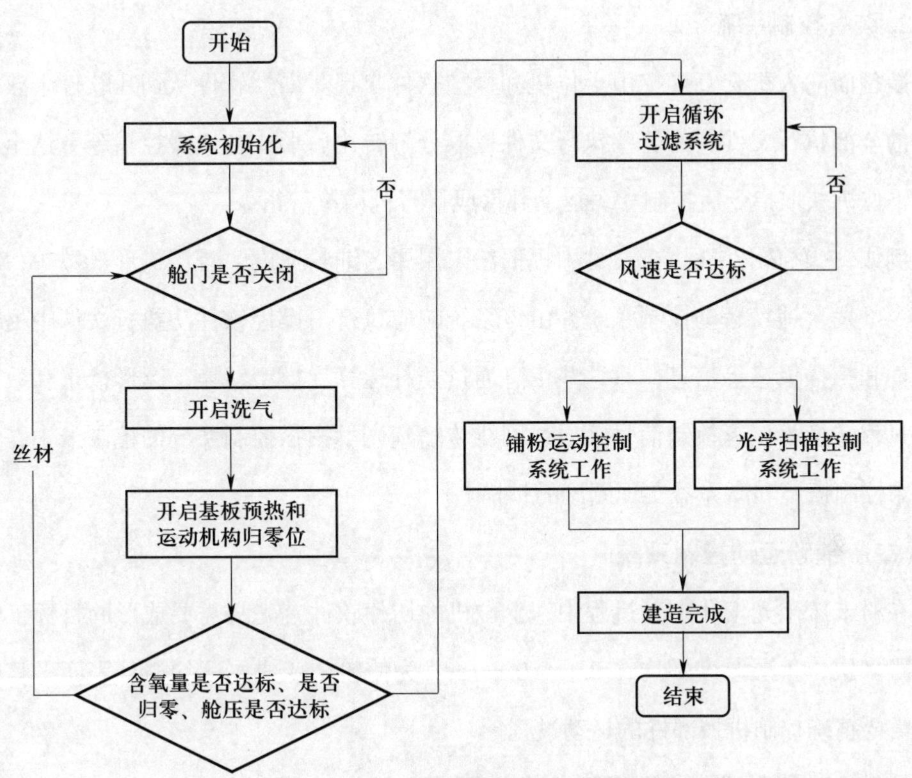

图 7–17　操作流程

二、各控制系统设计

（一）软件控制系统

粉末床熔融装备中以软件控制系统作为核心，负责人机交互、排包切片、参数调整、建造计划等，并将各项控制指令下发至其他几个控制系统，同时接收其他系统的反馈信息，实现整套装备的闭环控制，并形成历史记录方便追溯。

1. 数据处理

行业内各主要粉末床熔融装备制造商均有开发自用切片软件，也有与第三方厂家合作开发切片软件或直接使用其原生切片软件。这类软件可实现对诸多待生产零部件进行排包设计、支撑设计、工艺参数调控、扫描策略调整、分层切片、导入导出、建造时间计划等功能。由该系统处理后的工作包将以执行文件形式由上位机协同其他控制系统共同执行完成。

2. 装备控制系统

装备面向人机交互操控由上位机和操控软件实现。操控软件从切片软件中获取建造包的全部执行文件，将这些执行文件提取分解转化后形成各项操控指令下达至下位机。下位机获取指令后控制相关运动部件或执行机构执行指令。

例如，操控软件从执行文件中提取粉末层厚、铺粉速度、首层成形次数等，将这些指令下发至铺粉运动控制系统并由该系统响应执行。操控软件从执行文件中提取图形文件和扫描策略等信息，将这些信息通过插补运算、模型转换、图形校正和数据处理等过程转换为位置控制信号，通过网线传输到光学扫描控制系统的控制卡中，由控制卡来控制振镜和激光器实现图层的扫描。

（二）铺粉运动控制系统

在粉末床激光熔化加工过程中，上位机的切片软件首先将需要成形的目标工件切分成很多层，单层厚度平均在 0.04 ~ 0.1 mm。为使粉末变成厚度均匀且表面平整的粉面，需要精确控制机械部件的运动过程。

铺粉运动控制系统使用伺服电动机进行驱动，电动机使用 CAN 总线与控制器相连。系统通过精确控制伺服电动机的位置变化可以实现对成形缸活塞运动位置的精确调整，从而实现对层厚的精确控制。每一层的供粉量由送粉缸活塞的精确运动来控制实现。如单层的供粉量需要增大，则提高送粉缸活塞的单次上升高度，这样当刮刀铺粉时就可以将更多的粉末铺到成形面上。因单次成形面所能承载的粉末量是固定的（成形层厚度乘以成形缸活塞面积），多余的粉末会被刮刀推送至溢粉缸内，溢粉缸的粉末在成形结束后还可以被循环利用。

成形缸电动机通过编码器或者光栅尺形成半闭环或闭环控制。刮刀机构开环控制并通过行程开关限位。

实际的控制系统由 PLC– 伺服驱动器 – 伺服电动机 – 编码器来实现。以成形缸活塞的位置控制为例，首先上位机经过计算得出活塞的目标位置，然后将位置信息通过 CAN 总线通信发送给伺服驱动器，伺服驱动器再控制伺服电动机转动一定的角度，编码器安装于伺服电动机的尾部，只要伺服电动机转一圈，编码器就会变化一定的数值，这样伺服驱动器通过检测编码器的变化就能精确控制伺服电动机的角度变化，进而精确地实现成形缸活塞的位置变化。

（三）光学扫描控制系统

光学扫描控制系统为粉末床熔融装备提供精确的能量输入，是系统控制的核心组件。一般的金属粉末床选择性激光熔融装备的扫描控制系统由激光器、准直镜、振镜、场镜、扫描控制卡、水冷机以及相关附件组成，如图 7-18 所示。其核心是通过扫描控制卡实时调整激光器和振镜，从而实现对待熔化区域进行精准的能量输入控制。

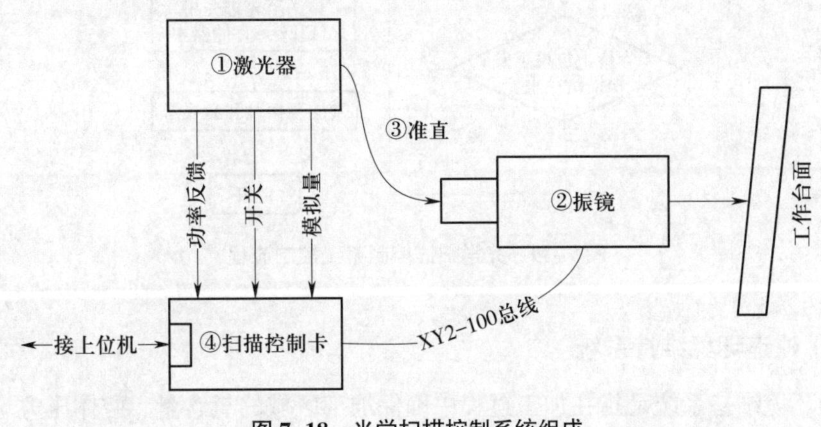

图 7-18　光学扫描控制系统组成

光学扫描控制系统要求可以实现对激光器的开关和功率进行控制，同时对振镜的扫描位置进行控制。激光器接受控制卡的使能开关和功率模拟信号，振镜接收控制卡发送的实时坐标信号（包含 X、Y 方向信号）。在实际应用中为使激光器功率更加精准，扫描控制卡还会根据激光器功率反馈信号进行闭环调节。

光学扫描控制系统通过扫描控制卡输出数字量与模拟量信号控制激光器，激光器的最大输出功率、波长等必须满足工艺需求。振镜可以通过 XY2-100 或 SL2-100（SCANLAB 专用）的协议标准被扫描控制卡控制，并满足现场矫正与最大扫描速度等工艺需求。光学扫描控制系统控制流程如图 7-19 所示。

以一金属选区激光熔融装备为例，其选用的光纤激光发射器，最大输出功率为 500 W，波长为 1 064 nm，并可以通过激光器的接口控制激光机的开关及调整不同的功率和频率。振镜系统选用 SCANLAB 扫描振镜，扫描速度可达 16 m/s，提供 SL2-100 的控制器通信接口。

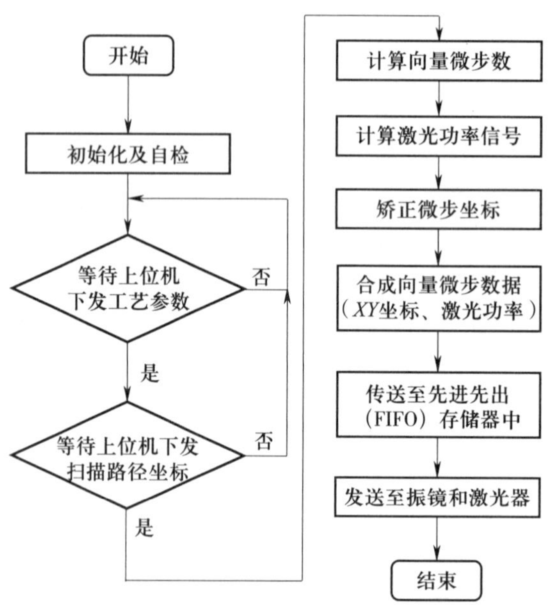

图 7–19　光学扫描控制系统控制流程

（四）建造环境维持系统

建造环境维持系统是指在加工过程中确保加工区域的氧含量、腔体压力、基板温度等保持在合理范围内的一套维持系统。

在制造过程中成形室需要维持低氧的环境，实际制造中需要通过充入氮气或者氩气来维持低氧环境。氧含量控制系统由 PLC、惰性气体大流量注入阀、惰性气体小流量注入阀、氧含量传感器、腔体排气阀等组成。

PLC 接收上位机下发的氧含量控制目标值，此目标值由操作人员根据成形件的材料按照工艺参数来设置，PLC 收到氧含量控制目标值后，控制惰性气体大流量和小流量注入阀均打开，并且将腔体排气阀打开，此时惰性气体不断注入腔体，并将腔体里原先的空气通过排气阀排出去，这样腔体内氧含量就会快速下降。等到氧含量下降到目标值以下时，关闭惰性气体大流量注入阀，只保留惰性气体小流量注入阀，关闭腔体排气阀。此时靠惰性气体小流量阀来维持腔体的低氧环境，弥补腔体密封不严造成的一些惰性气体泄漏问题。

同时腔体内部安装有压力传感器，如果检测到腔体压力过大时，会打开腔体排气阀进行泄压；如果腔体压力过小，会打开惰性气体大流量注入阀充入惰性气体，使腔体压力升高。

基板温度控制系统主要由 PLC、固态加热器、基板加热电阻丝、温度传感器等组成，基板温度控制流程如图 7–20 所示，与风速控制流程类似。

基板的温度控制目标值由成形的工艺参数决定，上位机将该目标值下发至 PLC，PLC 通过 PID 算法将目标值与实际温度值做对比计算后输出 PID 温度控制值到固态加热器，进而控制基板加热电阻丝开始加热。基板实际温度值由温度传感器反馈得到。当 PLC 通过传感器检测温度达标后即停止加热器加热，如温度下降则重新启动加热器，最终保持基板温度稳定。

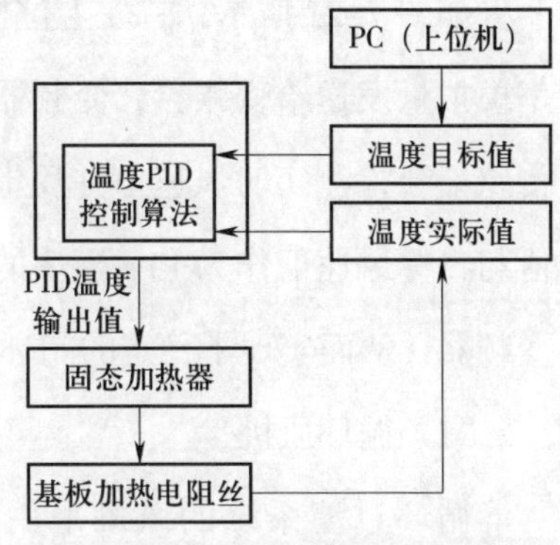

图 7–20　基板温度控制流程

（五）循环过滤系统

1. 系统的作用与构成

循环过滤系统通过循环惰性气体形成稳定的风场，将成形过程中产生的各种杂质，比如高温产生的金属蒸气、冷却后的烟尘、氧化颗粒物、飞溅粉尘等吹离成形表面，不会影响下一层烧结。系统带走上升气流中的烧结副产物，避免其污染光学系统，确保光学系统的长时间稳定工作。循环过滤系统能保持成形室的温度稳定，通过气流带走烧结过程中产生的热量，避免激光释放的能量在成形室中的积累造成成形室温度剧烈上升。循环过滤系统运行流程如图 7–21 所示。

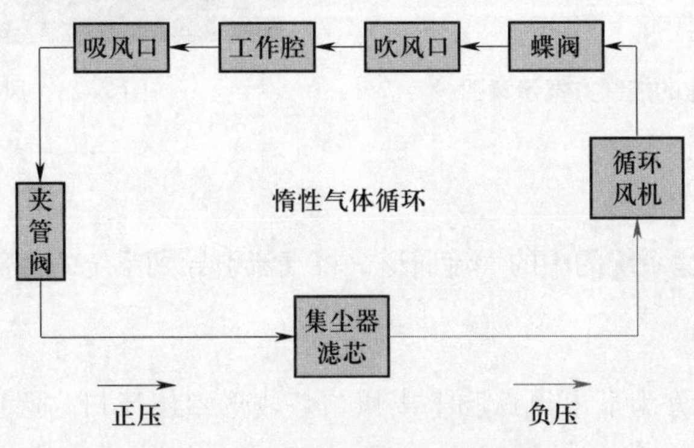

图 7–21　循环过滤系统运行流程

为实现上述目标，装备通过循环过滤系统实现了在成形区域始终维持合适的风速。循环过滤系统由循环风机、变频器、风速检测装置、PLC 控制系统、成形室、风路管道、调节阀、集尘器等部分组成。

如图 7–22 所示，首先上位机将设置的风速下发给 PLC，PLC 将目标风速转换为频率模拟量发送给变频器，变频器控制循环风机的转速，然后安装于风路管道上的风速传感器会检测实时风速值并反馈到 PLC，PLC 通过 PID 控制算法会不断地将实际风速值与目标风速值作为 PID 模块的输入，通过计算得到风速输出频率模拟量，再发送给变频器，从而实现了稳定的闭环控制系统。

（1）循环风机

循环过滤系统的风机采用的是防爆径流高压风机或变频高压离心式风机，如图 7–23 所示。

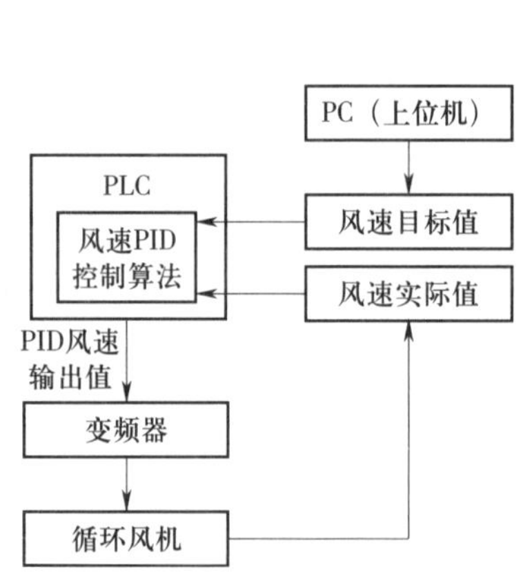

图 7–22　风速的控制方案示意图

图 7–23　风机

（2）风管

风管是循环过滤系统的中的气流通道，将气流引导到系统的各部件和成形室。

（3）出风口

两层吹风结构分为下出风口和上出风口。成形室出风口与吸风口结构示意图如图 7–24 所示。

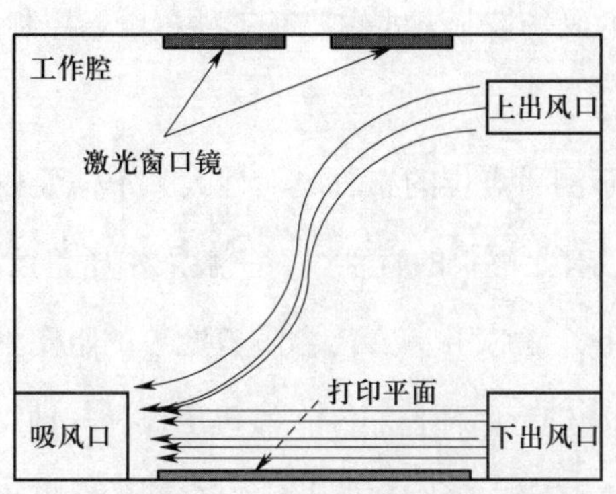

图 7-24 成形室出风口与吸风口结构示意图

（4）集尘器

金属粉末床选择性激光熔融装备一般使用 F9（欧标）的高中效过滤器。部分机型采用两级过滤系统配置，以及 F9（欧标）和 H13（欧标）等级的两级滤芯。

2. 系统的控制实施过程

循环过滤系统通过传感器监控管路中的风速、风压和风量信号并反馈至 PLC，通过 PLC 闭环控制实时调整风机转速，从而保持循环风场在整个建造过程中的稳定性。为了风场气流均匀可控及长时间烧结的风场参数稳定，需要对循环过滤系统进行主动控制。

（1）风场变化的原因

金属粉末床选择性激光熔融装备在工作过程中，激光熔化金属粉末产生的烟尘会通过循环风排出成形室。带有烟尘和杂质的惰性气体经过滤芯过滤后，通过风机加压重新回到成形室循环利用。随着设备烧结时间的增加，滤芯的细小孔洞会被烟尘和烧结残渣等物质覆盖而阻塞。滤芯的阻塞程度与烧结时间正相关。

在设备工作中，随着滤芯的阻塞程度不断加大，滤芯在循环风路系统中的风阻不断增大。如果对循环风路不加以控制，滤芯压差增大将会影响到系统中的压差、风量、气流速度等，使得成形室的风场不稳定。因此，在设备中需要增加循环风路的闭环控制系统，保证在滤芯阻塞程度变化时，能自动调节风机转速以补偿滤芯风阻变化对风场参数带来的影响。

激光选区熔化装备的风场控制方式主要有三种：压差控制、风速控制、风量控制。

（2）压差控制

压差控制的优点在于测量点位的布置灵活性大，不需要较长的测量直管段。小型设备的成形室出风口前没有足够长的直管段，一般采用压差控制。

在相同的风量条件下，滤芯压差 ΔP_f 会随着滤芯的阻塞程度变大而变大。采用控制压差 ΔP_c 的方式对风场进行闭环控制：在风机出口和气动蝶阀之前的管路上设置压力测量点 1，测量压力值 P_h；夹管阀和滤芯入口之间的管路设置压力测量点 2，测量压力值 P_i；风场控制的核心参数为压差 ΔP_c 和系统总压差（风机压差）ΔP_s。

$$\Delta P_c=P_h-P_i$$

$$\Delta P_s=\Delta P_c+\Delta P_f$$

由公式可知，要保持恒定的 ΔP_c，在 ΔP_f 变大时，ΔP_s 会变大。循环过滤系统通过闭环控制并调整循环风机的频率，从而控制风机转速，使 ΔP_s 增大，以 ΔP_c 保持恒定，同时风机出口的绝对压力值也会增大。

（3）风速、风量控制基本原理

风速控制和风量控制根据其测量原理，可以归结到同一类。风速、风量两种控制方式均通过在管路中串联传感器，测量管路中的气体流速或流量。传感器信号反馈给 PLC 模块，通过 PID 控制程序输出信号给风机变频器，再由变频器控制循环风机的转速以调整管路中的风速大小。风速、流量闭环控制示意图如图 7–25 所示。

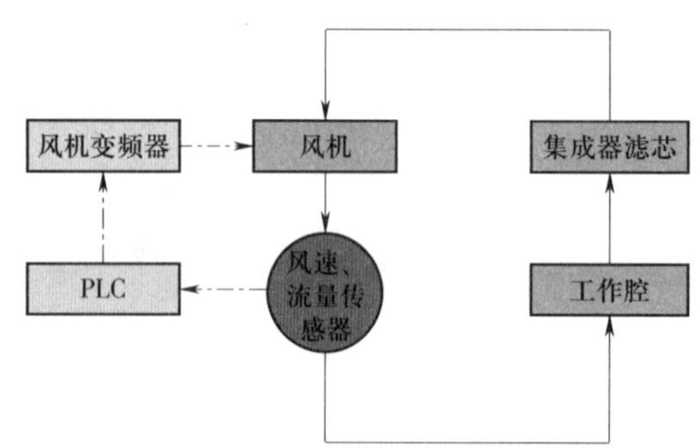

图 7–25　风速、流量闭环控制示意图

实训四 增材制造软件应用与开发实训

实训目标：本实训将完成 Cura 软件的编译，使用 ImGui 用户界面库定制自己的界面，并基于活性边表算法开发新的路径规划模块。

一、编译环境构建

Visual Studio 是 Windows 平台下功能强大的软件开发平台与集成开发环境。Visual Studio 一共有 3 个版本，Visual Studio Community（社区版）、Visual Studio Professional（专业版）、Visual Studio Enterprise（企业版），其中，企业版是功能最完善的版本。在本实训中，选用针对学生用户可免费使用的社区版。安装过程中需要选择安装 Visual Studio 的“使用 C++ 的桌面开发”部分。

二、Cura 编译环境配置及安装流程

Cura 是一款功能强大、易于使用的增材制造切片软件，适用于各种增材制造项目，从简单的原型制作到复杂的工程模型。Cura 的优点在于其是开源的，允许用户自由地查看、修改和共享源代码。这里，我们参考 Cura 在 GitHub 上的官方文档来进行源代码编译。

以 Windows 系统为例，安装 Cura 所需的环境配置包括 Python 3.10.4 或更高版本、sip（Python）6.5.1、CMake 3.23 或更高、Ninja 1.10 或更高以及 Conan 1.56.0。其安装流程包括配置 Conan、下载 Cura 代码到本地、生成运行环境并激活 Python 虚拟环境，最后运行 Cura。

三、CuraEngine 编译环境配置及安装流程

CuraEngine 是 Cura 软件中的核心切片引擎，负责实际的切片工作，将用户输入的模型和参数转化成增材制造装备能够理解的指令。它是 Cura 软件能够高效、准确地进行增材制造的关键组件之一。

作为 Cura 项目的一部分，CuraEngine 是开源的，可以通过 GitHub 获取源代码。我们同样参考 CuraEngine 在 GitHub 上的官方文档来进行源代码编译。

以 Windows 系统为例，CuraEngine 所需的编译环境包括 Windows 10 或更高、Visual Studio 2022、Python 3.10.4 或更高、CMake 3.23 或更高、Ninja 1.10 或更高以及 NMake。其安装流程包括配置 Conan、克隆 CuraEngine、安装和构建 CuraEngine（发布或调试），并最后激活 Conan 运行环境。之后，开启 Cura 并导入 STL 文件，开启调试即可。

四、ImGui 用户界面开发

Dear ImGui（Immediate Mode GUI）是一个用于在实时应用程序中创建图形用户界面的 C++ 库。根据项目需求使用 ImGui，包括：

（1）把根目录的 .cpp、.h 文件都复制到所需项目。

（2）选择一个合适的后端组合，比如 glfw 和 opengl。

接下来将使用 glfw 和 opengl 作为后端创建一个 ImGui 的示例项目（使用 CMake+MinGW 编译）：

首先，我们把 CuraEngine 文件夹整个复制一份，重新命名，比如 MyCuraEngine，这是我们新的项目文件，把 ImGui 引入进来。在 MyCuraEngine 文件夹下新增 lib 文件夹，lib 表示需要的库文件，需要两个库，一个是 glfw，另一个是 imgui。在 lib 中创建 imgui 文件夹，把 imgui 根目录下的几个 .h、.cpp 文件均拷贝过来。然后把 imgui 项目的 backends 里用到的几个文件复制到自己项目的 lib/imgui/backend 文件夹。最后去 imgui 项目里复制一个例子放到 src 文件夹下即可使用，例如，这里使用 glfw+opengl 组合。把这个例子里的 main.cpp 文件复制到 src 文件夹，然后修改 CMakeLists.txt 文档，即可使用 CMake 构建项目。

五、路径规划算法的修改

（一）CuraEngine 中轮廓线填充的代码详解

CuraEngine 中轮廓线填充的代码是在 infill.cpp 中，在 generate 函数里具体完成轮廓线填充的算法，可以看见有很多种不同的填充方式：网格填充、线填充、三角填充、四面体填充等。软件默认的填充方式是三角填充。下面我们以线填充为例介绍具体的过程：在轮廓线内生成一定间距的线型来填充多边形内部区域。

算法原理：

（1）存储每条扫描线与多边形各个线段的交点。

（2）对每条扫描线的交点进行 Y 由小到大的排序，并基于奇偶填充的规则进行连线。

在 computeScanSegmentIdx（ ）这个函数里找到最小的扫描线的 ID。

```
std::vector<std::vector<coord_t>> cut_list(line_count);
```

用这个 cut_list 去存扫描线数组以及每条扫描线的交点数组。用 crossing 这个数据结构来存交点信息，这样可以知道每个交点属于哪个扫描线以及多边形。内含按 Y 值排序。计算扫描线最小最大 x 值的范围。循环遍历轮廓线中的所有线段，如果线段起点终点的 X 相同，就跳过，直到找到离这两个点最近的两条扫描线。遍历这两条扫描线区间内的所有扫描线，并计算该线段与它们的交点，加到对应的 cut_list 和 crossings_per_scanline 里去。遍历扫描线，对每条扫描线的交点进行按 Y 值排序，连接相邻的两个交点。

（二）活性边表算法数据结构

用活性边表算法来替换 CuraEngine 中的路径规划算法。

Main.cpp 中入口函数如下所示：

```
ImGui::Begin( "My Cura Engine");
if (ImGui::Button( "LoadFromFile"))
```

```
{
cura::MyCuraEngine myCuraEngine;
bool bSuccessful = myCuraEngine.runCuraEngine();
}
ImGui::End();
```

这样一个简单的界面就做好了。点击“Load From File”可以从我们指定的路径加载 STL 文件来进行数据处理。

至此，自定义开发的增材制造数据规划软件基本完成。

六、进一步开发

以上就是基于 Cura 开发的一个简单的增材制造数据规划软件，未来还可以根据特定增材制造工艺的需要，添加不同的路径规划模块，也可以添加控制系统模块，直接控制增材制造装备运行。Cura 本身是基于 Qt 进行用户界面开发的，大家可以在 https://www.qt.io/（Qt 官网）学习相应的用户界面开发方法，做出更加精美的用户界面。

实训五　专用材料选型与样件制造实训

一、金属材料激光选区熔化增材制造

实训目标：根据金属启瓶器尺寸及功能需求进行 SLM 增材制造专用材料及配套工艺的选择验证。

（一）材料选择

1. 金属启瓶器的使用需求

金属启瓶器的使用涵盖了多种方面需求。以下是一些可能的需求和相关的考量：

（1）强度。启瓶器必须有足够的强度，确保在使用过程中不会发生变形。

（2）轻量化。用户希望启瓶器小巧玲珑，重量轻，美观。

（3）便携性。考虑到应用场景，启瓶器应该轻巧，便于携带，容易和钥匙、U盘等物品连接到一起。

（4）材料耐用性。面对日常的磨损，启瓶器材料应该是耐用的；考虑到可能的应用场景，强度和抗冲击性是重要指标。

（5）环境适应性。启瓶器可能会接触到水、酒等，涉及潮湿、腐蚀环境下的使用，选材应能够满足这些要求。

（6）成本。考虑到目标市场和用户群，成本和销售价格应该是合理的。

2. 讨论各种材料的成本、可获得性和易用性（见表 7–7）

根据金属启瓶器的使用环境（例如家中、饭店、酒吧等）和功能需求（启瓶、挂饰等），选择适当的材料。

表 7–7　　各种材料的成本、可获得性和易用性

材料	成本	可获得性	易用性
铝合金	较低	广泛可获得	成熟材料目前仅包含铝硅系合金，增材制造工艺成熟，成本较低，后处理简单，但是强度一般在 300 MPa 左右，不适合用于对性能要求较高的零件
钛合金	价格较高	广泛可获得	最通用的钛合金是 TC4 材料，密度为 4.5 g/cm^3，制造工艺性很好，非常适合初学者，强度性能在 1 000 MPa 左右，零件可以长期在 200 ℃以下工作，能够满足大部分金属构件的服役要求，特别是生物相容性好，适合牙齿、植入体等零件制造。缺点是价格有些高
高温合金、钢铁类材料	通用材料价格范围较大，一般介于铝合金和钛合金之间	种类较少	高温合金主要针对航空航天、能源化工等行业类零件应用较多，成本高，工艺质量控制难度较大；钢铁类材料种类较多，成本相对较低，特别是奥氏体不锈钢，例如 316、304 等，工艺较成熟，可以在中等强度要求下使用；另外针对模具的特种钢，增材制造成本较大，工艺较困难，需要特定的增材制造工艺和后处理

（二）启瓶器模型与 SLM 增材制造工艺验证

使用 3D 建模软件如 SolidWorks、TinkerCAD 等设计一个简单的启瓶器模型，将模型导入到 SLM 工艺处理软件中，采用上述步骤进行金属材料的 SLM 增材制造，具体案例如下。

根据启瓶器的性能及功能需求，选择钛合金材料，对于 SLM 工艺成形钛合金，可以采用层间旋转 67° 的单向扫描方式沉积策略，如图 7–26 所示，单个零件包络尺寸为 16 mm × 16 mm × 60 mm，实验中所涉及的工艺参数主要有激光功率（370 W）、扫描速度（1 000 mm/s）、粉末层厚（0.03 mm）、扫描线间距（0.12 mm）和基板预热温度（80 ℃）。

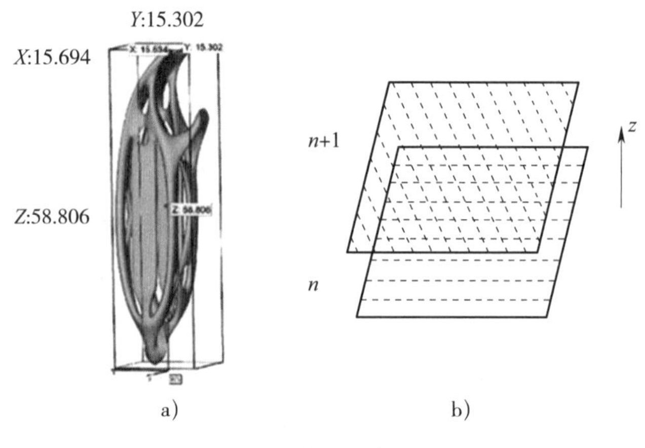

图 7–26　SLM 成形钛合金工艺示例

a）启瓶器模型　b）沉积策略

为了提升学生的参与感，模型生成时可以在启瓶器上增加单位标识和学生名字。根据 SLM 装备成形区域，一般可以制造几十到上百件以降低成本。该零件经过拓扑优化，制造工艺可靠，操作性强，制造完成后清粉可以手工完成，可以采用手抛、机器抛磨、磨粒流等工艺方法提升零件的表面粗糙度，具体形式可以根据实验室平台条件安排。

对金属增材制造零件的评价指标主要分为三类：几何特征、内部质量和力学性能。金属增材制造零件需要满足尺寸精度和表面粗糙度要求，零件内部无裂纹、夹杂、未熔合等缺陷，并且力学性能需要达到要求值。

金属零件的主要特性和推荐测试方法应按照表 7–8 中相应标准规定进行。

表 7–8　　金属零件的主要特性和推荐测试方法

特征	项目	推荐测试方法
几何特征	表面粗糙度	GB/T 1031
	长度及角度尺寸公差	GB/T 1800.1 GB/T 1804
	几何公差	GB/T 1182
内部质量	密度	GB/T 3850
	渗透检测	GB/T 18851.1
力学性能	硬度	GB/T 4340.1 GB/T 230.1 GB/T 231.1
	拉伸性能	GB/T 228（所有部分）
	冲击性能	GB/T 229
	压缩性能	GB/T 23370 GB/T 7314
	疲劳性能	GB/T 3075 GB/T 4337

二、非金属材料熔融沉积增材制造

实训目标：按照手机支架的使用需求进行 FFF 专用材料以及配套工艺的选择验证。

（一）材料选择

1. 手机支架的使用需求

手机支架的使用需求涵盖了多个方面，以下是一些可能的需求和相关的考量：

（1）稳定性。支架必须稳定，确保手机不会轻易滑落或翻倒。

（2）兼容性。应适应多种尺寸和型号的手机。

（3）调整性。用户可能希望调整手机的角度，以获得最佳的视野；支架应具备简单的角度调整机制。

（4）便携性。对于需要经常移动或旅行的用户，支架应该是轻巧和便于携带的；折叠设计或分解式设计可以更容易地放入包里。

（5）材料耐用性。面对日常的磨损，支架材料应该是耐用的；考虑到可能的摔落，抗冲击性也是必要的。

（6）环境适应性。如果支架可能会在高温或潮湿的环境下使用（如车内），材料选择应能够应对这些条件。

（7）价格。考虑到目标市场和用户群，成本和销售价格应该是合理的。

2. 讨论各种材料的成本、可获得性和易用性（见表 7–9）

根据手机支架的使用环境（例如家中、办公室、车内等）和功能需求（例如可折叠、固定、旋转等），选择适当的 FFF 材料。例如，要求柔韧性时可以选择 TPU，要求较高强度和耐用性时可以选择 ABS。

表 7–9　　各种材料的成本、可获得性和易用性

材料	成本	可获得性	易用性
PLA	通常较便宜	广泛可获得	非常适合初学者，制造容易。PLA 的增材制造温度相对较低，通常在 180~220 ℃，这使得大多数增材制造装备都能够处理。加热床温度通常在 60~70 ℃。一些 PLA 品种甚至可以在没有加热床的情况下制造。PLA 的翘曲和收缩很小，这使得大型、精细的增材制造都变得相对容易
ABS	中等	广泛可获得	增材制造稍微困难一些，可能需要加热床。需要较高的增材制造温度，通常在 210~250 ℃。ABS 通常需要一个温度在 90~110 ℃的加热床。ABS 有中等到高的翘曲和收缩趋势，这可能使大型增材制造和具有细节的增材制造变得困难

续表

材料	成本	可获得性	易用性
TPU	较 PLA 和 ABS 稍贵	较好，但种类可能较少	增材制造困难，需要特定的增材制造设置。增材制造温度可以在 220～250 ℃。加热床温度通常在 60～80 ℃。TPU 具有高流动性，可能导致增材制造时的挤出困难。为了确保准确性，推荐使用较低的增材制造速度
PETG	中等到较高	广泛可获得	增材制造难度介于 PLA 和 ABS 之间
尼龙（Nylon）	尼龙的价格高于 PLA 和 ABS	可获得性可能不如 PLA 和 ABS 那么广泛	尼龙的增材制造难度高于 PLA 和 ABS。它对水的吸收性很高，所以在增材制造之前需要非常干燥的处理。需要较高的增材制造温度，并且需要一个加热床。尼龙对加热床的附着可能是个问题，所以使用胶水或其他表面处理材料有助于获得更好的附着
PC	较为昂贵	不如 PLA 那么普遍	PC 的增材制造难度是相当高的。它需要非常高的增材制造温度，通常在 260～310 ℃，这远远高于大多数其他材料。PC 对加热床的附着有非常高的要求，通常需要一个温度较高的加热床。同样，为了防止翘曲和裂纹的产生，通常推荐使用封闭和加热的增材制造环境

（二）手机支架模型与 FFF 技术验证

（1）使用 3D 建模软件如 SolidWorks、TinkerCAD 等设计一个简单的手机支架模型，如图 7–27 所示。

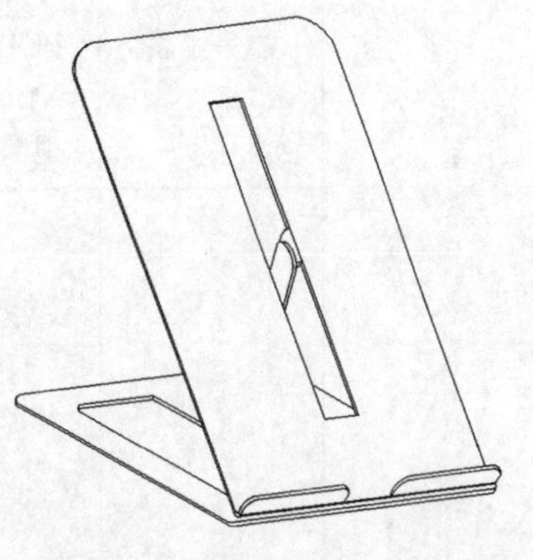

图 7–27　手机支架示意图

（2）切片和工艺参数设置

1）介绍切片的重要性。将 3D 模型转化为增材制造装备可以识别的层指令。切片是增材制造准备过程中的关键步骤。它将 3D 模型转化为一系列的层，这些层是增材制造装备按照指令逐层制造的。切片软件还将转换模型为 G-code，这是增材制造装备理解的机器语言。使用 FFF 切片软件，将设计好的 3D 模型切片，得到 G-code。

2）主要工艺参数设置（见表 7-10）。

表 7-10　　各种材料的主要工艺参数设置

主要工艺参数	含义	选项	作用
层高	每一层塑料的厚度	0.1 mm	较高的分辨率，表面平滑，但增材制造时间增加
		0.2 mm	中等分辨率，常用于日常增材制造，速度和质量较为平衡
		0.3 mm	较低的分辨率，增材制造速度较快，但表面较为粗糙
填充率	增材制造物体内部的填充量	20%	轻量，但强度较低，适合不受力或仅作展示的模型
		50%	中等的强度和重量，适合日常使用的物体
		100%	非常重且坚固，但增材制造时间长和材料消耗大
增材制造速度	增材制造喷头的移动速度	慢速	提高增材制造的准确性和质量，但增加增材制造时间
		中速	速度和质量较为平衡
		快速	快速增材制造，但可能降低质量和准确性
增材制造温度	增材制造喷头温度	PLA：180～220 ℃ ABS：210～250 ℃ TPU：220～250 ℃ PETG：220～250 ℃ Nylon：250～270 ℃ PC：260～310 ℃	PLA：在低温下增材制造良好，较高的温度可能导致模型过度软化 ABS：需要较高的增材制造温度，以确保好的层间黏附。加热床也需要较高温度，以防止零件的扭曲和弯曲 TPU：TPU 具有柔韧性，需要较高的温度，以确保材料的适当流动性。加热床温度有助于首层黏附 PETG：需要中等至较高的温度设置 Nylon：需要较高的制造温度，以确保优良的层间黏附和强度。尼龙也容易吸湿，需要确保材料在增材制造前已经充分干燥 PC：需要很高的增材制造温度。高的加热床温度有助于防止模型的扭曲
	加热床温度	PLA：— ABS：90～110 ℃ TPU：60～80 ℃ PETG：70～90 ℃ Nylon：70～90 ℃ PC：90～110 ℃	

参考文献

［1］史玉升，等.增材制造技术［M］.北京：清华大学出版社，2022.

［2］汤慧萍.3D 打印金属材料［M］.北京：化学工业出版社，2020.

［3］杨兵，张俊，丁辉.金属增材制造缺陷及检测［M］.北京：科学出版社，2021.

［4］王运赣，张祥林.微滴喷射自由成形［M］.武汉：华中科技大学出版社，2009.

［5］魏青松.增材制造技术原理及应用［M］.北京：科学出版社，2017.

［6］周廉，常辉，贾豫冬.中国 3D 打印材料及应用发展战略研究咨询报告［M］.北京：化学工业出版社，2020.

［7］李嘉宁，巩水利.复合材料激光增材制造技术及应用［M］.北京：化学工业出版社，2019.

［8］杨延华.增材制造（3D 打印）分类及研究进展［J］.航空工程进展，2019，10(3)：309-318.

［9］杨全占，魏彦鹏，高鹏，等.金属增材制造技术及其专用材料研究进展［J］.材料导报，2016(201)：107-111，124.

［10］王迪，杨永强，刘洋，等.粉末床激光熔融技术［M］.北京：国防工业出版社，2021.

［11］王泽敏，黄文普，曾晓雁.激光选区熔化成形装备的发展现状与趋势［J］.

精密成形工程，2019，11（4）：21–28.

［12］陈国庆，树西，张秉刚，等.国内外电子束熔丝沉积增材制造技术发展现状［J］.焊接学报，2018，39（8）：123–128，134.

［13］胡校兵，朱海翔，余江渊，等.陶瓷数字喷墨打印机用喷头现状及应用展望［J］.陶瓷学报，2014，35（5）：465–469.

［14］吴彦之，侯和平，徐卓飞，等.熔融沉积成型喷头系统的研究进展［J］.中国塑料，2019，33（9）：116–124.

［15］吴任东，魏大忠，周浩颖，等.三维数字微滴喷射成形技术的发展现状［J］.新技术新工艺，2004（2）：35–38.

［16］鲁涛，敬石开，聂靖轩，等.电弧增材制造钛合金成形工艺与过程控制［J］.稀有金属，2023，47（5）：618–632.

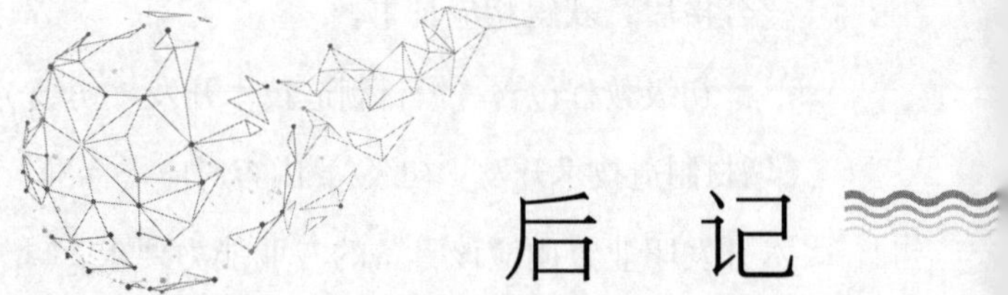

后记

增材制造具有快速成形、个性化定制、实现接近任意复杂构型制造的技术优势，可成形金属、非金属、复合材料、生物材料甚至是生命材料，颠覆传统产品设计制造流程，有效缩短产品设计周期，强力支撑新一轮制造产业革命。目前，我国增材制造产业发展速度居于国际前列，有望成为我国构筑制造业国际领先优势、占据未来制造战略制高点的方向。

增材制造产业的快速发展迫切需要大量的专业人才提供支撑。以《人力资源社会保障部办公厅　工业和信息化部办公厅关于颁布机器人、增材制造工程技术人员国家职业标准的通知》为依据，在充分考虑科技进步、社会经济发展和产业结构变化对增材制造工程技术人员专业要求的基础上，以客观反映增材制造技术发展水平及其对从业人员的专业能力要求为目标，根据《增材制造工程技术人员国家职业标准（2023 年版）》（以下简称《标准》）对增材制造工程技术人员职业功能、工作内容、专业能力要求和相关知识要求的描述，人力资源社会保障部专业技术人员管理司联合中国机械工程学会组织有关专家开展了增材制造工程技术人员培训教程（以下简称教程）的编写工作，用于全国新职业培训。

增材制造工程技术人员是从事增材制造技术、装备、产品研发、设计并指导应用的工程技术人员。其共分为三个专业技术等级，分别为初级、中级、高级；以及两个职业方向：增材制造技术开发、增材制造技术应用。

与此相对应，增材制造工程技术人员培训教程也分为初级、中级、高级培训教程，分别对应其专业能力考核要求。初级、中级、高级教程中分别有两本教程，对应增材制造技术开发、增材制造技术应用两个职业方向。

在初级、中级、高级增材制造工程技术人员培训中，可以根据培训目标与受众人员实际，选用增材制造技术开发、增材制造技术应用两个职业方向培训教程。培训考核合格后，获得相应证书。

初级教程包含《增材制造技术开发（初级）》《增材制造技术应用（初级）》，共2本。《增材制造技术开发（初级）》内容对应《标准》中增材制造初级工程技术人员增材制造技术开发职业方向应该具备的专业能力要求，《增材制造技术应用（初级）》内容对应《标准》中增材制造初级工程技术人员增材制造技术应用职业方向应该具备的专业能力要求。

本教程读者为大学专科学历（或高等职业学校毕业）以上，具有较强的学习能力、计算能力、表达能力及分析、推理和判断能力，参加新职业培训的人员。

增材制造工程技术人员需按照《标准》的职业培训要求参加有关课程培训完成规定学时，取得学时证明。初级128标准学时，中级128标准学时，高级128标准学时。

在本教程编写过程中，得到了人力资源社会保障部、工业和信息化部相关部门的正确领导，得到了有关高校、科研院所、企业等单位和专家学者的大力支持和指导帮助。同时参考了多方面的文献，吸取了许多专家学者的研究成果，在此表示由衷感谢。

受编者水平、经验与时间所限，本书的不足与疏漏之处在所难免，恳请广大读者批评与指正。

本书编委会